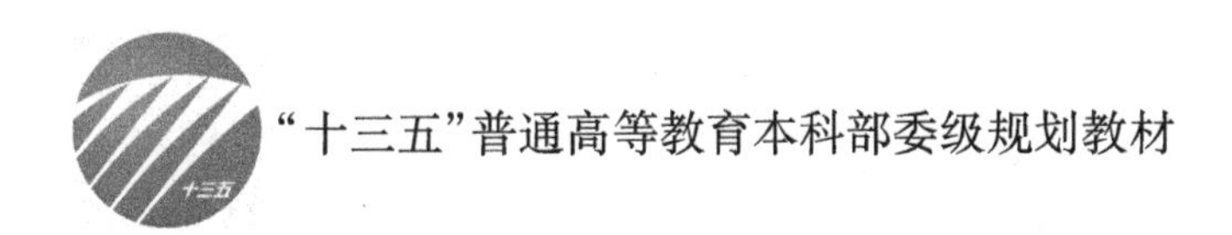

羊毛衫设计与生产

陈晓东　主　编

邱　莉　副主编
解　芳

中国纺织出版社

内 容 提 要

《羊毛衫设计与生产》是"十三五"普通高等教育本科部委级规划教材中的一种，全面、系统地叙述了羊毛衫的设计、生产工艺、设备及成衣工艺知识。其中主要包括横机的编织原理和产品的组织特性，电脑横机的结构及工作原理，羊毛衫的款式造型与色彩设计，羊毛衫的编织工艺设计，成衣工艺，计算机辅助设计等内容。

本书可作为纺织服装院校针织服装设计与生产工艺课程的教材或教学参考书，也可供毛针织行业的工程技术人员、管理人员、营销人员和个体羊毛衫生产者阅读。

图书在版编目（CIP）数据

羊毛衫设计与生产/陈晓东主编. --北京：中国纺织出版社，2016.4（2018.9重印）
"十三五"普通高等教育本科部委级规划教材
ISBN 978-7-5180-2422-3

Ⅰ.①羊… Ⅱ.①陈… Ⅲ.①羊毛制品—毛衣—设计—高等学校—教材②羊毛制品—毛衣—生产工艺—高等学校—教材 Ⅳ.①TS184.5

中国版本图书馆CIP数据核字（2016）第048543号

策划编辑：孔会云 责任编辑：符 芬 责任校对：王花妮
责任设计：何 建 责任印制：何 建

中国纺织出版社出版发行
地址：北京市朝阳区百子湾东里A407号楼 邮政编码：100124
销售电话：010—67004422 传真：010—87155801
http://www.c-textilep.com
E-mail:faxing@c-textilep.com
中国纺织出版社天猫旗舰店
官方微博 http://weibo.com/2119887771
北京虎彩文化传播有限公司印刷 各地新华书店经销
2016年4月第1版 2018年9月第2次印刷
开本：787×1092 1/16 印张：12
字数：221千字 定价：42.00元

前　言

针织服装是服装的一个重要分支。随着我国针织行业的发展，服装领域已经呈现出向针织服装发展的趋势。为顺应这一形势的发展，越来越多的高校开设针织服装课程，为针织服装企业培养更多的人才。

成形针织是针织生产的一个重要特点。成形针织服装的主要设备是横机，主要产品是毛衫。本书内容就是根据针织毛衫这一特点，主要介绍针织横机的结构、性能和工作原理，电脑横机的程序设计，毛衫产品的主要组织结构及性能，毛衫产品的纱线、款式造型、图案色彩设计、编织工艺设计及成衣工艺、计算机辅助设计等内容，以适应针织服装企业的需求。

本书由陈晓东主编，负责全书的统稿；第一章、第三章、第四章由邱莉和郭晓芳编写；第二章、第七章由陈晓东编写；第五章、第六章由解芳编写。

本书在编写过程中，参考了很多专家、教授出版的著作和发表的论文，采用了国内外相关公司的设备技术资料（包括一些图片）；同时，本书在成书过程中，得到了内蒙古鄂尔多斯资源股份有限公司总工程师陈莉、人力资源部职教中心主任刘东风的支持与指导，在书即将出版之际，编者对他们和资料的提供者表示衷心感谢！在此一并表示感谢。

由于编者水平所限，书中难免存在不足和错误之处，敬请读者批评指正。

编　者

2015年10月

教学内容与课时安排

章/课时	课程性质/课时	节	课程内容
第一章	必修课 (4 课时)		·第一章　概论
		一	第一节　羊毛衫的概念与分类
		二	第二节　羊毛衫的特点
		三	第三节　羊毛衫用纱与性能指标
		四	第四节　羊毛衫设计生产的工艺流程
第二章	必修课 (8 课时)		·第二章　横机编织机构及其工作原理
		一	第一节　普通横机的基本结构与编织原理
		二	第二节　电脑横机的编织机构及工作原理
第三章	必修课 (8 课时)		·第三章　羊毛衫织物的编织
		一	第一节　羊毛衫织物的一般概念
		二	第二节　羊毛衫基本组织及其性能
		三	第三节　花色组织及其性能
第四章	必修课 (6 课时)		·第四章　羊毛衫设计
		一	第一节　纱线设计
		二	第二节　羊毛衫的组织设计
		三	第三节　羊毛衫色彩设计
		四	第四节　羊毛衫款式造型设计
第五章	必修课 (8 课时)		·第五章　羊毛衫的编织工艺设计
		一	第一节　羊毛衫编织工艺设计的原则与内容
		二	第二节　机号与编织密度的确定
		三	第三节　羊毛衫的工艺设计
		四	第四节　羊毛衫的工艺设计实例
第六章	必修课 (4 课时)		·第六章　羊毛衫的成衣工艺
		一	第一节　羊毛衫的成衣工艺
		二	第二节　羊毛衫的整烫定形和成品检验
第七章	必修课 (6 课时)		·第七章　羊毛衫计算机辅助设计(CAD)
		一	第一节　羊毛衫 CAD 软件的基本操作
		二	第二节　数据模型建立与调用

注　各院校可根据自身的教学特点和教学计划对课程时数进行调整。

目录

第一章　概论

本章知识点

1. 羊毛衫的基本概念。
2. 羊毛衫的用纱要求，络纱的目的及常用的筒子卷装形式。
3. 羊毛衫的主要参数和性能指标。
4. 羊毛衫设计生产流程。

第一节　羊毛衫的概念与分类

一、羊毛衫的概念

织物按照结构及其形成方式不同可分为机织物（Woven fabric）、针织物（knitted fabric）及非织造织物（non-woven fabric）等。其中机织物、针织物及非织造织物的内部结构如图 1－1 所示。

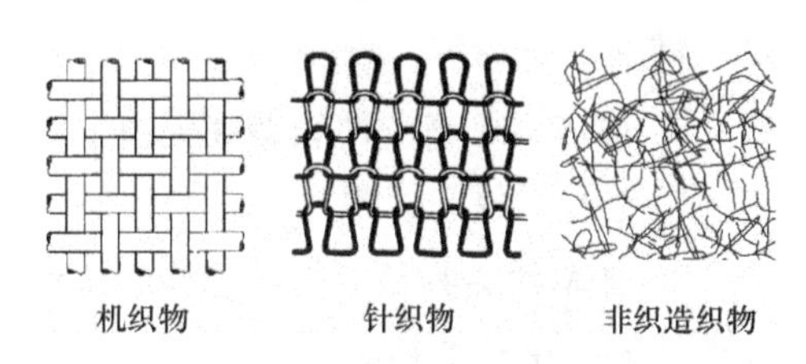

图 1－1　织物内部结构图

应用于服装的面料主要有机织面料和针织面料两大类。针织（knitting）技术是利用织针将纱线弯成线圈，然后将线圈相互串套而成为织物的一门工艺技术。针织服装凭借其独特的性能，其市场份额目前与机织物不相上下。

针织服装最早起源于2200年前的手工编织。因传统产品多以羊毛为主，因此，人们习惯于将这类产品统称为羊毛衫。羊毛衫（Woolen Sweater）是以毛型纤维为原料经针织工艺编织而成的针织服装。羊毛衫以其手感柔软、富有弹性、穿着轻便舒适、品种款式多变、风格独特，深受人们的喜爱。羊毛衫的风格和许多优良特性，来自于它的原料特性、织物组织及与之相应的款式、加工及整理方式。

二、羊毛衫的分类

羊毛衫的花色品种很多，很难以单一形式进行分类。因此，通常根据原料成分、纺纱工艺、织物组织、产品款式、编织机械、修饰花型、后整理工艺等进行分类。

（一）按用途分类

羊毛衫按用途可以分为内衣、中衣和外衣。内衣紧贴人体，起护体、保暖、整形的作用；中衣位于内衣之外、外衣之内，主要起保暖、护体作用，也可以作为居家服穿用；外衣由于穿着场合的不同，用途各异，品种很多。

（二）按原料分类

1. 天然纤维毛衫 棉质毛衫具有吸湿性好、耐热、耐水洗、耐碱、体肤触感好等优良特性，主要用作内衣、婴儿服、便服、运动服及夏季外衣。

毛质毛衫的原料为山羊绒、绵羊绒、驼绒、牦牛绒、兔毛、羊毛、羊仔毛等，触感柔软，抗皱性、弹性、保暖性、吸湿性均很好。耐酸不耐碱，在碱液中易“毡化”，易虫蛀。

丝质毛衫质地轻软，富有光泽和弹性，但是织造中的加工条件非常严格，织造、设计和缝制等技术难度较高。

麻质毛衫的主要原料是苎麻和亚麻纤维，触感凉爽、吸湿性好，精漂亚麻毛衫有蚕丝般的光泽，吸湿性和散湿性均很好，是理想的夏令时装。

2. 化学纤维毛衫 化学纤维毛衫的原料为纯化学纤维，如腈纶、涤纶、锦纶、天丝纤维、大豆蛋白纤维、竹纤维等。

3. 混纺和交织类毛衫 混纺和交织类毛衫的原料为各类纤维的混纺和交织，如羊绒/羊毛、棉/化学纤维、腈纶/天丝纤维等混纺与交织。

（三）按纺纱工艺分类

1. 精纺类毛衫 由精纺纯毛、混纺或化学纤维纱编织成的各种毛衫产品，如精纺羊绒衫、精纺羊毛衫等。

2. 粗纺类毛衫 由粗纺纯毛或混纺毛纱编织成的各种毛衫产品，如粗纺羊绒衫、羊仔毛衫、驼毛衫、兔毛衫等。

3. 花式纱类毛衫 由双色纱、大珠绒、自由纱等花式针织绒线编织而成的毛衫产品，如大珠绒衫、小珠绒衫等。

（四）按织物组织分类

羊毛衫的组织主要有纬平针、满针罗纹（四平）、罗纹、罗纹半空气层（三平）、罗纹空气层（四平空转）、棉毛、双反面、集圈（胖花、单鱼鳞、双鱼鳞）、提花、抽条、夹条、绞花、波纹（扳花）、架空、挑花、通花、添纱、毛圈、长毛绒以及综合花型等各类组织。

（五）按整理工艺分类

羊毛衫的整理工艺主要有拉绒、轻缩绒、重缩绒、特种整理等。如今，随着现代科学技术的不断进步和发展，纳米整理技术已经越来越被世人所关注，由此而发展起来的羊毛衫纳米抗菌、防蛀、防螨、抗紫外线、远红外线、防水、防油、防污、自清洁等整理技术也不断成熟。

（六）其他分类

羊毛衫还可以按照装饰花型，消费者的性别、年龄、档次等进行分类。羊毛衫的装饰花型主要有绣花、扎花、贴花、植绒、簇绒、印花、扎染、手绘等。按毛衫的服用对象可以分成男式毛衫、女式毛衫和儿童毛衫等。按毛衫档次分类，可分为高档毛衫、中档毛衫及低档毛衫。

第二节　羊毛衫的特点

一、成形编织

羊毛衫（woolen sweater or cardigan）的一个重要特点就是成形（fashioning，shaping）编织，是在编织过程中就形成具有一定尺寸和形状的全成形或半成形衣坯，可以不需进行裁剪或只需进行少量裁剪就可制成所要求的服装。更现代化的工艺甚至不需要缝合就可以形成直接服用的产品。成形针织主要是通过改变参加编织的针数和编织的横列数来改变织物的尺寸和形状，也可以通过改变所编织的组织结构和密度来完成。成形针织产品由于取消了或部分取消了裁剪工序和缝合工序，减少了原料损耗和加工工序，从而有效地降低了产品成本，特别是对于一些原料昂贵的产品，如羊绒和羊毛类产品。

二、原料适应性强

羊毛衫对各种原料具有广泛的适应性，包括棉、毛、丝、麻、化学纤维及它们的混纺纱或交并纱等。原料一般可分为天然纤维（native fiber）和化学纤维（chemical fiber）两大类。每大类又可派生出常规纤维和经过技术改进，用不同加工方法、不同组分及具有各种优良性能的新型纤维。

三、羊毛衫的服用特性

羊毛衫具有良好的弹性和延伸性，手感柔软而富有弹性，利用此性能可以设计紧身服装，可以完美地体现人体曲线，并能随着人体皮肤张力的变化迎合人体运动的需求。另外，羊毛衫的透气性和吸湿性好，使得服装穿着时更加舒适。

（一）弹性好

针织羊毛衫由同一根纱线相互串套形成，当纵（横）向拉伸时，会在横（纵）向产生回缩，而且能向各个方向拉伸，伸缩性很大，弹性好。因此，手感柔软、富有弹性、穿着适体，既能体现人体的曲线，又不妨碍运动。

（二）适形性好

所谓适形性一方面指服装能随着人体动作的变化而迎合人体的运动需求，另一方面是指能编织成机织面料所达不到的各种形状，更好地适合不规则的人体。

（三）透气性好

针织面料的线圈结构能保存较多的空气，因而透气性和吸湿性好，使服装穿着时具有舒适感。

（四）尺寸稳定性差

由于线圈结构的伸缩性很大，弹性好，因此，服装的尺寸稳定性差。

（五）脱散性大

针织服装由于其特殊的线圈结构，与机织面料相比更容易发生线圈与线圈分离的现象，影响服装的美观与穿着牢度。

四、羊毛衫的编织特点

（1）在编织过程中产生疵点可随时在机上消除，或根据织物的脱散性，将织物的疵点部分拆除，重新织造从而得到完好的衣片，因此原料消耗少。

（2）可以应用全成形工艺生产各种款式新颖的针织服装。全成形编织是采用放针和收针工艺来达到各部位所需的形状和尺寸，编织后不需要进行裁剪就可成衣，既节约原料又减少工序。同时，可按工艺曲线用增减针数来编织与人体曲线相适应的织物。

（3）可以编织不同结构、组织、颜色的花色织物。

（4）横机对织物宽度的变化适应性强，除了能编织成形衣片外，还能编织成形管状织物及其他要求的织物。

（5）横机结构简单、实用，掌握技术容易，改变品种方便，机器易保养，设备投资少占地少，资金回收期短。

第三节　羊毛衫用纱与性能指标

一、羊毛衫生产用纱与基本要求

一般说来，针织用纱的质量标准较机织用纱的高。因为针织物在织造过程中纱线要受到复杂的机械作用——成圈时要受到一定的负荷，产生拉伸、弯曲和扭转变形；纱线在通过成圈机件和线圈相互串套时还要受到一定的摩擦。同时，由于羊毛衫容易脱散的特点，若纱线质量差会使织物产生破洞、脱套等现象，甚至使整个编织无法顺利进行，严重影响产品的质量和产量。为保证羊毛衫的质量和编织的顺利进行，羊毛衫的用纱有如下要求。

（一）强力和延伸性

由于纱线在针织准备和织造过程中要经受一定的张力和反复负荷的作用，因此纱线必须具有较高的强力，才能使编织顺利进行。

纱线在拉伸力作用下会产生伸长，延伸性较好的纱线在加工过程中可以减少断头，而且可以增加织物的延伸性，但编织时应严格控制纱线张力的均匀性，否则会造成织物线圈长度的不匀。采用延伸性好的纱线，织物手感柔软，也可以提高织物的服用性能，即耐磨、耐冲击、耐疲劳性能。

（二）捻度

羊毛衫用纱捻度要均匀且偏低。捻度对纱线的性能和织物风格有较大的影响。捻度过小，对一般低强度纱线来说，会使其强力不足，造成断头多；化学纤维短纤纱会由于纤维间摩擦阻力小、容易滑动而影响强力；变形丝在捻度过小时容易起毛、起球和勾丝；捻度过大，则纱线在编织过程中易于扭结，从而造成大量织疵和坏针。同时，捻度过大会使纱线体积重量增加，产品发硬，影响织物手感，产品成本也会提高，在某些织物组织中还会造成线圈纵行的严重歪斜。一般说来，羊毛衫用纱要求柔软光滑，捻度偏低。

（三）条干均匀度和光洁度

羊毛衫用纱的条干均匀度要求较高，应控制在一定的范围内，条干不匀将直接影响针织物的质量。机织物中由于其经纱和纬纱的直铺方式，不匀的纱条在布面上较为分散，而针织物由于其特殊的线圈排列、串套成布的方式，过粗或过细的纱条在织物中分布较集中，会在织物表面形成明显的云斑，影响其外观和内在质量。条干不匀还会使纱线强力降低，编织时断头增加，过粗处还会损坏织针。

纱线还要有一定的光洁度，否则不但影响产品的内在、外观质量，还会造成大量坏针，使编织无法正常进行。如棉纱的棉结杂质、过大的结头；毛纱的枪毛、草屑、杂粒、油渍、表面纱疵；蚕丝中的丝胶等都会影响纱线的弯曲和线圈大小的均匀，甚至损坏成圈机件，在织物上造成破洞。

（四）吸湿性和回潮率

吸湿性和回潮率的大小不仅关系到服装的舒适性、卫生性，而且对纱线性能（柔软性、导电性、摩擦性等）的好坏、生产能否顺利进行等产生影响。回潮率过低，纱线脆硬，化学纤维纱还会产生明显的静电现象，使编织难以顺利进行；回潮率过高，则使纱线强力降低，编织中与机件间摩擦力增大，损伤纱线。为了减小纱线的摩擦因数，化学纤维丝表面要有一定含量的除静电剂和润滑剂，短纤纱要上蜡。

二、络纱

（一）络纱的目的

络纱（winding）的目的是使纱线卷绕成一定形式和一定容量的卷装，满足编织时纱线退绕的要求。绞纱不能直接应用在针织机上，必须将其络成筒子纱。筒子纱有些可以直接应用，有些也需要重新络成符合针织用纱的要求，具有一定规格的筒子纱。在络纱过程中除了使纱线卷绕成一定形状的卷装外，同时还可以进一步消除纱线上存在的杂质、棉结、粗节、细节等疵点，使针织机生产效率提高，产品质量改善。

络纱过程中还可以对纱线进行必要的辅助处理，如上蜡、上油、加乳化液、加湿及消除静电等，以改善纱线的编织性能。

（二）络纱的要求

络纱过程中，应尽量保持纱线原有的物理机械性能，如弹性、延伸性、强力等。络纱张力要求均匀、适度，以保证恒定的卷绕条件和良好的筒子结构。

络纱的卷装形式应便于存储和运输，要考虑针织生产时纱线的退绕和退绕时产生的张力。同时，应考虑筒子的卷绕容量应大些，这样可以减少针织生产中换筒次数。这既能减轻操作者的劳动强度，又能提高机器的生产率。

（三）筒子的卷装形式

筒子的卷装形式很多，针织生产中常用的有圆柱形筒子、圆锥形筒子及三截头圆锥形筒子。

1. 圆柱形筒子 卷装容量比一般筒子大，其形状如图1－2（a）所示。纱层厚度相等，上下两端面略有倾斜，但筒子形状不太理想，退绕时纱线张力波动较大。圆柱形筒子主要用于涤纶低弹丝和锦纶高弹丝等化学纤维原料。

2. 圆锥形筒子 圆锥形筒子是针织生产中广泛采用的一种卷装形式，形状如图1－2（b）所示。纱线退绕时张力波动较小，容纱量较大，络纱生产率较高，适用于各种短纤纱，如棉纱、毛纱、涤棉混纺纱等。

3. 三截头圆锥形筒子 这种筒子的形状如图1－2（c）所示，俗称菠萝形筒子。因此，除了筒子中段呈圆锥形外，两端也呈圆锥形。筒子中段的锥顶角等于筒管的锥顶角。这种筒子的退绕条件好，退绕张力波动较小，适用于各种长丝，如化学纤维长丝、真丝等。

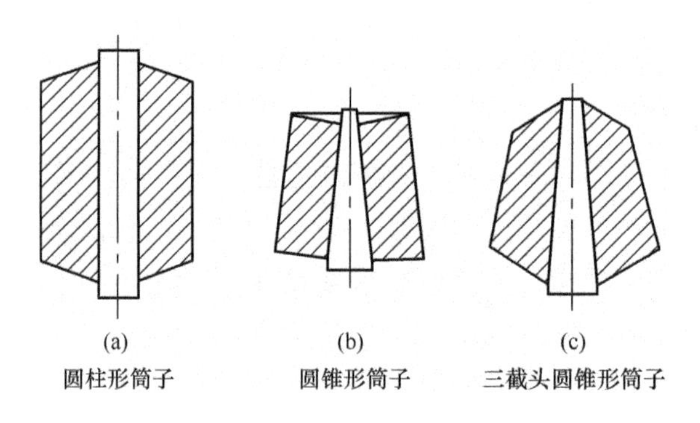

图1－2 筒子的形状

三、羊毛衫的主要参数和性能指标

（一）线圈长度

组成每一个线圈的纱线长度，一般以毫米（mm）作为单位。线圈长度的测试方法可利用线圈在平面上的投影近似地进行计算；或用拆散方法测得组成一只线圈的实际纱线长度；也可以在编织时利用仪器直接测量。

线圈长度不仅决定羊毛衫的密度，而且对羊毛衫的脱散性、延伸性、耐磨性、弹性、强力、抗起毛起球性、缩率及勾丝性等也有重大影响，故为羊毛衫的一项重要指标。

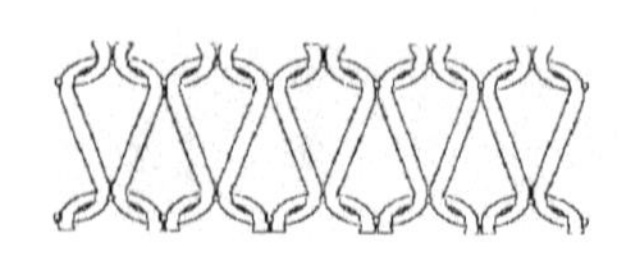

图1－3 线圈横列

（二）密度

密度是用来表示在一定纱线线密度条件下，针织物的稀密程度。密度有横密、纵密和总密度之分。横密是沿线圈横列（图1－3）方向，以规定长度（10cm）内的线圈纵行数来表示。

$$P_A = 100/A$$

式中：A——圈距，mm；

P_A——横密，线圈数/10cm。

图 1-4 线圈纵列

纵密为沿线圈纵行（图 1-4）方向，以规定长度（10cm）内的线圈横列数来表示。

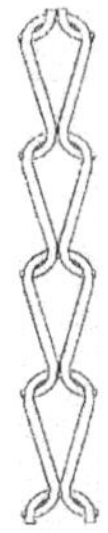

$$P_B = 100/B$$

式中：B——圈高，mm；

P_B——纵密，线圈数/10cm。

总密度表示单位面积（10cm × 10cm）内的线圈数，是横密与纵密的乘积。

$$P = P_A \times P_B$$

由于针织物在加工过程中容易受到拉伸而产生变形，因此原始状态（原始尺寸）对某一针织物来讲不是固定不变的，这样就将影响实测密度的正确性。因而在测量针织物密度前，应该将试样进行松弛，使之达到平衡状态（即针织物的尺寸基本上不再发生变化），这样测得的密度才具有实际可比性。

（三）未充满系数

未充满系数是表征针织物在相同密度条件下，纱线线密度对织物稀密程度的影响。未充满系数为线圈长度与纱线直径的比值。线圈长度越长，纱线越细，未充满系数值越大，表面织物中未被纱线充满的空间越大，织物越是稀松。

$$\delta = l/f$$

式中：δ——未充满系数；

l——线圈长度，mm；

f——纱线直径，mm。

（四）单位面积干燥质量

单位面积干燥质量是每平方米针织物的干燥质量。当已知了线圈长度 l（mm）、纱线线密度 Tt（tex）、横密和纵密及纱线的回潮率 W 时，织物的单位面积干燥质量 Q（g/m^2）可用下式求得：

$$Q = \frac{0.0004 l \mathrm{Tt} P_A P_B}{1 + W}$$

式中：Tt——纱线线密度，tex；

W——针织物的回潮率。

单位面积干燥质量是考核针织物的质量和成本的一项指标，该值越大，针织物越密实厚重，但是耗用原料越多，织物成本增加。

（五）厚度

羊毛衫的厚度取决于它的组织结构、线圈长度和纱线线密度等因素，一般可用纱线直径倍数来表示。

（六）脱散性

脱散性指纱线断裂或线圈失去串套联系后，线圈与线圈相分离的现象。当纱线断裂后，线圈沿纵行从断裂纱线处脱散下来，就会使针织物的强力与外观受到影响。羊毛衫的脱散性与它的组织结构、纱线摩擦因数和抗弯刚度、织物的未充满系数等因素有关。

脱散性有两种情况：沿织物横列方向脱散和沿织物纵行方向脱散。横向脱散发生在织物边缘，此时纱线没有断裂，抽拉织物最边缘一个横列的纱线端可使纱线从整个横列脱散出来，可被看作编织的逆过程，如图1－5（a）所示。纵向脱散发生在织物中某处纱线断裂时，此时线圈沿着纵行从断纱处依次从织物中脱离出来，从而使这一纵行的线圈失去了串套联系，如图1－5（b）所示。

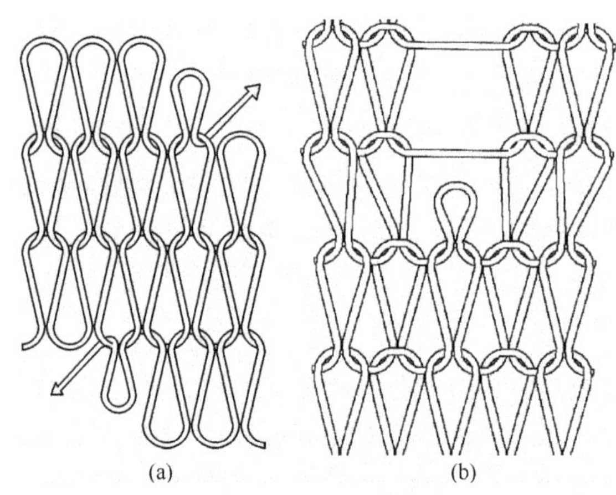

图1－5　两种脱散性

（七）卷边性

卷边性为某些羊毛衫组织在自由状态下，布边发生包卷的现象，如图1－6所示，可发生两个方向的包卷，纵向向外、横向向内包卷。

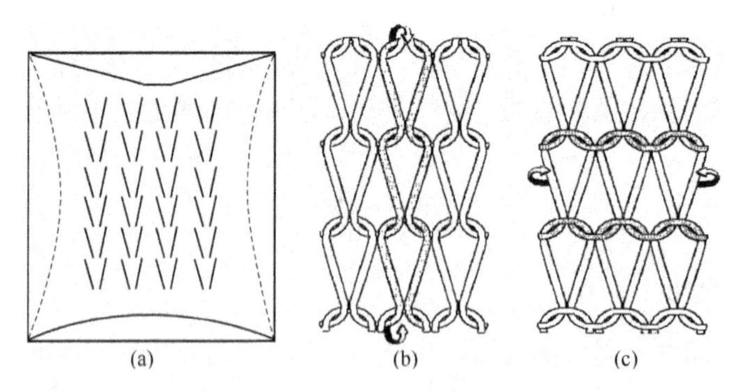

图1－6　羊毛衫的卷边性

卷边现象的形成原因是由于线圈中弯曲线段具有内应力，力图使线段伸直所引起的。卷边性与羊毛衫的组织结构、纱线弹性、细度、捻度和线圈长度等因素有关。

（八）延伸性

延伸性指在外力作用下，羊毛衫伸长的特性。它与织物的组织结构、线圈长度、纱线线密度有关。

（九）弹性

弹性指当引起羊毛衫变形的外力去除后，针织物恢复原状的能力。它取决于羊毛衫的组织结构和未充满系数，纱线的弹性和摩擦因数。

（十）缩率

缩率指羊毛衫在加工或使用过程中尺寸的变化。可由下式计算得出：

$$Y = \frac{H_1 - H_2}{H_1} \times 100\%$$

式中：Y——针织物缩率；

H_1——针织物在加工或使用前的尺寸；

H_2——针织物在加工或使用后的尺寸。

缩率可有正值和负值，如在横向收缩而纵向伸长，则横向缩率为正，纵向缩率为负。

缩率分下机缩率、染整缩率、水洗缩率以及在给定时间内弛缓回复过程的缩率等。

（十一）断裂强力和断裂伸长率

羊毛衫在连续增加的负荷下，至断裂时所能承受的最大负荷为断裂强力。断裂伸长率是试样断裂时的伸长量与试样原长之比。

$$\varepsilon = \frac{L_1 - L_0}{L_0} \times 100\%$$

式中：ε——断裂伸长率；

L_1——断裂时长度；

L_0——试样原长。

（十二）勾丝

羊毛衫在使用过程中如果碰到坚硬的物体，织物中的纤维或纱线就被勾出，在织物表面形成丝环。

（十三）起毛起球

羊毛衫在穿着洗涤过程中受到摩擦，表面纤维端露出织物而起毛。若这些起毛纤维在以后不及时脱落，就互相纠缠在一起，形成许多球形小粒。

第四节 羊毛衫设计生产的工艺流程

一、羊毛衫的设计来源

羊毛衫的设计来源不同，其设计内容、设计方法和要求也不同。按照企业的生产组织形式，设计来源大体可分为来样设计、来单设计、创新设计和改进设计等。

（一）来样设计

来样设计通常是根据客户提供的成衣样品进行产品设计，也称作仿制设计。设计人员对客户提供的成衣样品进行认真研究、仔细分析，并根据产品的使用对象，了解和掌握该产品的原料品种、成分、纱线线密度、组织结构，成衣的规格尺寸、款式结构特点、缝制加工方法等一系列信息。在此基础上，结合企业的生产能力进行反复试制、确保设计生产出的羊毛衫符合来样的标准。

（二）来单设计

来单设计通常是根据客户提供的成衣订单进行产品设计。设计人员要根据订单的要求，与来样设计一样，要掌握产品的原料品种、纱线线密度、组织结构、成衣的规格尺寸、款式特点、缝制加工方法特点等一系列信息。在此基础上进行反复试制并经客户确认，以确保设计生产出的服装符合订单的要求。

（三）创新设计

创新设计是设计人员根据市场需求和本企业的市场定位，综合考虑服装的风格、色彩、款式造型、结构特点及市场流行趋势，从原料品种的选择到产品包装进行全方位的产品设计与开发。

（四）改进设计

改进设计是设计人员根据消费需求和本企业的实际生产情况，对老产品进行改进和完善的开发与设计。

二、羊毛衫的生产流程

羊毛衫的生产工艺流程（图1－7）为：纱线进厂→原料检验→准备工程→编织工程→成衣工程→成品检验→包装入库。

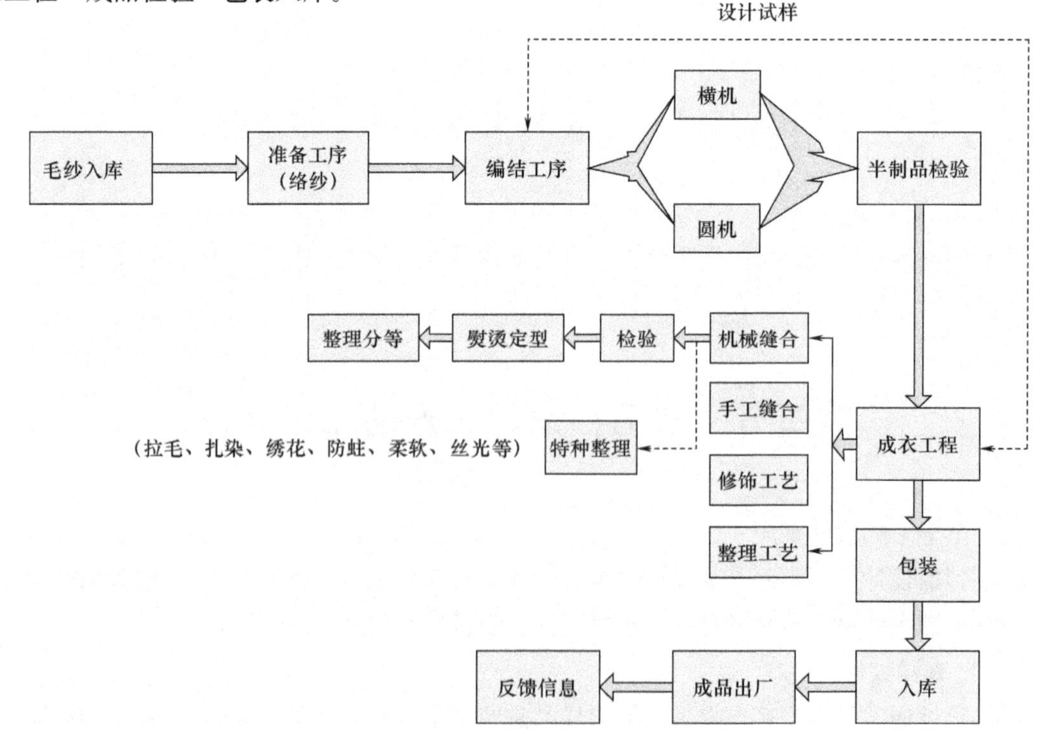

图1－7 羊毛衫设计与生产流程

纱线（原料）进厂入库后，由测试化验部门及时抽取试样，对纱线的标定线密度、条干均匀度等项目进行检验，符合要求才能投产使用。进厂的纱线大都为绞纱形式，须经过络纱工序，使其成为适宜针织横机编织的卷装。编织后的半成品衣片经检验进入成衣工序。成衣车间按工艺要求进行机械或手工缝合。根据产品特点，成衣工序还包括拉毛、缩绒及绣花等修饰工序。最后经过检验、熨烫定形、复测整理、分等、包装入库。

（一）毛纱入库

毛纱原料进厂入库后，由测试化验部门及时抽取试样，符合要求才能投产使用。检验项目主要有标定线密度、条干均匀度、捻度及其不匀率、断裂强力与断裂伸长及其不匀率、回潮率、光洁度与柔软性、色差与色花等。

（二）准备工序

进厂的毛纱大都为绞纱形式，同时在这些纱线上还存在着各种疵点和杂质将影响编织的质量和产量。因此，准备工序的目的是将绞纱绕成适宜针织横机编织的卷装形式，以适应编织生产中纱线退绕的需要；清除毛纱表面的疵点和杂质，对毛纱进行上蜡处理使其柔软光滑；根据工艺要求对毛纱作加捻、并股处理以提高毛纱牢度和增加毛织物厚度。络纱时应尽量保持纱线的弹性和延伸性，要求张力均匀，退绕顺利。

（三）编织工序

编织是羊毛衫生产的主要工序。通过增减针数的方法编织与人体曲线相适应的衣片，不需裁剪就可成衣，既节约原料又减少工序。

（四）半制品检验

横机上生产的衣片下机后，必须经过逐片检验符合要求才能进入成衣工序。衣片检验的内容有衣片的规格（即单片的长度、罗纹长短、夹档转数、收针次数等）、单片重量及外观质量。外观质量包括漏针、花针、豁边单丝等。

（五）成衣工序

羊毛衫采用缝合方法来连接衣衫的领、袖、前后身以及纽扣、口袋等辅助材料，缝合工艺包括机械缝合和手工缝合两部分。

除缝合工艺外，还有绣花、扎花、贴花、印花等修饰工艺和拉毛、缩绒等整理工艺。有的高档羊毛衫，还需要经过防起球、防缩、防蛀等特种整理。随着纳米时代的到来，纳米技术也越来越多地应用于羊毛衫的后整理技术中。

熨烫定型的目的是使产品定型，保持款式特点，外观平整挺括、手感舒适。

（六）成品检验

产品出厂前的一次综合检验。羊毛衫检验工作中有复测、整理、分等三个专门工序，内容包括外观质量（尺寸公差、外观疵点）、物理指标（单件重量、针圈密度）、内外包装等。

在成衣工序后还需要依次经过整理分等、搭配、包装、入库等工序，直到成品出厂。在成品出厂后，还需对产品的服用情况进行调查，以提供反馈信息，来改进毛衫产品的设计和生产。

第二章　横机编织机构及其工作原理

本章知识点

1. 普通横机的基本构造及其编织原理。
2. 三种线圈形态及其编织。
3. 二级、三级花式横机的三角编织原理。
4. 电脑横机的主要结构及其工作原理。

第一节　普通横机的基本结构与编织原理

针织横机是一种平型舌针纬编机。针床呈平板状，有单针床、双针床及多针床之分，通常以双针床为主。双针床横机的两个针床呈倒“V”字形配置，又被称作V床横机。根据传动和控制方式的不同，可分为手动横机、机械半自动横机、机械全自动横机和电脑横机。普通横机是一种最简单的横机，主要以手动为主；也有部分半自动横机，在编织不收针部分和简单结构时，可以由电动机带动进行编织。

一、横机的基本结构

横机的基本结构由编织机构、导纱器、织物牵拉卷取机构、传动装置及辅助装置等构成。其中普通手摇横机（manually operated flat knitting machine）的编织机构主要由针床、织针、三角座和三角等构成。如图2－1所示为横机编织机构，图2－2为编织机构的结构断面图。

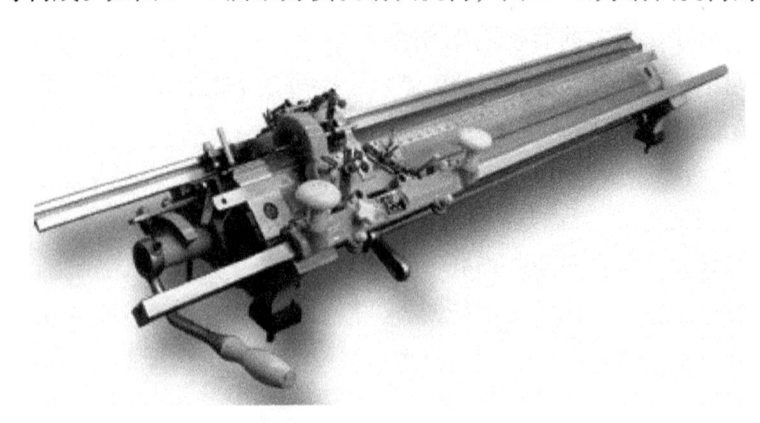

图2－1　横机编织机构

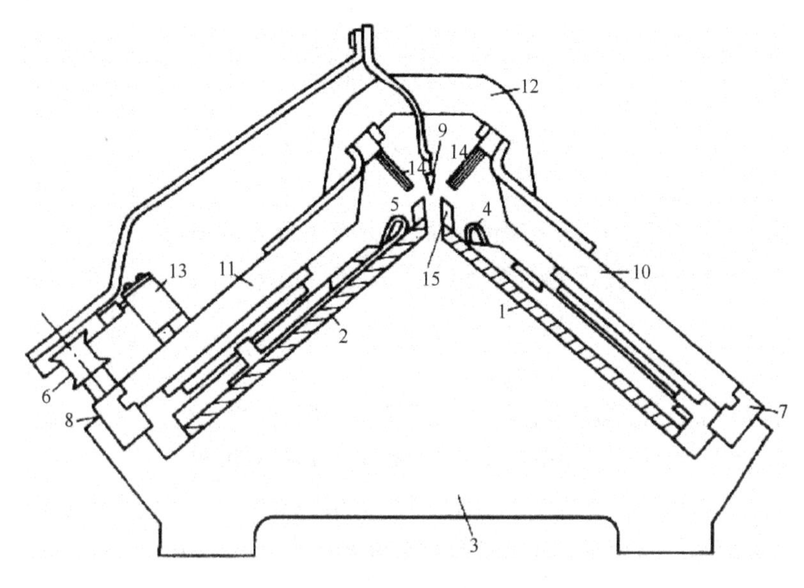

图 2-2　编织机构的结构断面图

1，2—横机的前后针床　3—机座　4，5—针槽中装有的前后织针　6—导纱器导轨　7，8—前后三角座的导轨　9—导纱器　10，11—前后三角座　12—机头　13—导纱变换器　14—毛刷　15—栅状齿

前后针床 1、2 固定在机座 3 上，在针床上铣有用于放置舌针的针槽。在针槽里装有舌针，机头 12 由连在一起的前后三角座组成，它像马鞍一样跨在前后针床上，可沿针床往返运动，带动织针在针槽内上下运动进行编织，同时还可以通过导纱变换器 13 带动导纱器 9 一起移动。在机头上装有开启舌针针舌和防止针舌反拨用的扁毛刷 14。栅状齿 15 位于针槽壁上端，所有栅状齿组成了栅状梳栉，作用于线圈的沉降弧。当推动机头横向移动时，前后针床上的织针针踵在三角针道作用下，沿针槽上下移动，完成成圈的各个阶段。

（一）织针

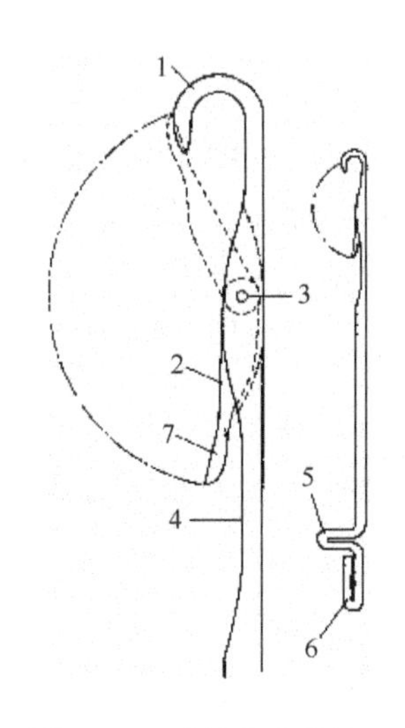

图 2-3　舌针基本结构图

1. 舌针基本结构　普通横机使用舌针进行编织。舌针的基本结构如图 2-3 所示。

1——针钩（hook 针头），在成圈过程中钩住纱线，成圈后握持新线圈所用。

2——针舌（latch - blade），分为针舌杆 2、针舌勺（latch spoon）7。当针舌向上转动关闭针口时，针勺盖住针钩端部，保证了在脱圈时线圈顺利滑过针头；在退圈时又能灵活地开启，使线圈顺利地滑到针杆上。

3——针舌销（rivet），现代的织针是用针舌槽壁的两边冲压成一个轴，针舌可以在上面转动。

4——针杆（stem），传递织针的作用力，使舌针在针床的针槽中上下稳定运动。

5——针踵（butt），用于在成圈过程中移动织针。针踵处在三角曲线针道内，随着曲线的起伏被带动，将三角斜面的作用力传递到整个舌针上，使舌针在针槽内作上下运动。

6——针尾（tail），进一步稳定织针的运动，同时在选针编织中起到传递作用力的作用。

2. 舌针分类 根据机型和三角结构的不同，舌针可分为短踵针、长踵针和长踵长舌针。长舌针与短舌针之间的舌长差为 A，如图 2－4 所示。

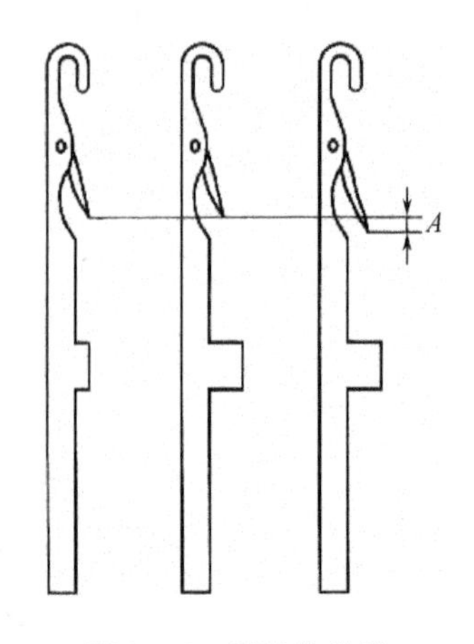

图 2－4 舌针的分类

（二）针床

大多数横机有两块针床，以一定角度 α 配置。一般在 90°～104°之间，国产横机大多为 97°。织针位于针槽内，在机头作用下可以上下移动进行编织，编织时织物从两个针床中间落下，如图 2－5 所示。在编织过程中，针床通常是固定的。当需要一些特殊花型效果时，一个针床相对另一个针床可作有限的运动。

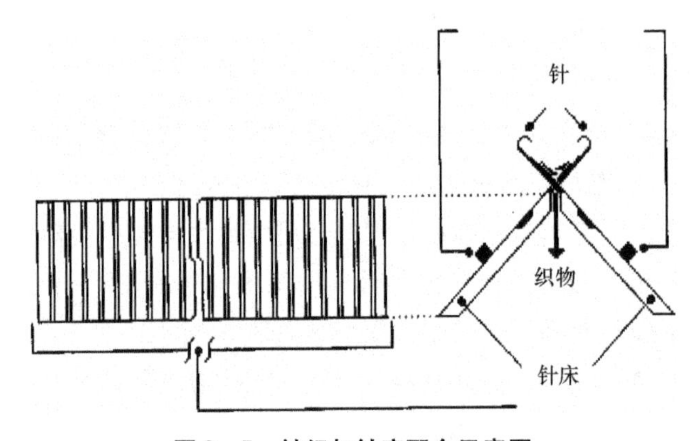

图 2－5 针织与针床配合示意图

针床的方位代号，与机头、三角装置一样，依操作者所在的位置而定。近操作者一块称为前针床，另一块称为后针床。而前针床的右边称为 1 号，后针床的右边称为 2 号，后针床的左侧称为 3 号，前针床的左边为 4 号，如图 2－6（a）所示。如图 2－6（b）所示，h 为两

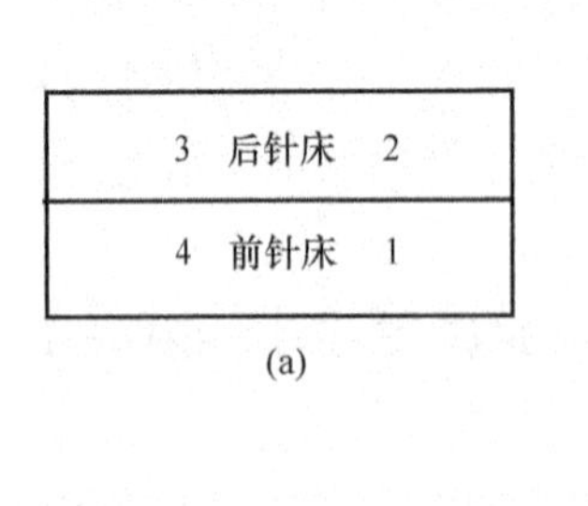

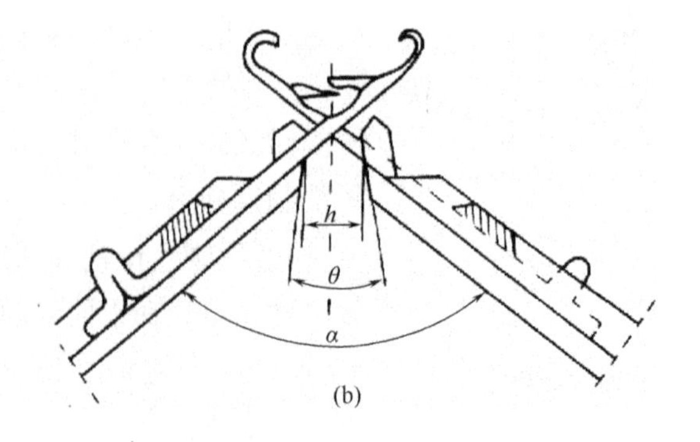

图 2－6 前后针床的交叉配置

针床栅状梳栉之间的距离，其大小影响双面织物的密度和弹性，一般取一个针距大小；θ 为导布角影响织物下垂和牵拉，一般取 11°～15°。

针床的构造如图 2－7 所示，在针床上铣有针槽 2，用于放置织针 1。针槽与针槽之间由针槽壁 4 分开。针床的制造要求十分精确以确保织物中线圈的一致，针槽要十分光滑，使织针能自由滑动。针槽壁上端为栅状齿 5，所有栅状齿组成栅状梳栉，作用于线圈的沉降弧，相当于沉降片的作用，在编织单面织物时，其作用尤为突出。为了防止织针在针槽中运动时受到织物牵拉的作用而上抬或因自身重量下滑，在针床的上部装有一个横过针床的上压针条 3，它可以沿横向从针床上抽出来，以便更换织针。在每枚织针下方，都有一个弹性钢托 6，用以控制针踵高度并防止织针下坠，需要织针编织时可以将下方的针托推上，使织针针踵进入三角轨道作用区。下压针条 7 用于压住针托，防止它们向外翘出，也可防止针托和织针下滑。

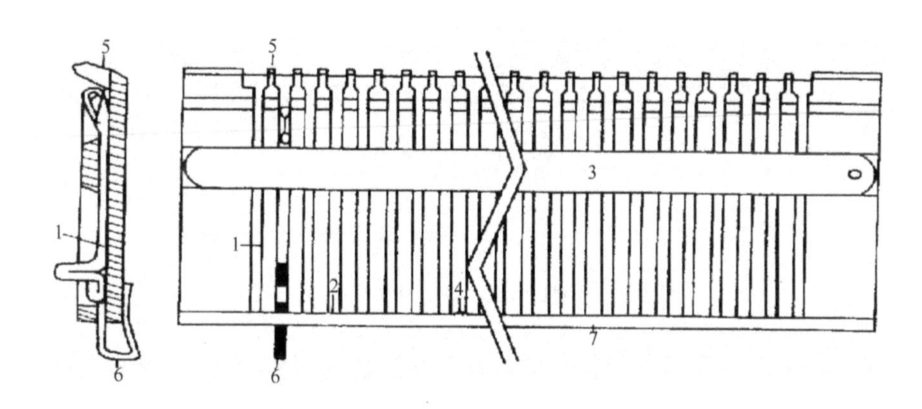

图 2－7　针床的构造

1—舌针　2—针槽　3—压针条　4—针槽壁　5—栅状齿（栅状梳栉）　6—弹性针托　7—下压针条

1. 针槽

两相邻针槽中心线之间的距离称作针距。针槽间的深度和宽度必须一致，而且必须与所用的织针针身的宽度和厚度相配合，必须使织针在针槽上、下顺利滑动。

当针床上的针槽加工完成之后，机号（machine gauge）也就随之确定。横机机号 E 为针床上规定长度（1 英寸即 25.4mm）内所具有的织针的数量。

$$E = \frac{25.4}{t}$$

式中：E——机号，针数/25.4mm；

t——针距，mm。

由此可知，针织机的机号表明了针床上排针的稀密程度。机号越高，针床上一定长度内的针数越多，即针距越小；反之则针数越少，即针距越大。针床的长度是指针板上所能够提供针槽以放置织针的数目。例如，如果机号为 12 针，有效长度为 111.76cm（44 英寸），那么该针板允许最多织针的编织数目是 528 枚针，若算出的工艺超出了这个针数，则该针板就无法编织。

2. 口齿 口齿又称作栅状齿，在成圈过程中，口齿用于握持线圈的沉降弧，协同舌针完成弯纱和脱圈，两相邻口齿的间隙，要比相邻针槽间的间隙大得多。

在针床针槽壁上部，固定着一排较薄、经抛光的特制栅状脱圈齿。在罗纹排针的机器上，一个针床上的脱圈齿与另一针床上的针槽相对应。在编织过程中，栅状齿可握持住通过两针之间的沉降弧，这有助于脱去旧线圈，形成新线圈，横机上通常不用握持沉降片来控制弯纱张力，另一针床织针上的线圈可帮助旧线圈退到针杆上。

3. 压针条槽和压针条

在针床上有放置压针条的上、下燕尾形压针条槽。上压针条（图 2－8）主要用于压住织针，防止织针上、下运动时跳出针槽。在压针条槽底部加工一凹槽垫毛条，作用是控制织针使其不蹿跳。在上压针条的反面刨有一条凹槽即图 2－8 中箭头 a 所指。

下压针条（图 2－9）较窄，主要作用是挡住不工作的织针不下滑和固定针托的位置。

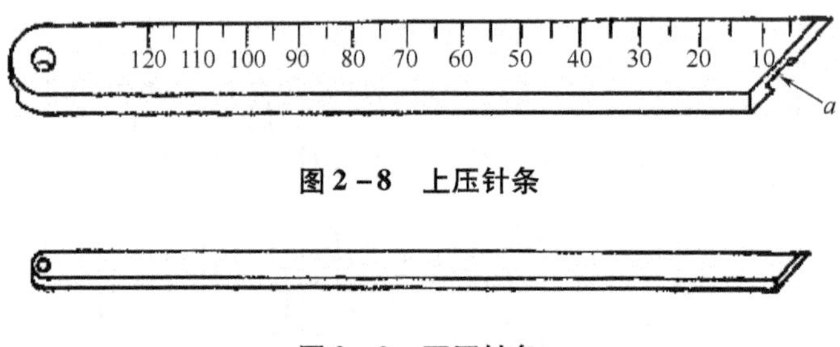

图 2－8　上压针条

图 2－9　下压针条

4. 防护簧（针托） 支承在每根针尾的防护簧配置在针床下缘上。当弹簧被充分推进针槽下表面的固定槽内，被支承的针踵由滑动三角架下表面的编织三角针道排成一行，当针处于非工作状态时，可将防护弹簧拉出固定槽。此时织针滑到针床最下面的位置，针踵脱开三角轨道，不受三角的控制。

（三）机头

机头是横机的核心装置，它用于安装三角底板并带动三角运动。为使织针在针槽内动作，带有三角的机头沿着针床运动如图 2－10 所示，推动针踵随着三角形成的针道曲线上下运动，完成相应的编织动作。

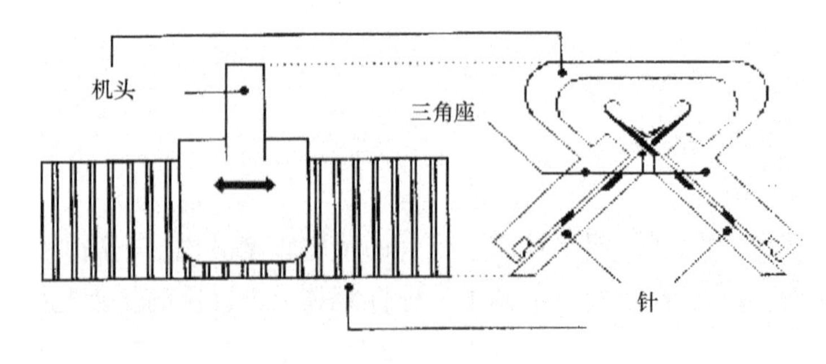

图 2－10　机头与针床配置图

1. 三角座　如图2-11（a）所示为平式三角手摇横机机头的正面视图，其上装有前后三角座的压针调节装置1、2、3、4，用于调节弯纱三角的弯纱深度，以改变线圈的大小，从而改变织物密度。6、7为起针三角开关，可以使起针三角进入或者退出工作。毛刷架用于安装毛刷。如图2-11（b）所示为手动横机三角座的反面视图，在它的底板上装有三角块。

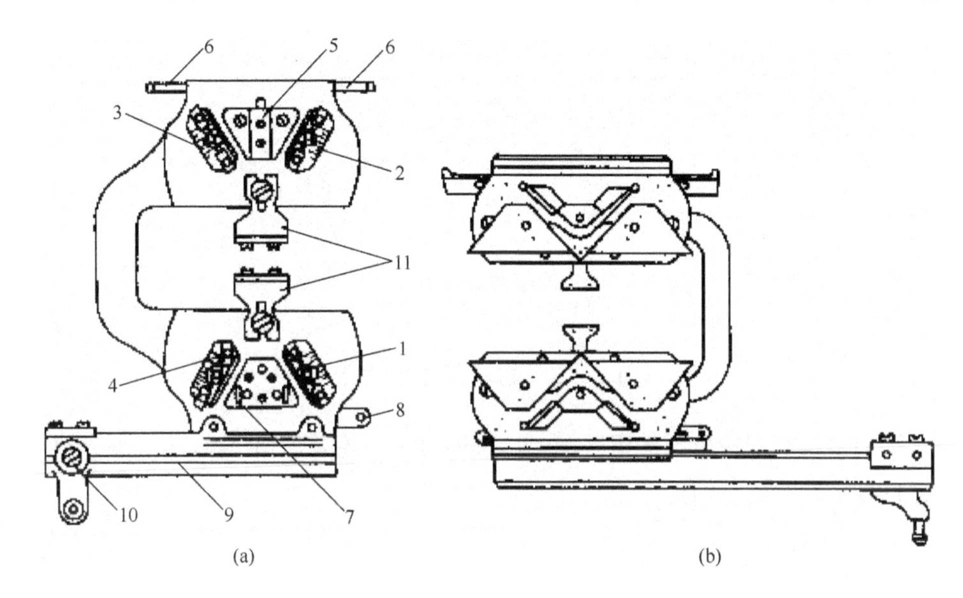

图2-11　机头正反面示意图

1，2，3，4—压针三角调节装置　5—导纱变换器　6，7—起针三角开关
8—起针三角半动程开关　9—拉手　10—手柄　11—毛刷架

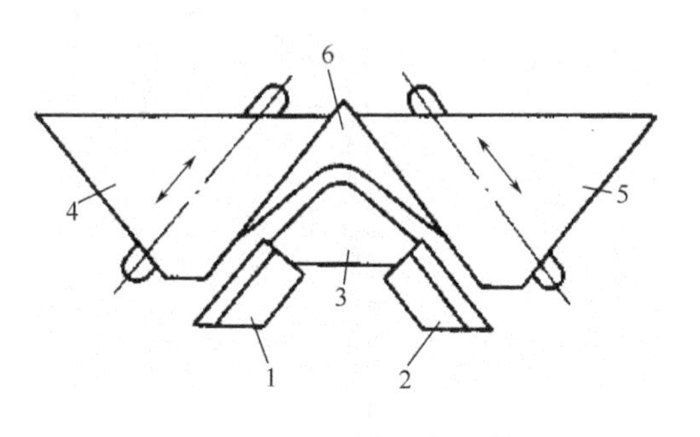

图2-12　平式三角结构

2. 三角　横机的三角结构因机型不同而异，按照选针和编织特性可分为平式三角和花式三角两类。平机型横机是横机中三角结构最简单的一种横机，其三角结构是其他横机三角的基础，此横机的三角结构如图2-12所示，是由起针三角1和2、挺针三角3、压针三角4和5、导向三角6（又称眉毛三角）组成。

图2-13中显示了单枚织针和针踵在机头往复运动过程中的三个位置状态，表示3针踵处于位置1、2、3时纱线成圈的情况。三角轨道的形成必须是对称的，以使机头能在针床上往复运动时在每个方向上都能成圈。

双针床横机需要两个三角座起作用。一个用来作用前针床的针踵，而另一个则作用于后针床的针踵。这两个三角座分别装在同一个机头的两侧，在机头的带动下一起沿针床运动，但是两个三角座的运动可以单独控制，能够完成所需的不同的编织功能。

（四）给纱机构

当前针织横机的喂纱（yarn feeding）采用消极式喂纱，是在编织时借助纱线的强力将纱

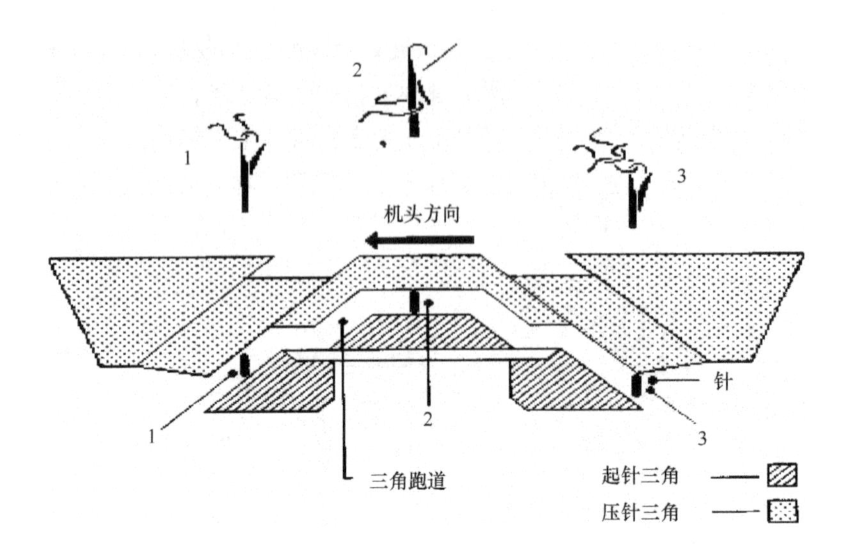

图 2-13　三角与针踵的配置

线从卷绕筒管上引出，并抽拉至编织区域，这种喂纱方式存在一定的缺陷。喂纱机构的配合正确与否，将直接影响机器的生产率和针织物的质量。

1. 引线架　引线架的作用是在编织过程中将纱筒上的纱线以一定的张力引导到导纱嘴并在机头换向时收回余纱。在引线架上装有张力器。

引线架有立式和卧式两种，一般横机上立式引线架是双头或多头的，卧式引线架则采用单头或双头的。

如图 2-14 所示为一种立式双头引线架。它由立柱底座 1、立柱 2、支架 3、挑线弹簧 6、挑线弹簧调节螺母 4 及圆盘式压线器 7 等组成。

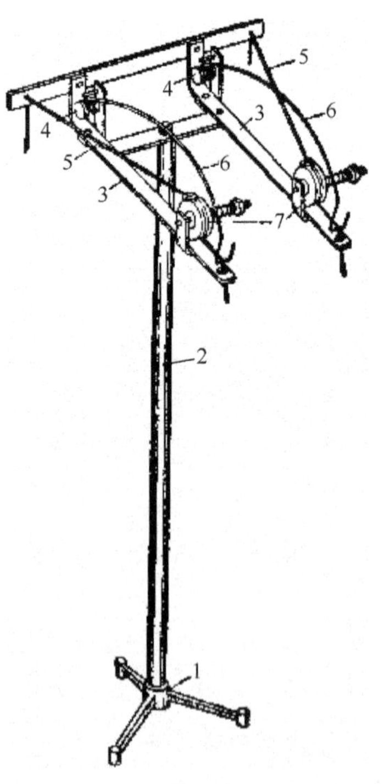

图 2-14　立式双头引线架和张力器

1—立柱底座　2—立柱　3—支架
4—挑线弹簧和调节螺母
5—纱线　6—挑线弹簧　7—圆盘式压线器

纱线在筒管上退解时的张力，不可能完全一致，因此就需要张力器对张力进行补偿调节，保证所垫纱线尽量保持张力均匀。将由于编织速度不匀而引起的张力波动幅度降到最小。当下一横列返回编织时，留在喂纱梭嘴与边针之间的一段余纱，必须及时提回，挑线弹簧 6 就是起提回这段余纱的作用，使针织物两边线圈齐整、光洁，保证纱线正常且稳定输送，保证织物的质量。

2. 压线器　压线器目前普遍采用马鞍式和圆盘式两种形式。

（1）马鞍式压线器。又称作压线式，俗称“马”。它用铅丝（不宜用钢丝）弯制成类似马鞍的形式如图 2-15 所示，安置在两个导纱眼之间。

（2）圆盘式压线器。圆盘式压线器当前应用较普遍，其结构如图 2-16 所示。它由支架 1、挑线弹簧 2、挑线弹簧弹性调节螺母3、圆盘张力片4、白瓷圈5、宝塔式弹簧6、垫圈7、张力调节螺母8和调节螺丝9等组成。控制和调节纱线喂纱张力大小是以调节张力调节螺母8来改变宝塔式弹簧6的弹性大小，使圆盘张力片对纱线的夹紧力发生变化来实现的。

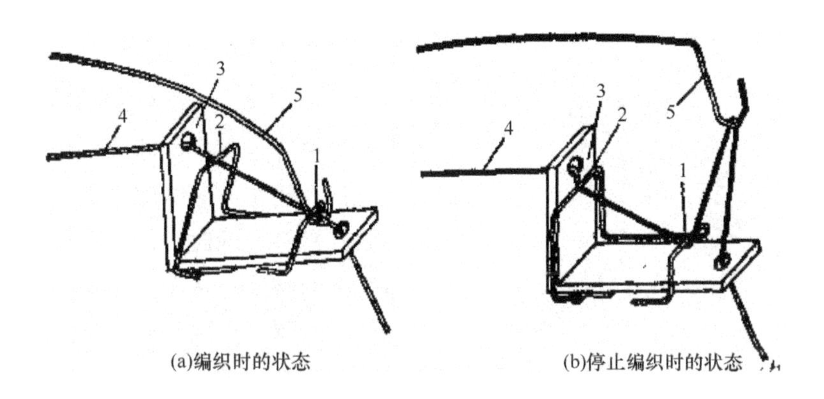

图2-15　马鞍式压线器

1—前鞍　2—后鞍　3—垂直面　4—纱线　5—挑

3. 导梭变换器　导梭变换器又称作导梭器，俗称牌楼或宝塔，如图2-17所示。其作用是装、卸或者变换导纱器。它由底座1、小手柄2和2′、导梭芯子3和3′、限位销钉4′、撑刀5、撑刀限位板6、翼轮7、棘轮8等组成。全部装配好以后，用螺钉9固装在机头上。编织时跟随机头运动，其作用可以通过导梭芯子带动导纱器对织针进行垫纱，另外可以通过撑刀5撑动棘轮，而带动棘轮转动一定角度来变换导纱芯子的工作状态，达到调换导纱器的目的。

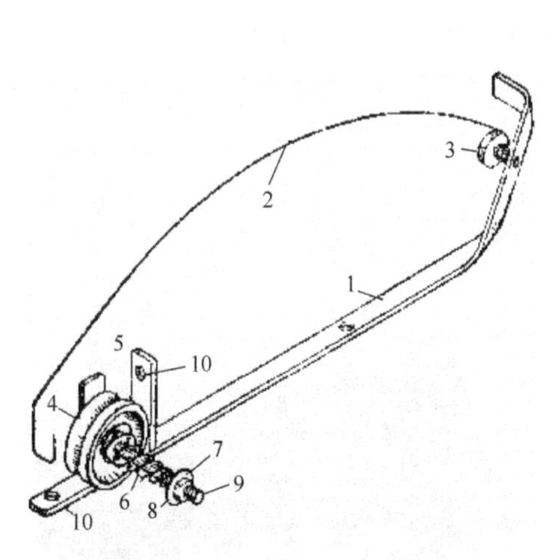

图2-16　圆盘式喂纱装置

1—支架　2—挑线弹簧　3—挑线弹簧弹性调节螺母
4—圆盘张力片　5—白瓷圈　6—宝塔式弹簧
7—垫圈　8—张力调节螺母　9—调节螺丝　10—导纱眼

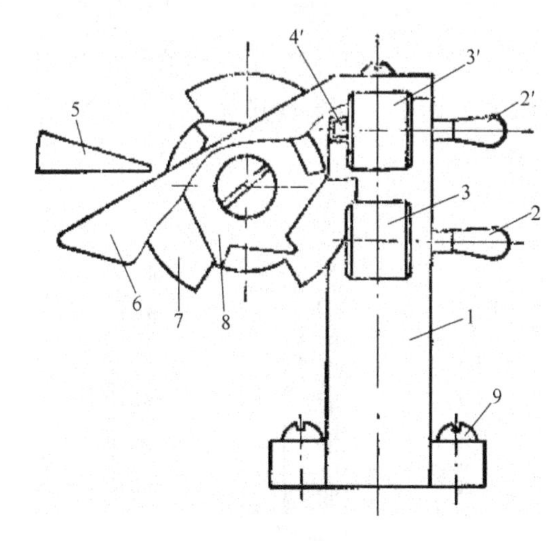

图2-17　导梭变换器

1—底座　2、2′—小手柄　3、3′—导梭芯子
4′—限位销钉　5—撑刀　6—撑刀限位板
7—翼轮　8—棘轮　9—螺钉

4. 梭箱导轨　梭箱导轨俗称梭杠、梭梗，如图2-18所示，提供梭箱的滑动轨道。它是供导纱器的梭箱滑动的轨道，一般安装在后针床机头导轨的上方。

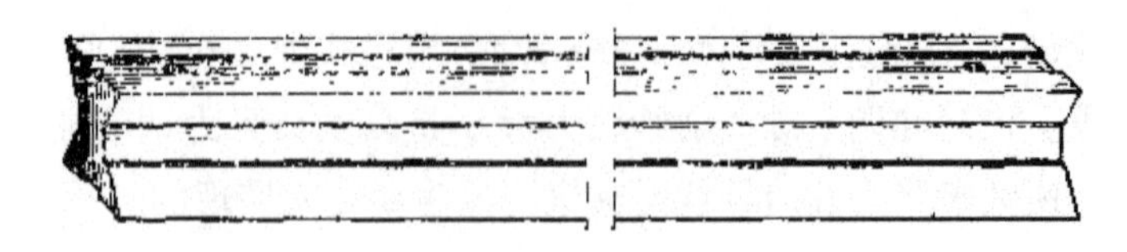

图 2－18　梭箱导轨

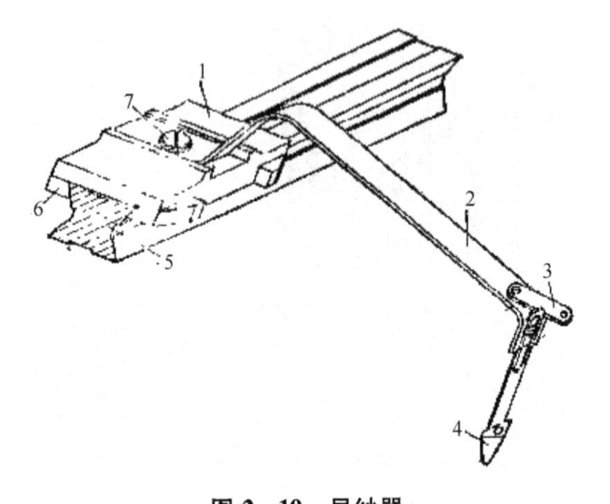

图 2－19　导纱器

1—梭箱　2—梭弓　3—引线板　4—梭嘴
5—梭箱导轨　6—斜势铁　7—梭弓紧固螺钉

5. 导纱器　导纱器（图 2－19）的结构主要由两部分组成，即梭嘴和梭箱。梭箱通过本身带弹簧片的燕尾槽安装在梭箱导轨上、下两面，机头上的碰头伸入到梭箱的滑槽中带动梭箱上的凸块，从而使梭箱和机头一起往复运动。导纱器的作用是通过导梭芯子的带动，跟随机头对织针进行正确的喂纱。

（1）喂纱梭嘴。喂纱梭嘴（图 2－20）又称作喂纱嘴，俗称梭子头。通常使用的喂纱梭嘴如图 2－20（a）所示，头部呈三角形，中间有一锥孔，编织时纱线通过锥孔垫放到织针上。

（2）限位器。为了限制横移导纱器的动程，在导纱器导轨上还装有限位器，是一块带斜面的铸铁件，用螺钉固定在导纱器导轨上。当机头移动到编织宽度所需边缘时，引导杆在限位器斜面上滑动而被抬起，与导纱器滑块分开，从而起到限制导纱器动程的作用。

6. 毛刷　毛刷在横机上是喂给机构的辅助零件，一般采用猪鬃制成，如图 2－21 所示。它的作用有两个，一是打开空针（没有线圈的针）的针舌，使纱线能垫放在针钩内；二是防止舌针反拨。

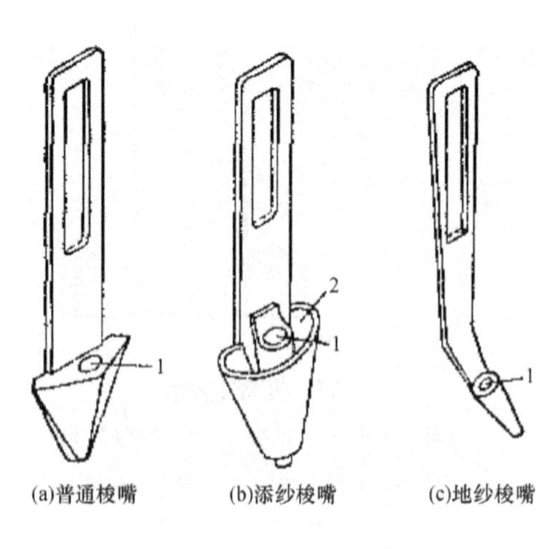

图 2－20　喂纱梭嘴

1—锥孔　2—辅孔

图 2－21　毛刷

（1）横机具有放针和收针的工艺性。在放针工作中，由于新参加工作的舌针上是无旧线圈来帮助打开针舌的，因此就需用毛刷来将针舌刷开。使用毛刷能避免损坏针舌。

（2）由于织针在高速运动中，旧线圈由针舌脱落到针杆上的瞬间，针舌对旧线圈有一个反作用的力，使针舌产生弹跳现象，甚至封闭了针口致使垫纱工作困难而产生织疵——漏针，以及舌针内退圈后，沿压针三角换向运动时的惯性力，也使针舌回弹封闭针口，影响喂纱。毛刷可以压住针舌使其不回弹。

（五）牵拉机构

为了顺利编织线圈，必须避免针钩内的线圈随着织针的上升而上升，否则就不可能实现退圈。牵拉机构在横机上所起的作用是将已形成的针织物引出成圈区域，同时在退圈时拉紧旧线圈，不使它随着织针的上升而向上运动。目前常用的横机牵拉机构，有罗拉式和重锤式两种，前者是靠压紧相向转动的罗拉依靠摩擦力将织物牵拉，后者是靠重力的作用将织物牵拉。普通横机上应用较多的是后一种。

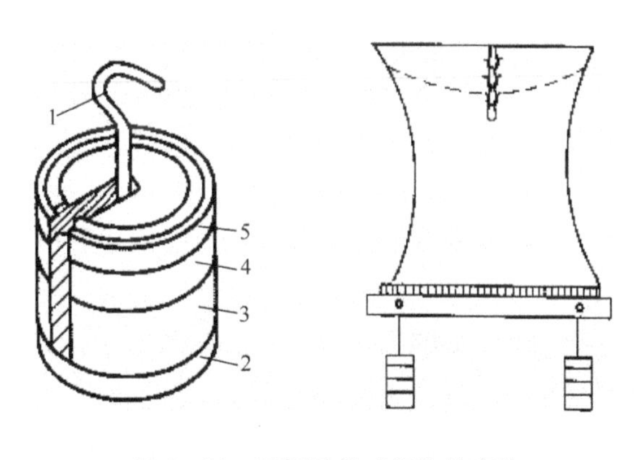

图 2-22　重锤及其对织物的牵拉

1—钩子　2—底盘　3—后重锤　4—中重锤　5—薄重锤

1. 重锤式牵拉机构　手动横机的牵拉（take-up）是通过定幅梳栉（俗称起针板）和重锤进行牵拉，如图 2-22 所示。针织物在针床口和穿线板处，由于横向受到制约，不能收缩，而在针床口与定幅梳栉之间横向收缩较大，因而经过这种牵拉后的针织物从针床口至定幅梳栉之间各个线圈纵行长度不等，边缘纵行长度要大于中间纵行，造成了作用在边缘纵行上的牵拉力不够而退圈困难，影响正常的成圈过程。普通横机在编织时通常在针床口的边缘线圈上加挂小型的钢丝牵拉重锤。

2. 罗拉式牵拉　手摇横机采用在织物上挂重锤的方法，而现代的设备则采用特殊的牵拉辊（图 2-23）。在织物上，施加一个可控制的张力，它在织针向退圈位置运动过程中起阻止旧线圈上升的作用。同时，当机上织物增加新横列时起集布装置的作用。电脑横机的牵拉卷取机构主要是采用双辊式牵拉机构。

（六）针床横移机构

针织横机的最大特点是能使针床移位来进行编织生产。针床的移位基本上有两种形式：一是前、后针床的升降移位，二是前、后针床的左右移位。

如图 2-24 所示为可控制后针床相对于前针床移动半个至三个针距的针床横移装置。在编织波纹组织成 2+2 罗纹织物的起头时，需要使后针床横移若干个针距。扳动手柄 2，使手柄凸翼 3 在移位方铁 1 下面的斜槽中移动，从而由移位方铁 1 带动后针床 5 横移。横移装置的定位是靠钢珠 4 嵌入机座端面凹口内并在弹簧的压力作用下不使手柄移动来实现的。

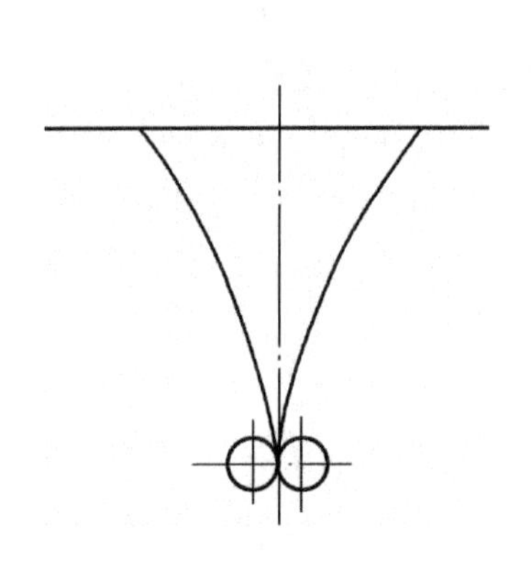

图 2－23　罗拉式牵拉

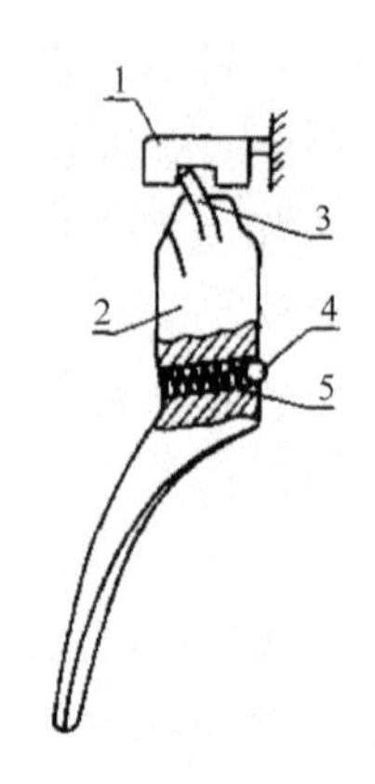

图 2－24　针床横移装置

（七）传动机构

普通横机的传动机构比较简单，一种是手摇驱动，另一种是多杆机构驱动。采用多杆机构机械驱动时，大多用在衣片的平摇上。

（八）辅助工具

普通横机的辅助工具包括撤针板、清针刷、翻针板、收目针、收针片、导针器等。

1. 定幅梳栉（起针板）　用来挂住底部的毛线，以配合完成起针。起针板有挂钩式和梳片式，又各有长、短两种，如图 2－25 所示。

2. 撤针板　撤针板也称作选针板，是为方便选针、拨针配制的。编织时，根据花型的要求，用选针板将针踵拨至相应的位置。一般随机的附件中配有 1×1、2×1、2×2、3×1 等几块常用选针板。“1×1”即隔一针拨出一根织针，“2×1”即隔两针拨出一根织针，依此类推，如图 2－26 所示。

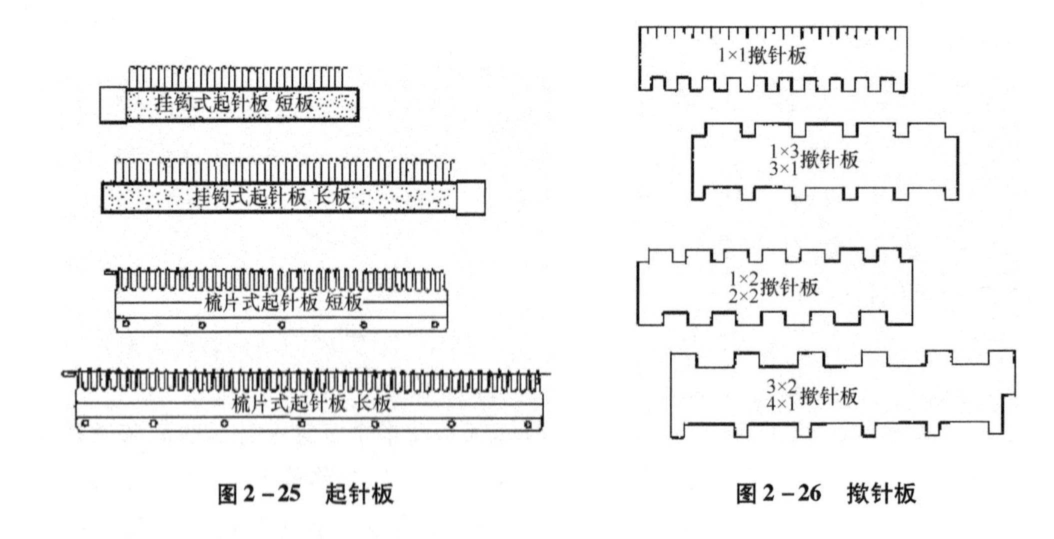

图 2－25　起针板

图 2－26　撤针板

3. 移圈具　移圈具是用来移圈的工具。如镂空组织的编织、绞花编织，也用来配合加针和收针。常用的移圈具有 1/2、1/3、2/3 这三种，如图 2－27 所示。

4. 边挂钩　在主、辅机同时使用时，放在织物的边缘，并将重锤挂在弯钩上，以防止编织时两侧边出现浮线，如图 2－28 所示。

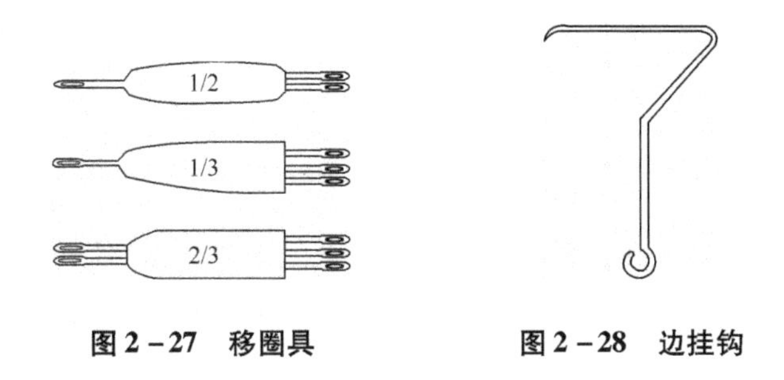

图 2－27　移圈具　　　　**图 2－28　边挂钩**

二、横机编织原理

（一）舌针成圈原理

1. 成圈过程　一般横机成圈过程可分为十个成圈阶段：退圈、垫纱、带纱、闭口、套圈、连圈、弯纱、脱圈、成圈和牵拉（图 2－29）。

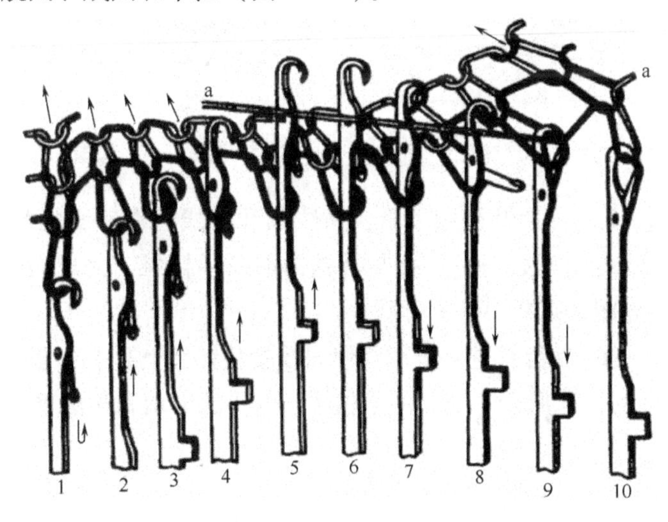

图 2－29　织针成圈过程

（1）退圈（图 2－30）。是将处于针钩中的旧线圈移到针杆上，为垫放新的纱线，编织新的线圈作准备。舌针在起针三角和顶针三角的作用下，沿其斜面上升，使针钩内的旧线圈在牵拉机构的作用下将针舌打开，从针舌滑移至针舌下的针杆上，如图 2－29 中针 1—2—3—4—5 所示。

在退圈过程中，当旧线圈从针舌尖滑到针杆的一瞬间，针舌在变形能的作用下产生反弹现象，有关闭针口的趋势，而使舌针垫不上新纱而产生漏针现象。为防止针舌反弹关闭针口，在机头上装有的毛刷可以防止针舌关闭。

（2）垫纱（图 2－31）。是依靠导纱器将纱线垫放到针钩和开启的针舌尖端之间。图 2－29 中针 6 和针 7 所示。

（3）带纱（图 2－32）。舌针下降，将垫放的纱线逐渐移到针钩下，旧线圈也因针杆的移动而向上移动，完成带纱，如图 2－29 中针 7 和针 8 所示。

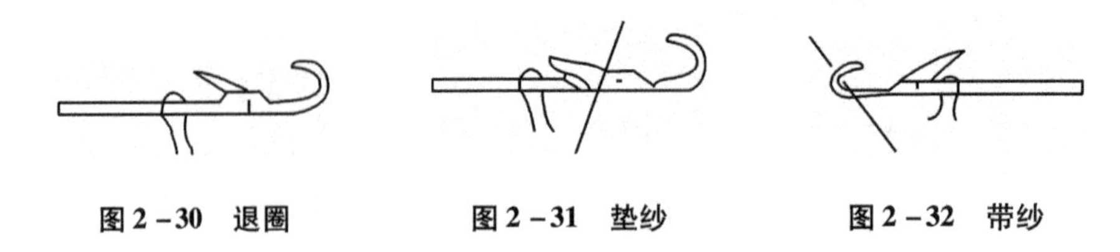

图 2－30 退圈　　图 2－31 垫纱　　图 2－32 带纱

（4）闭口（图 2－33）。在舌针受导向三角、压针三角的作用继续下降的过程中，针舌在旧线圈的作用下向上翻转关闭针口，从而使旧线圈和即将形成的新线圈分隔在针舌两侧，为新线圈穿过旧线圈做准备，如图 2－29 中针 8 和针 9 所示。

（5）套圈（图 2－34）。舌针下降，旧线圈沿针舌上移而套在针舌上。针舌关闭针钩后，由于弯纱三角的作用，织针再后退，使旧线圈套到关闭的针舌上，并沿着关闭了的针舌移动，这一过程称为套圈，如图 2－29 中针 9 所示。

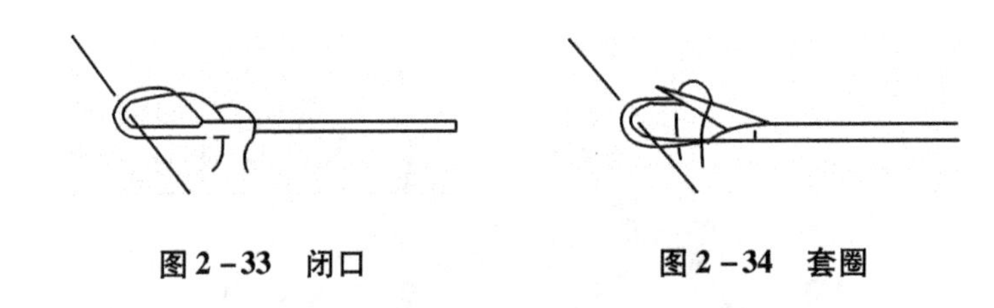

图 2－33 闭口　　图 2－34 套圈

（6）连圈（图 2－35）。舌针继续下降，新线圈和旧线圈在针头处相接触。织针继续后退，旧线圈从关闭的针舌上开始滑下，并与针钩内的新纱接触，完成新纱与旧线圈的连接，这一过程称为连圈，如图 2－29 中针 9 所示。

（7）脱圈（图 2－36）。舌针进一步下降使旧线圈从针头上脱下，套到正在进行弯纱的新线圈上，如图 2－29 中针 10 所示。毛纱的柔软性、针头的形状和光滑程度对脱圈顺利与否影响很大。

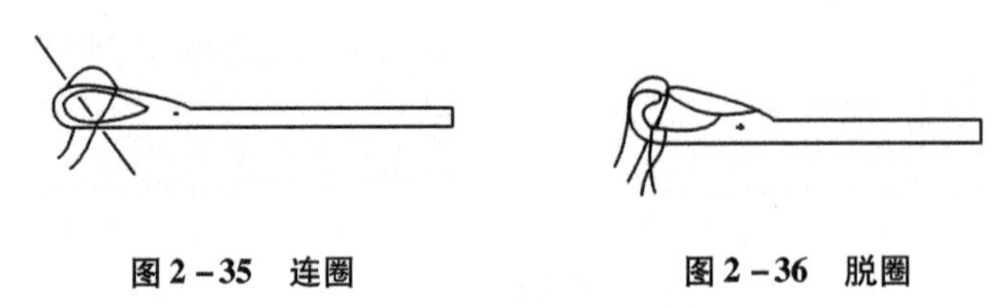

图 2－35 连圈　　图 2－36 脱圈

（8）弯纱。舌针下降使新垫上的纱线逐渐弯曲，弯纱由此开始并一直延续到线圈最终形成。始于连圈阶段并与成圈同时进行。从旧线圈接触新垫纱线（连圈）开始，新线被针钩所弯曲，直至脱圈，形成一只新线圈。弯纱过程是伴随连圈、脱圈和成圈过程中进行的。

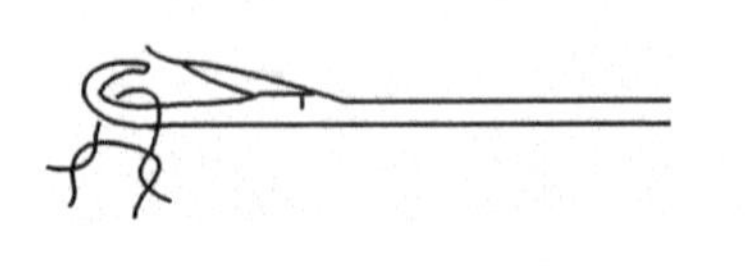

图 2－37 成圈

（9）成圈（图 2－37）。旧线圈从织针上脱出后，由于织针继续下降到最低位置，新线穿过旧线圈则形成规定大小的新线圈，这一过程称为成圈。

（10）牵拉（holding－down）。由牵拉力把脱下的旧线圈和刚形成的新线圈推到舌针背后，使成圈后的线圈得以张紧，不致脱出针钩而脱离编织区，也防止了舌针再次上升时旧线圈回套到针头上。这一过程由牵拉机构完成。

2. 成圈工艺与分析　如图 2－38 所示，在普通横机上，当机头沿图示箭头方向移动时，织针沿三角工作面运动所得到的针头轨迹线，下面将对轨迹线上的各点进行分析。

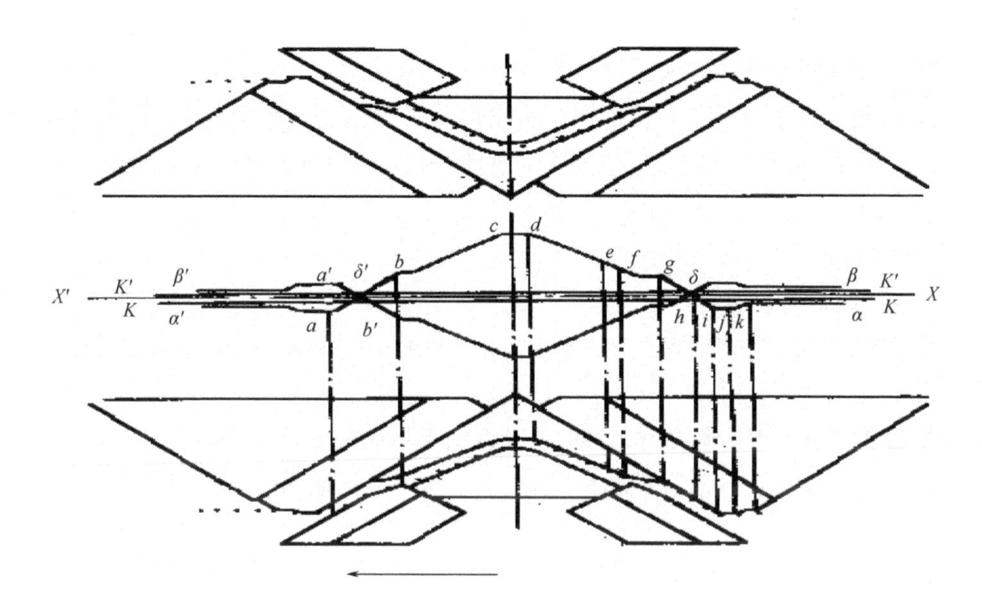

图 2－38　三角结构与走针轨迹

α—α'为前针床针头运动轨迹；β—β'为后针床针头运动轨迹；X—X'为轴中心线。由于前后机头三角对称，所以 α、β 轨迹线的交叉点是在中心线 X—X'上。如果交叉点偏向任何一方的床口线，说明前后三角座各对应的工艺点不对称，有滞后或超前现象，反映到生产中，就会产生疵点。走针轨迹对产品质量的影响如下。

（1）a 点是退圈开始点，当针踵接触起针三角时，织针开始上升，旧线圈从针钩移到针舌上，然后打开针舌。

（2）b 点是集圈点，在退圈过程中，旧线圈此时停留在针舌上，而未落到针杆上。此工艺点临界值影响集圈组织的编织。

（3）c 点是挺针最高点，退圈结束舌针上升到最高点，旧线圈停止在针杆上，完全脱离了针舌。a—c 是退圈阶段。

（4）d 点与 c 点高度相同，c—d 为一停顿平面，目的是为了减小织针换向时针踵与导向三角的冲击。当接触到压针三角后，才开始下降，准备垫纱。

（5）e 点是喂纱点，喂纱梭嘴开始对它进行垫纱。

（6）f—g 是带纱阶段，针舌在旧线圈作用下逐步开始关闭针舌，即闭口阶段的开始。

（7）g 点是带纱与压针的交接点，一边针钩在带纱，一边旧线圈开始将针舌关闭，准备封闭针口。g—h 为闭口阶段。

（8）h 点是旧线圈在针床栅状梳齿的夹持下，针舌受旧线圈上移而封闭针口，此时闭口结束，开始进行套圈工作。

(9) i 点是弯纱最低点，此时织针处于套圈过程中，它决定线圈长度的大小（织物密度）。

(10) j 点是脱圈点，舌针仍处于成圈三角底部的成圈位置上，略有轻微回退。旧线圈在牵拉力的作用下，结束了套圈阶段的工作，开始从针钩上脱落下来，h—j 为套圈、连圈阶段，j 点为脱圈点，随后进行弯纱和成圈。

(11) k 点是新线圈的成圈点。根据织物密度所需要而受到约束的成圈三角最低点。之后，织针脱离压针三角底边的控制，在牵拉力的作用下，旧线圈将从针钩滑至针床的床口线附近。

（二）集圈的形成

集圈指在针织物的某些线圈上，除套有一个封闭的旧线圈外，还有一个或几个未封闭的悬弧。集圈的形态如图 2-39 所示。在横机上形成集圈的方法有两种，即不退圈集圈法和不脱圈集圈法。

1. 不退圈集圈法 舌针退圈时，若旧线圈退圈不足而处于针舌上时织针停止上升，垫上新纱线，新旧线圈集合在一起，成圈时并不脱下，在下一次成圈时一起脱下，形成集圈，在织物上便形成集圈效应。

不退圈集圈的形成过程如图 2-40 所示。图 2-40 (a) 表示在编织过程中，挺针三角退出工作，起针三角和弯纱三角处于正常工作位置。织针在起针三角的作用下上升，此时旧线圈不完全退圈，同时织针可以勾到新纱线。图 2-40 (b) 表示在织针下降的过程中，新垫的纱线和旧线圈一起回到针钩内进行弯纱成圈。这样新纱线就呈悬孤状处在织物的反面，形成集圈。采用这种方法编织的集圈，由于悬弧同正常线圈一样正常弯纱，因此悬弧较长，织物较蓬松。

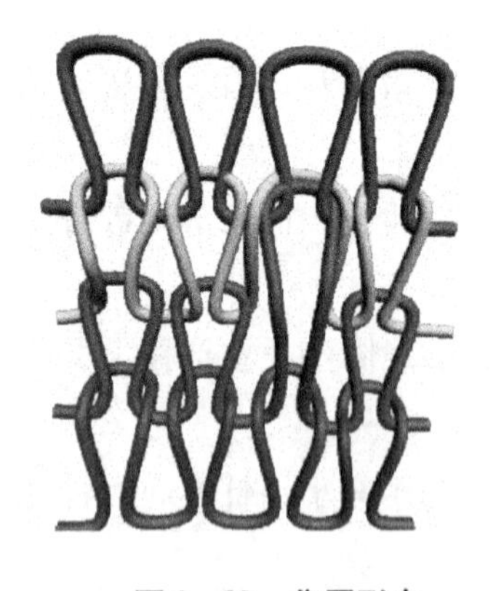

图 2-39 集圈形态

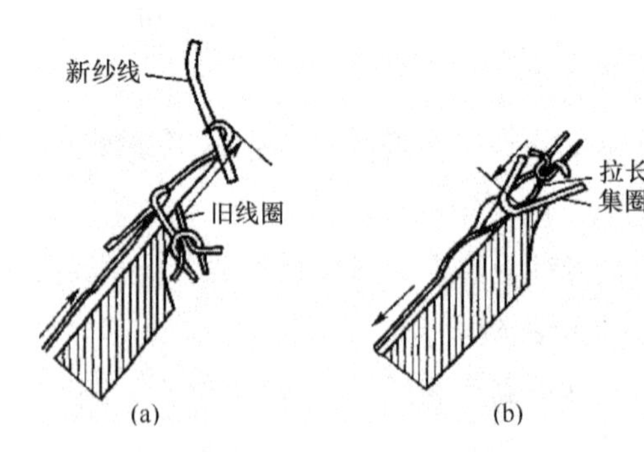

图 2-40 不退圈集圈的形成过程

2. 不脱圈法集圈 不脱圈法集圈的形成方法：编织集圈时，提高成圈三角（压针三角、弯纱三角）的位置，使旧线圈因弯纱不足而不脱圈，下次成圈时，新旧线圈一起退圈。不脱圈集圈的形成过程如图 2-41 所示。采用这种方法编织时，起针三角和挺针三角都处于正常工作位置，弯纱三角处于不能脱圈的较高位置，如图 2-41 (c) 所示。在编织过程中，织针沿起针三角和挺针三角上升，进行退圈，然后开始下降，并勾取新纱线完成垫纱，如图2-41（a）所示。但当织针下降到完成闭口、套圈后就不再下降，使旧线圈仍然处在针头上而不脱下，新垫的纱线几乎没有弯纱，而是呈弧线状处在针钩内，如图2-41（b）所示。在下一个成圈循环开始以后，织针又上升，这时针钩外的旧线圈和针钩内的弧线就一起退到针杆上，当织针上升到最高点完成退圈、垫纱后，再次下降进行弯纱成圈时，针杆上的旧线圈和

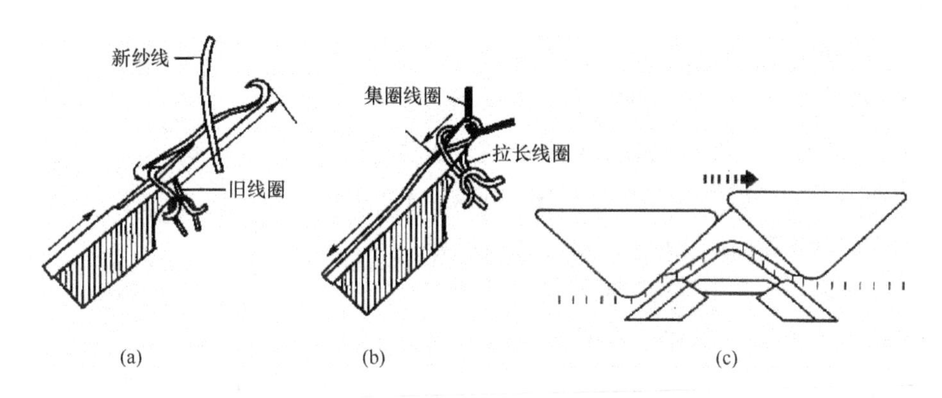

图2-41　不脱圈集圈的形成过程及三角配置

弧线就一起脱到这个新线圈上，使这个新线圈上除了套有一个封闭的线圈外，还套有一个未封闭的悬弧，形成集圈组织。用这种方法编织的集圈组织，由于悬弧几乎不弯纱，因此形成的悬弧短，织物紧密细致，弹性好。

（三）浮线的形成

浮线的线圈形态如图2-42所示，有浮线浮于织物背面，并未与此行列线圈完成串套成圈的过程，前面的线圈因此拉长。

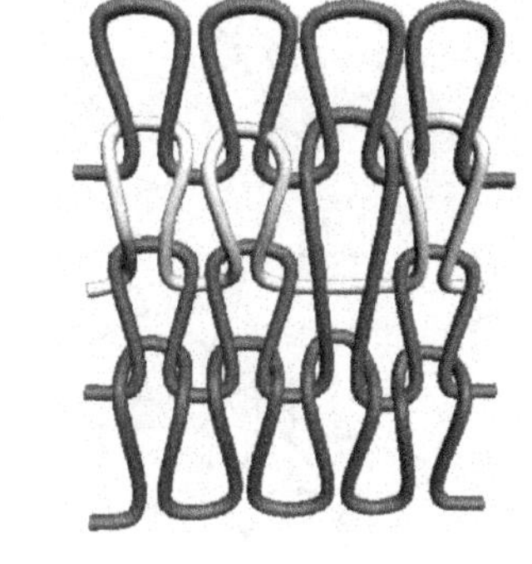

图2-42　浮线的线圈形态

浮线的形成过程如图2-43（a）所示，图中两边的织针完成正常成圈，处在中间的织针未起针编织，在织针的背面即形成浮线。编织浮线的织针针踵与三角的配置如图2-43（b）所示，编织浮线的织针针踵没有受到起针三角的作用，因此织针未进行编织。

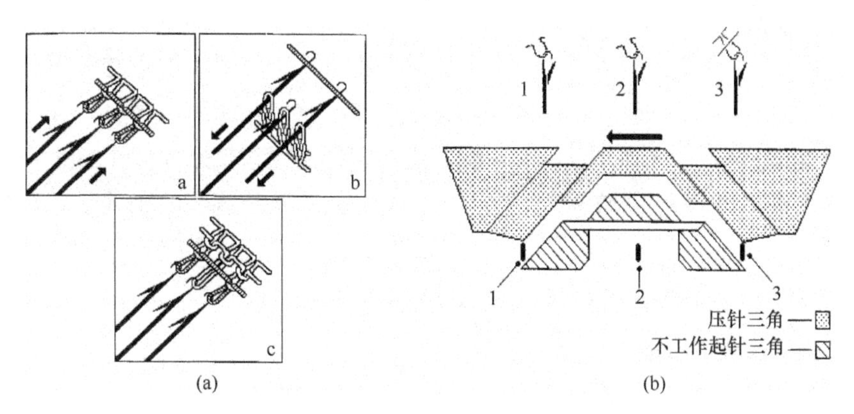

图2-43　浮线形成过程及三角与针踵的配置

三、花式三角成圈

花式三角可根据所要实现的选针编织功能进行设计，采用不同的结构。最常用的是二级花式横机和三级花式横机的三角结构。

花式三角（嵌入式）的工作原理是采用针踵长度不同的舌针，在机头的每个行程中，按花色要求使三角沿垂直于其平面的方向进入、半退出或完全退出工作位置，以达到不同针踵的针按照要求进行不编织、成圈或集圈的编织目的。

（一）二级花式横机三角

如图2－44所示为二级花式横机的三角结构。它的起针三角1、弯纱（压针）三角2和导向三角3与平式三角完全一样。挺针三角为活动三角，可以沿垂直于其平面方向进入和退出工作。增加了固定的横挡三角，横挡三角的高度为织针的集圈高度，其作用是当挺针三角退出工作时，托住织针防止其下落。

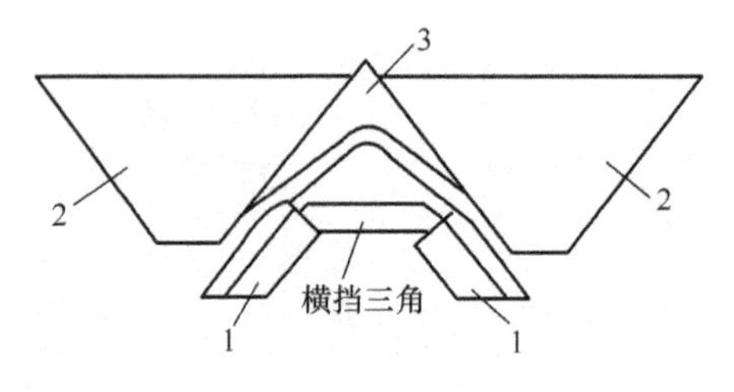

图2－44　二级花式横机三角结构

二级花式三角用到的织针有长踵针和短踵针。通过对长短踵针进行选针编织，可以形成三种走针轨迹。

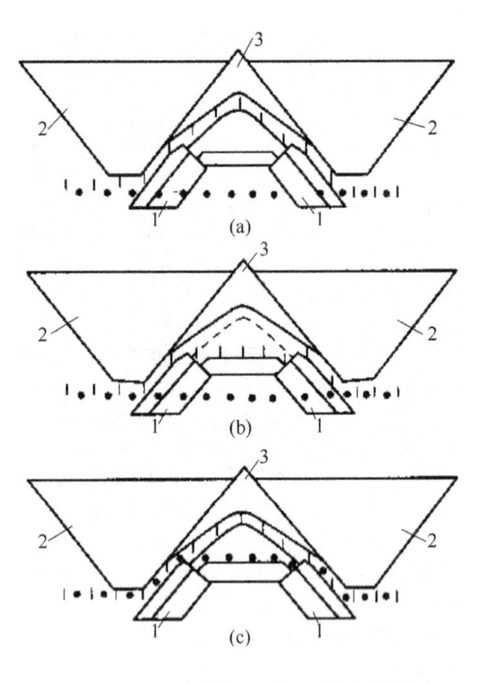

图2－45　二级横机三角及其走针轨迹

（1）起针三角1退出一半，挺针三角进入工作。此时短踵针不能沿起针三角上升，不进行编织，长踵针则可以沿起针三角和挺针三角上升进行编织。因此短踵针不编织，长踵针成圈。织针针踵的轨迹如图2－45（a）所示。

（2）起针三角1退出一半，挺针三角完全退出工作。此时短踵针不能沿起针三角上升，因而不编织，长踵针虽然能沿起针三角上升，但却不能沿挺针三角上升，因此只能上升到集圈高度形成集圈。织针针踵的轨迹如图2－45（b）所示。

（3）起针三角完全进入工作，挺针三角退出一半。长踵针沿起针三角和挺针三角上升到挺针最高点退圈，进行编织成圈，而短踵针沿起针三角上升到集圈高度后就不能继续沿挺针三角上升，只能编织集圈。织针针踵的轨迹如图2－45（c）所示。

二级花式三角除能编织平式三角所能编织的各种组织外，还可以通过起针三角和挺针三角工作状态（即进出位置）的选择和织针的排列，形成相应的花式效应。

（二）三级花式横机三角

三级花式横机三角是在二级花式横机三角的基础上，将挺针三角分成三块，分别为上挺针三角1、下挺针三角2和横挡三角3（图2－46）。其中上下挺针三角为活动的，可以垂直进入和退出工作，横挡三角是固定的。该机除了使用的织针有长踵针、短踵针外，还可以使用长踵长舌针。

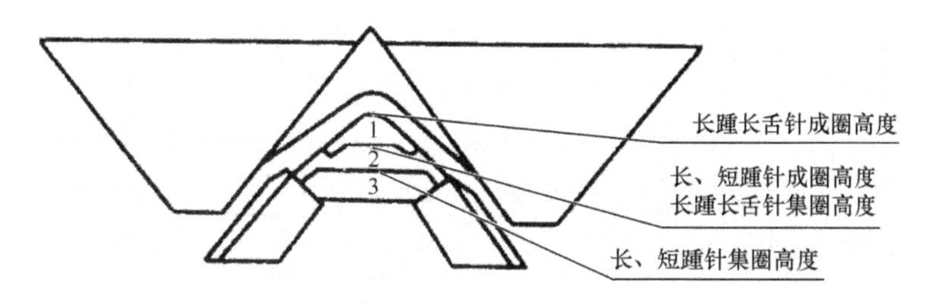

图 2－46　三级花式横机三角系统

如图 2－46 所示，当上挺针三角退出工作时，所有的织针都可以沿下挺针三角上升，长短踵织针上的旧线圈可以从针舌上退下，而长踵长舌针由于针舌较长，旧线圈不能从针舌上退下，在垫上新纱线后，它就和新纱线一起形成集圈。当下挺针三角退出一半，上挺针三角全部进入工作时，所有长踵针成圈，短踵针集圈。三级花式三角各个三角的高度分别为不同织针的成圈和集圈高度，如图 2－46 所示。这种花式三角系统的走针轨迹变化较多，当改变三角的工作状态时，相应的织针编织情况见表 2－1。

表 2－1　三角位置与织针工作状态

项目	三角名称	工作位置	长踵针	短踵针	长踵长舌针
1	上、下挺针三角	全部退出	集圈	集圈	集圈
2	上挺针三角	全部退出	成圈	成圈	集圈
3	下挺针三角	退出一半	成圈	集圈	成圈
4	起针三角 上挺针三角	退出一半 全部退出	成圈	不编织	集圈
5	起针三角 上挺针三角	退出一半 退出一半	成圈	不编织	成圈
6	起针三角 上挺针三角	退出一半 全部退出	集圈	不编织	集圈

注　没有注明退出工作的三角全部投入工作。

（三）局部编织或休止编织

局部编织或休止编织是通过使持有线圈的某些织针暂时停止工作，待需要时再使其重新进入工作的一种编织方法。在电脑横机上可以很容易地通过选针实现，而在手摇横机上需要采用特殊的三角结构。如图 2－47（a）所示是一种休止编织三角的结构图。起针和挺针三角与平式横机三角相同。导向三角分成左右两块 1、2，增加休止针复位三角。压针三角的上部也比普通三角要少一块，以便使休止的针在压针三角的上面通过。

编织时，用手将需要休止的针推到压针三角的上方，使其在握持旧线圈的情况下退出工作，如图 2－47（b）所示。此时休止复位三角退出工作。当要使休止的针进入工作时，如图 2－47（c）所示，复位三角进入工作，机头运行方向前部的导向三角退出工作。

通过休止编织三角，可以在手摇横机进行局部编织和持圈收放针的编织，还可以形成立体结构等特殊结构和花式效应。

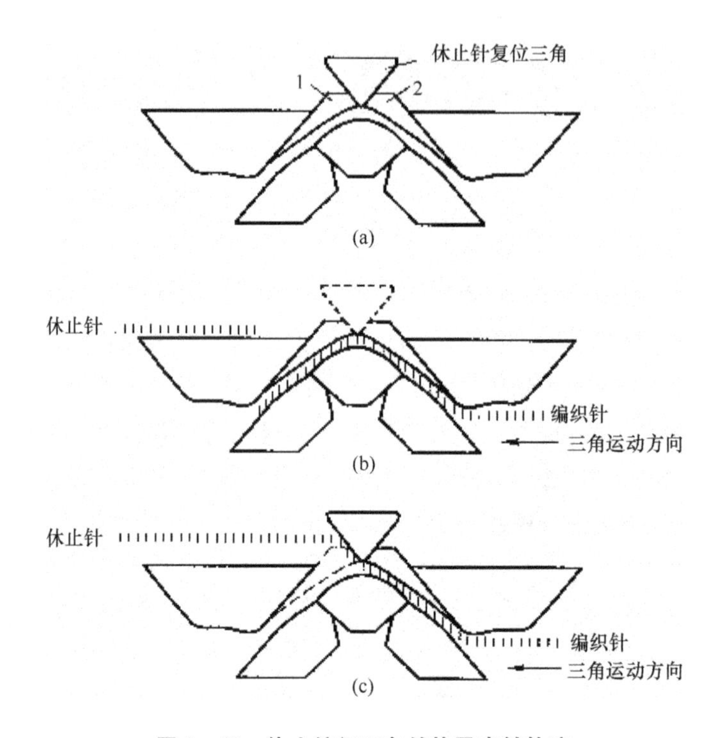

图 2－47　休止编织三角结构及走针轨迹

第二节　电脑横机的编织机构及其工作原理

一、电脑横机的特点

电脑横机的外观结构如图 2－48 所示。其主要特点有以下八项。

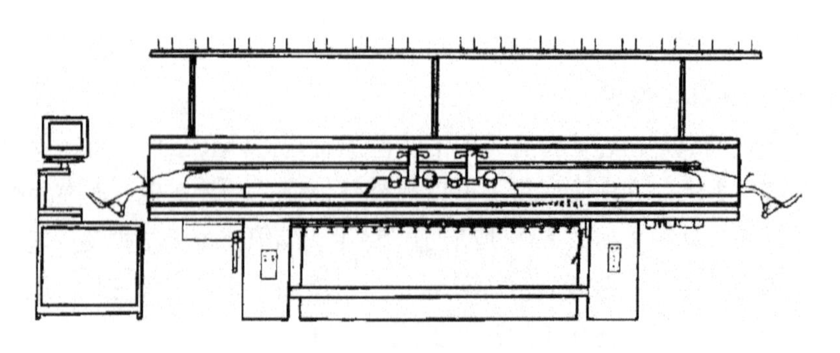

图 2－48　电脑横机的外形结构图

1. 单针选针　由于电脑横机采用了电磁选针装置，因此它具有单针选针的功能。单针选针与三角变换、针床横向移位、导纱器变化等功能相结合，使得电脑横机能够编织出各种时新而又独特的花样，且花纹范围不受限制。

2. 成形编织　成形编织是电脑横机最富有吸引力的一大特点。由于在大多数横机上采用了特殊的牵拉技术，如压脚和牵拉沉降片，使得电脑横机不仅能够编织出一般的单块衣片，而且还能在同一机器上编织出各种不同衣片连成一体的整块衣片，有的甚至能够编织出整件服装，从而节省了因缝纫所产生的原料浪费和劳动力浪费。

3. 改变品种简便、迅速　这是电脑横机最大的优点之一。由于电脑横机配有相应的花型准备系统，其花型准备工作非常容易，而且上机操作简便，只须把预先准备好的新花样通过纸带、磁带或磁盘输入电脑横机的程序控制装置，就能达到变换品种的目的。因此，电脑横机能适应现代服装花色流行期短、流行色不断变化的要求。另外，由于缩短了上机操作的时间，提高了机器的生产效率。

4. 采用多成圈系统　电脑横机一般都有多个成圈系统，最多的可达四五个，有的还采用双机头，每个机头有两个成圈系统，可分开或合起来使用。在编织尺寸小的衣片时，两个机头可单独进行编织。在织物的尺寸大时，两个机头可连在一起，四系统同时进行编织。多系统的采用大大提高了电脑横机的产量。

5. 采用宽幅针床　一般的电脑横机针床长度为200cm以上，最长可达254cm，同一针床可编织四片衣片。

6. 步进电动机控制　普遍采用步进电动机准确控制弯纱深度、针床移位及其导纱定位块的位置。

7. 链传动　机头多采用链条传动。

8. 程控　给纱和牵拉都采用程序控制。

二、电脑横机主要结构及其工作原理

（一）导纱系统

1. 导纱系统主要作用

（1）传导编织纱。编织时，纱线在张力作用下，自动从编织机的纱筒上退绕下来，经过一定的导纱路径，进入导纱器的导纱嘴。在编织过程中，导纱系统主要对从纱管到导纱器这一段进行纱线传导，使纱线尽可能没有摩擦，避免纱线彼此接触或交叉。

（2）对编织纱进行监测。在导纱过程中，通过导纱系统对纱线进行控制，监控纱线断头、是否有结头以及是否用完，还对纱线的张力进行控制。

（3）给纱线施加一定的张力，避免纱线下垂。

2. 导纱系统主要机构　导纱系统主要机构件有导纱环、纱线控制装置、积极送纱器、侧面张力器、积极喂纱轮、纱线转向杆、IRO－NOVA喂纱轮（特殊附件）、导纱器。

（1）纱线的穿纱方式。一般现在厂内常用的方式是导纱环穿纱、纱线控制装置穿纱、积极送纱器穿纱、侧门处穿纱、侧面张力器穿纱和导纱器穿纱。

（2）纱线控制装置。纱线控制装置（图 2－49）的各部分工作元件可以根据编织的纱线进行相应的调节。

张力弹簧 1 控制纱线张力并以一定的纱线张力避免纱线下垂。当纱线断头或用完时，张力弹簧会弹起，使编织机停止运行。纱线控制装置指示灯 6 会指示出现故障，机器指示灯、触摸屏上也会有相应的指示。

如果在编织过程中纱线出现大结头，大结头探测器 2 会使编织机停止工作。纱线控制装置指示灯 6 会指示出现故障，机器指示灯、触摸屏上也会给出相应的指示。如果在编织过程中遇到小结头，在小结头探测器 3 的调节下，编织机将以慢速进行编织程序中相应的行数。

张力盘 4 是弹性负载，主要调节纱线张力，使通过张力盘之间的纱线到达编织区时纱线产生合适的张力。张力导纱眼 5 握持纱线并防止纱线彼此接触和摩擦。

（3）侧面张力器。侧面张力器（图 2－50）主要由呈直角弯曲的张力弹簧和弹簧末端纱眼组成。

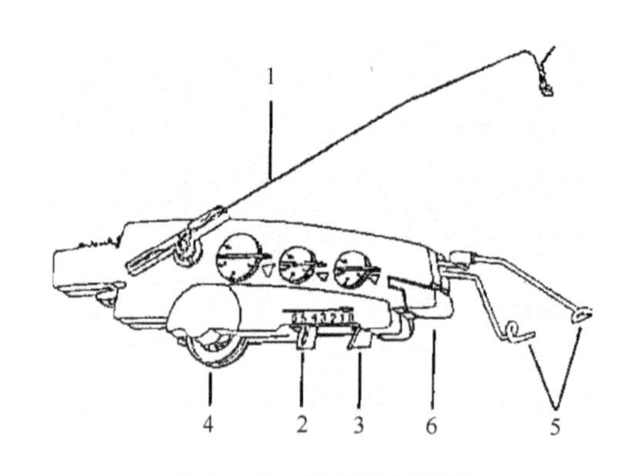

图 2－49　纱线控制装置

1—张力弹簧　2—大结头探测器　3—小结头探测器
4—纱线张力盘　5—导纱眼　6—指示灯

图 2－50　侧面张力器

张力弹簧监测纱线并给纱线一定的张力，当纱线断头或用完时，使编织机停止运动。与纱线控制装置相比，其停机速度更快并且能保留纱线张力。如果使用了喂纱轮，则必须使用侧面纱张力器。利用侧面张力器更易处理较重的纱线。

（4）积极喂纱轮。如图 2－51 所示，积极喂纱轮的摩擦辊 1 从纱管上拉出纱线并使纱线以恒定的张力喂入织针。张力可根据纱线和编织条件进行调整。

（5）夹纱装置。夹纱装置（图 2－52）安装在前针床的两侧，每侧有八个夹纱装置。夹纱装置由压纱钩和压纱辊组成，且由机头来驱动。

夹纱装置握持当前不用于编织的导纱器的纱线。当换色时，不再使用的导纱器将停在夹纱装置的后面。压纱钩 2 将向下拉出纱线。然后夹住并切断纱线。如果需要再次使用导纱器，机头将在编织几行之后打开夹纱装置，释放纱线端。打开夹纱装置前编织的行数可在编织程序中设定。

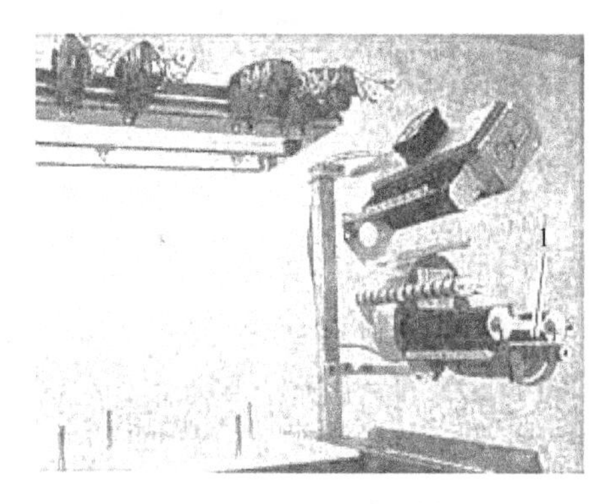

图 2－51　积极喂纱轮

图 2－52　夹纱装置

1—夹纱装置　2—压纱钩

（6）IRO－NOVA 喂纱装置（特殊附件）。如图 2－53 所示，一个 IRO－NOVA 喂纱装置由四个喂纱轮组成，它安装在编织机左侧或右侧的导纱和监测附件上。

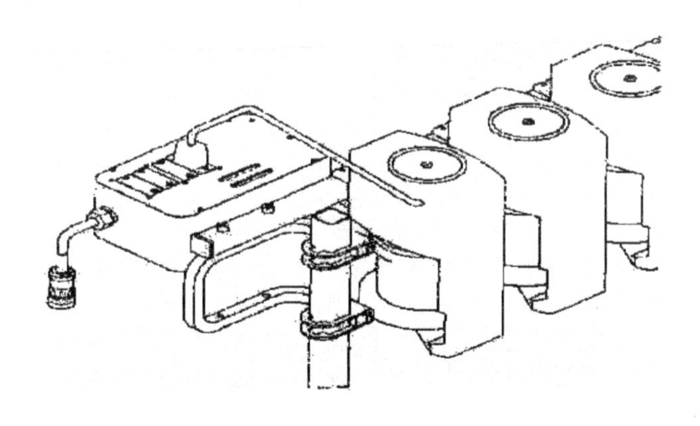

图 2－53　IRO－NOVA 喂纱装置

喂纱轮将纱线从纱筒上拉出并将其存放在纱线圈上；然后，导纱器将纱线从纱线圈上拉出；从纱筒上退绕纱线时产生的张力波动由喂纱轮进行补偿，这样便改善了纱线喂给过程。

3. 导纱器穿纱、运动与控制　导纱器的穿纱在第三节将会做详细介绍，在这里不做过多说明。

导纱器的作用是把纱线准确地喂入舌针的针钩里。在电脑横机上，为了适应多编织系统和满足花色组织变化的纱线的需要，一般配有 8～16 只导纱器。在电脑横机上，导纱器的控制装置均相似，不同的是导纱器的个数和导杆个数，但其控制原理基本相同。以德国斯托尔公司 CNCA－3KT 型电脑横机为例，它装有 10 个导纱器，分别安装在三根导纱器导杆上。如图 2－54（a）所示，1、3、4、6 轨道上安放两个导纱器，而 2、5、6 轨道上仅安放一个导纱器。每一导纱器均能被任一编织系统使用，横机主电脑发出的指令，控制导纱器调梭装置正确选择所带导纱器。

导纱器调梭装置安装在三角座上，随三角座左右往复运动。并通过其上的导纱器传动杆上下带动导纱器，以实现不同的调梭要求。CNCA－3KT 型电脑横机有四个三角系统，每个系统上配有6根导纱器传动杆，分别对应6个导纱器导轨，以便每一个系统都能选带任一导轨上的导纱器。因此，导纱器调梭装置的传动杆共有24根，呈4×6长方形阵排列。

如图2-54（b）所示，每一个导纱器1都装在一凹形滑块2上。滑块2由导纱器调梭装置中落下的传动杆5带动，可在导纱器导轨4上滑动。在导轨两端各装有一限位块3，限位块最高点高于凹形滑块最高点。当三角座从左向右运动时，处于工作位置的传动杆5经过左限位块表面而略提高后落入滑块2的凹档中，带动滑块向右运动。到达最右端时，传动杆经右端限位块表面被抬起，脱离滑块凹档，将导纱器释放。由此可见，在三角座的某一行程中，某一三角系统配带哪个轨道上的导纱器，取决于对应的导纱器的传动杆是否落下。

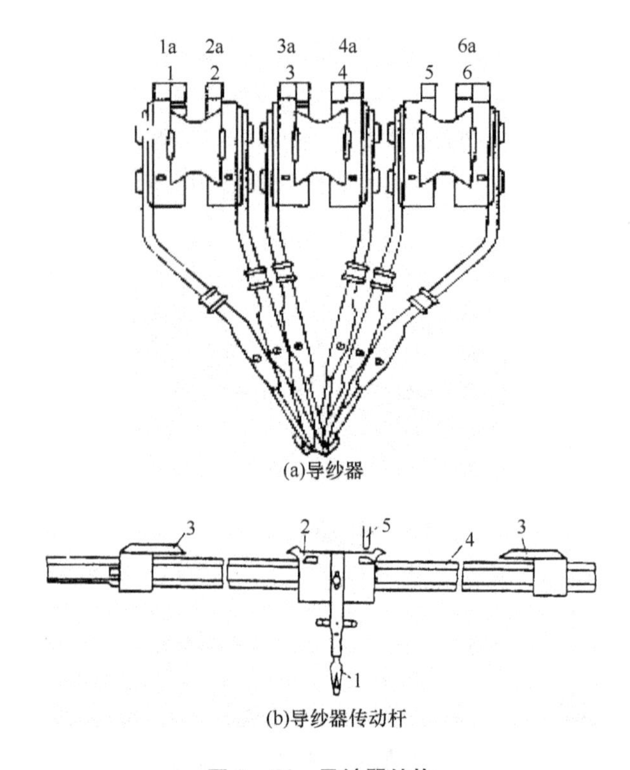

图2-54　导纱器结构

导纱器调梭装置的结构如图2-55所示，1为传动杆，它在压簧2作用下始终有向下趋势，但在复位状态下，如图2-55（a）所示状态，传动杆上的凹口处被摆杆4的尖头所支撑而处于较高的位置，此时，传动杆不能带动导纱器垫纱。当传动杆要带动导纱器垫纱时，在控制信号的作用下，电磁铁3对摆杆4作用，摆杆被推出，其尖头脱离传动杆凹口，传动杆下落，从而带动导纱器，如图2-55（b）所示。如果无控制信号，电磁铁不对摆杆作用时，摆杆4尖头则仍插于活动杆凹口，传动杆处于不工作位置，如图2-55（a）所示。由此可知，导纱器传动杆是否进入工作取决于复位之后电磁铁得失电的情况，受控于电脑发出的信号。

导纱器传动杆复位一般在三角座到达针床两端时进行。导纱器复位撞击杆5与固定于针床两端的撞击块撞击后，产生横向移位，撞击杆5上的凸头6将传动杆抬高到不工作位置。此时，摆杆4尖头重新进入传动杆的凹口后不下落，达到复位目的。

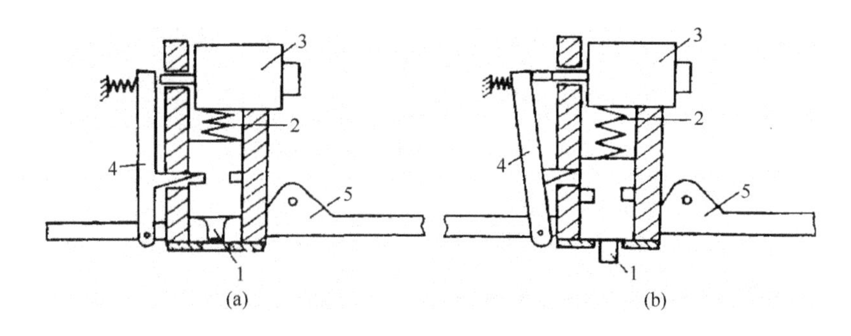

图 2-55 导纱器调梭装置

（二）编织系统

1. 编织系统主要机件 电脑横机编织系统主要包括机头、编织机构、针床及其他辅助机件。

（1）机头。机头是编织机主要的工作元件之一。机头通过一条齿形带进行传动。速度可通过编程进行任意设定，因而可根据纱线材料、花型和工作阶段进行调整。机头的速度主要有快速和慢速两种。

在针床的两边有限位开关，限位开关限制机头的动程。如果机头动程过大，限位开关将使机头停止运行。

机头的动程由编织程序进行控制。对于每一编织行或翻针行都可能有不同的动程。当最后一枚织针离开编织系统时，机头换向。

机头上有吸风装置和集尘盒。吸风装置用来吸走针床上部的纱线毛屑、飞绒，将其收集在集尘盒中。

在针床上清洁选针系统的毛刷。在编织完程序中设定的行数之后，机头将整个针床进行一次周期性的清洁，以除去针床上的毛屑、飞绒。毛刷安装在针床的外侧，用于在清洁周期中清洁选针系统。

（2）针床。编织机的针床前针床用螺丝永久地固定在针床支架上，后针床可以相对于前针床进行横向移动。针床的外观如图 2-56 所示。

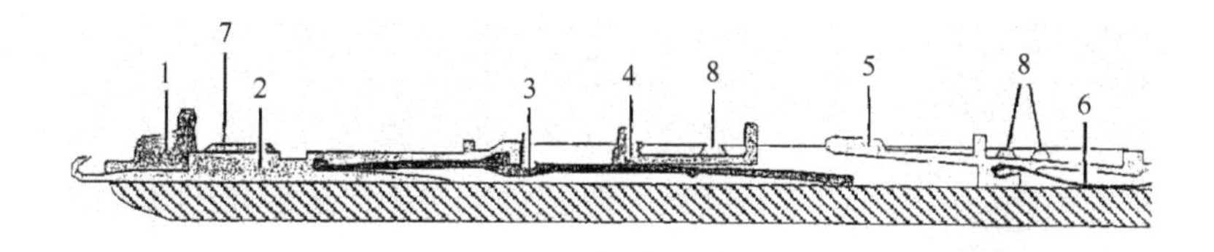

图 2-56 针床

1—沉降片 2—织针 3—挺针片 4—推片 5—选针片 6—选针片弹簧 7—针织压针条 8—选针片压针条

移动部件 2 至 6 由针床中的几条轨道固定在某个位置，要更换部件，必须用拉钩将相应的导轨拉到一侧，就像手动横机中要拿去压针条一样。

后针床可以进行横移，横移靠在针床支架上的横移电动机进行，横移由编织程序进行控制，横移运动可以无限制地编程。

横移动程最大可达4英寸（大约10cm）。根据机号的不同，最大横移动程为12~80针不等，详见表2-2。

表2-2　不同机号横机的最大移动程

机　号	最大横移动程	机　号	最大横移动程
E20	80	E8	32
E18（E9.2）	72	E7（E3，E5.2）	28
E16	64	E5（E2，E5.2）	20
E14（E7.2）	56	E5	16
E12（E6.2）	48	E3.5	14
E10（E5.2）	40	E3	12

（3）编织机构。如图2-57所示，每个编织系统都可以毫无限制地采用三种编织技术进行编织。每枚织针可以在七个位置上进行控制：成圈、集圈、退出工作、移圈、接圈、分针/移圈、分针接圈。

这样，在线圈形成过程中可能有以下几种情况：成圈、集圈、退出工作、将前针床的线圈和集圈线圈翻到后针床或从后针床翻到前针床，可以在两个方向上同时进行。选针系统只选择进行成圈或集圈、翻针或分针的织针，所有其他织针不会被选择来参与线圈形成过程。

编织机构有两种不同的起针三角，移圈起针三角2和分针起针三角3，分别用于移圈和分针。如图2-57所示，分针起针三角3一般用于普通的移圈花型。对于极易断裂的纱线应使用移圈起针三角2，以保证在移圈过程中不断纱或漏针。

（4）沉降片。在电脑横机的编织机构中，一般都有沉降片。沉降片的作用是在成圈织针上升时握持纱线，使纱线成圈。沉降片是通过由机头上的沉降片控制装置来进行移动。如图2-58所示，沉降片的主要工作过程：前压板4向上偏转，当织针上升时，沉降片向下转动至沉降位置，以握持线圈，后压板5向下偏转压回沉降片。在纱线喂入过程中，沉降片处于开启状态。当机头换向时，压板也自动进行换向。

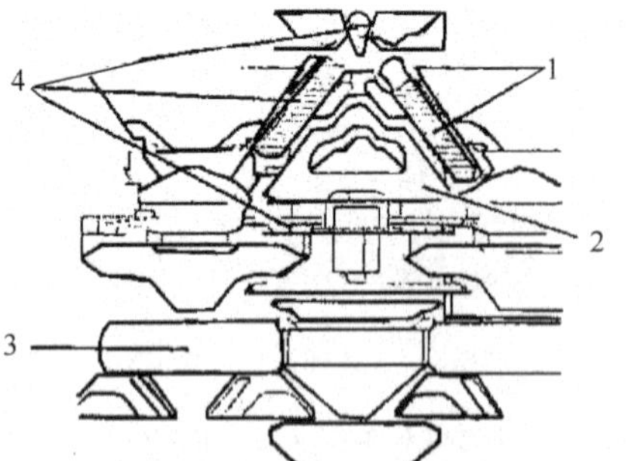

图2-57　编织机构
1—压针三角　2—起针三角
3—选针系统　4—移动三角板

每个编织系统都有一个调节线圈密度的步进电动机。步进电动机由编织程序进行控制。以下区域线圈密度可以单独加以调节：织物上承受特定负荷的不同区域，收针边缘变化区域和花型主题不同的纱线（类似粗细条组织需要纱线细度修正）区域等，在编织过程中，密度的调节可以在触摸屏上进行。

2. 编织机构主要工作原理

（1）成圈与选针机件间的配置。如图2-59所示为CMS系列电脑横机一个针床的截面图，它反映成圈与选针机件间的配置关系。首先，针槽由镶嵌的钢片形成。在同一针槽中，同时排有织针1、导针片2、

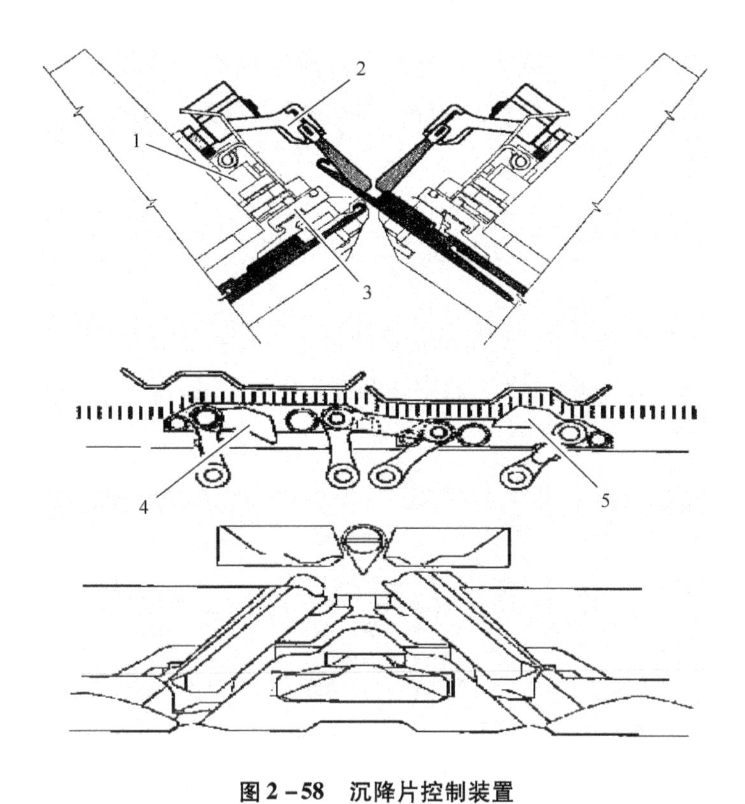

图 2-58　沉降片控制装置

1—沉降片控制装置　2—摆动毛刷控制器　3—压板　4—前压板　5—后压板

推片 3、选针片 4 和弹簧 5，沉降片 6 位于针床的齿口部分的沉降片槽里，两个针床的沉降片相对排列。

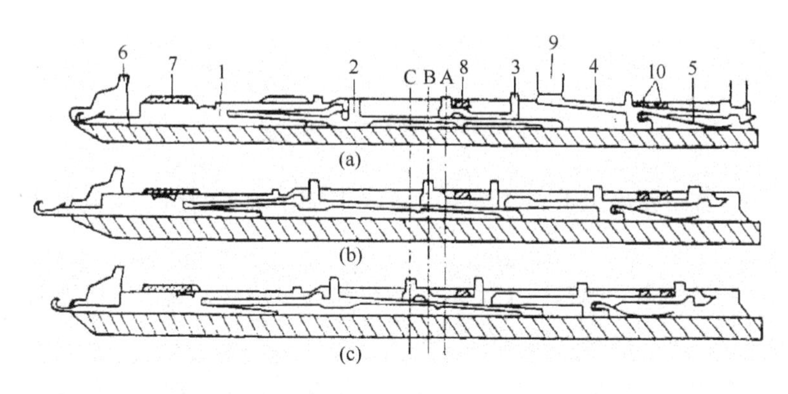

图 2-59　成圈机件与选针机件间的配置关系

从针床截面图可以看出，织针 1 由织针压铁 7 压住，以免编织时受线圈牵拉力的作用，针杆从针槽中翘出。织针 1 与导针片 2 镶嵌成为一体，通过导针片来带动它完成各种运动。导针片 2 的铁杆有一定的弹性，在外力的作用下，它的针踵即被压入针槽，使织针退出工作状态。导针片的铁杆上排有推片 3，它受到排在针槽后部的选针片 4 的作用，其上片踵可处于 A、B、C 三种位置，分别如图 2-59（a）、（b）、（c）所示。处于 A 位置时，由于受到选针导片压铁 8 的作用，导针片的针踵被压入针槽，织针不参加编织。不参加编织的织针所对应的导针片总是被放在针槽里，减少了针踵与三角间的摩擦。编织时，根据选针的需要，推片 3 被选针片 4 推到 B 位置或 C 位置，此时，导针片 2 的针踵从针槽露出，参加编织。其中，处于 B 位置时，织针成圈或移圈；处于 C 位置时，织针集圈或接圈。

选针片 4 把选针导片推到 B 位置或 C 位置的选针信号来自选针器 9，选针片 4 和弹簧 5 镶嵌在一起，由压针条 10 压住。弹簧使选针片经常保持标准位置，选针或不选针由选针器 9 是否一直吸住选针片的头端来决定。

（2）三角座平面结构。CMS 系列电脑横机的每个三角系统都具有相同的平面结构，现以一个三角系统为例，如图 2 – 60 所示，图中各部件名称和作用如下。

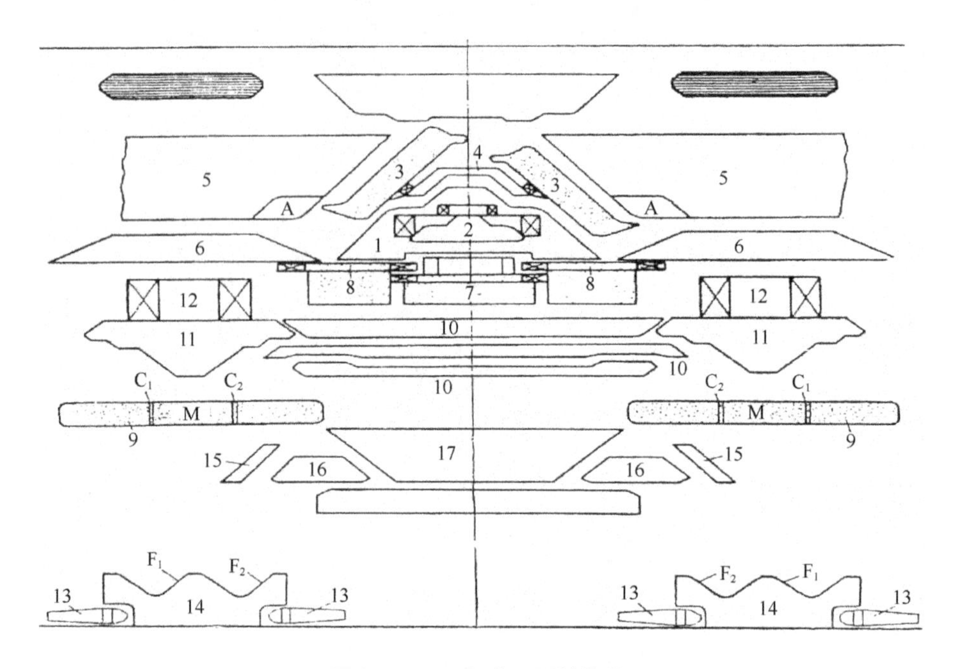

图 2 – 60　三角座平面结构图

起针三角 1 固装在三角底板上，其作用时将处于工作状态的织针推到集圈或成圈的高度位置。

接圈三角 2 和起针三角 1 同属一个整体，是在起针三角块上铣出一个走针轨道而形成的三角，其作用是将接圈的织针推到接圈的高度位置。

压针三角 3 活配于三角底板上，可以平行于三角底板移动，由步进电动机控制，弯纱深度可无级调节。该三角除了起压针作用外，还起移圈三角的作用。

导向三角 4 固装于三角底板上，起导向和压针的作用。

上、下护针三角 5、6 属于固定三角，起护针的作用。移圈时，上护针三角的凹口部分 A 还起压针的作用。

集圈压板和接圈压板 7、8 一起活配于三角底板上，受压针三角的步进电动机控制，可以平行于三角底板上下移动。它们的作用是控制位于 C 位置的推片，使其集圈或接圈。

选针器 9 由永久磁铁 M 和两个选针点 C_1 和 C_2 组成。选针前先由永久磁铁吸住选针片的头端，选针或不选针由两个选针点的吸力是否中断来决定。中断，便选针；不中断，不选针。第一个选针点用于集圈或接圈选针，第二个选针点用于成圈或移圈选针。

推片护针三角 10 属于固定三角，它们形成推片下片踵的两个走针轨道，使被推到 B 位置或 C 位置的选针导片能保持水平位置移动。

推片压针三角 11 是固定三角，其作用是把位于 B 位置或 C 位置的推片压回到初始位置，即 A 位置。

推片直向三角 12 是固定三角，能垂直于针床表面作用于推片的上片踵，其作用是在进入或离开三角系统时，将所有织针的导针片压入针槽，以减小针踵与三角间的作用，同时，便于推动导针片上下移动。

复位三角 13 是固定三角，它作用于选针片的尾部，使选针片头端摆出针槽，便于选针器选针。

选针三角 14 是固定三角，具有两个起针斜面 F_1 和 F_2，它作用于选针片的下片踵上，它把第一个或第二个选针点选上的选针片推入工作位置。

选针片挺针三角 15、16 同样是固定三角，作用于选针片的上片踵上，把由选针三角推入工作位置的选针片继续向上推。其中，三角 15 作用于第一个选针点所选的选针片，把相应的选针导片推到 C 水平位置；三角 16 作用于第二个选针点所选的选针片，把相应的选针导片推到 B 水平位置。

选针片压针三角 17 是固定三角，其作用是把沿三角 15 和 16 上升的选针片压回到初始位置。

（3）选针工作原理。CMS 系列电脑横机采用双重选针系统，即每个选针器有两个选针点。因此，当机头朝一个方向运动时，同一选针器不仅能完成一次选针，而且能完成两次选针。现结合图 2－59 和图 2－60 来说明选针工作原理。

如图 2－61 所示，机头沿箭头方向向左运动，位于三角系统左侧的选针器 9 进行选针。选针开始时，选针片 4 的尾部受到复位三角 13 的作用，头端向上摆出针槽，先被选针器 9 的永久磁铁吸住，如图 2－59（a）所示。选针片的头端被选针器的永久磁铁吸住后，随着机头的向右移动，选针片头端相对选针器向右移动，选针或不选针，决定于选针片的头端在经过两个选针点 C_1 和 C_2 时是否一直被吸住。如果不选针，选针片的头端在经过两个选针点时，仍被选针器磁铁吸住，选针片的下片踵一直沉入针槽，不上升，选针片 3 仍处于 A 水平位置，此时，导针片 2 的片踵沉入针槽，织针不能参加编织。反之，如果选针，选针片的头端在经过两个选针点时，在针信号的作用下，吸力中断，释放导针片的头端，选针片在弹簧 5 的作用下尾部从针槽摆出。如果是第一个选针点的吸力中断，选针片的下片踵先沿选针三角 14 的 F_1 斜面上升（图 2－60），然后上片踵再沿三角 15 上升，把相应的推片推到 C 水平位置，如图 2－59（c）所示，被选到这个位置的推片允许织针完成集圈或接圈编织。如果第二个选针点的吸力中断，选针片的下片踵先沿选针三角 14 的斜面 F_2 上升，然后上片踵再沿三角 16 上升，把相应的推片 3 推到 B 水平位置，如图 2－59（b）所示。被选到这个位置的推片允许织针完成成圈或移圈编织。

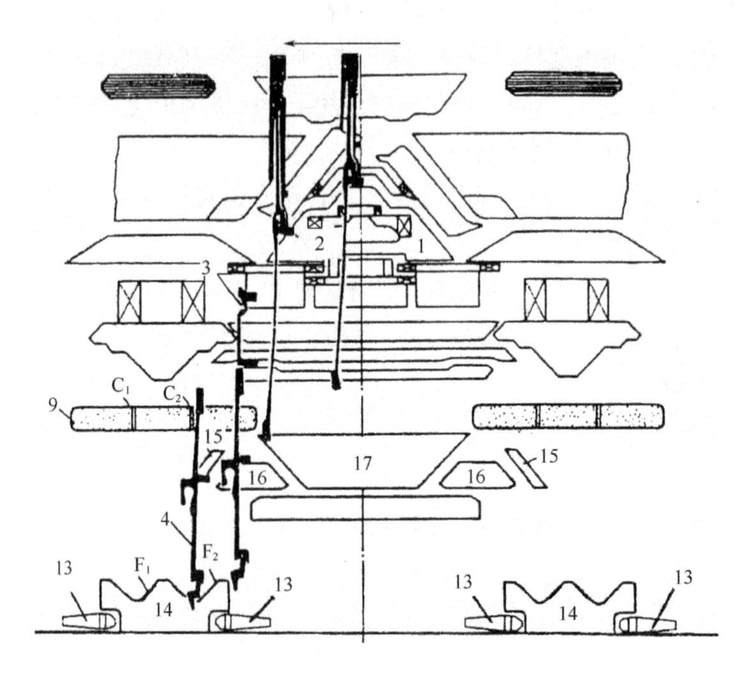

图 2－61　选针原理

选针时，根据编织的需要，可以是第一选针点选针，也可以是第二选针点选针，或是两个选针点同时选针，被选针片 B 水平或 C 水平位置的推片释放相应的导针片 2，使其片踵露出针槽，沿起针三角 1 上升，把相应的织针推到所需的高度位置。被选上的选针片最后都由三角 17 压回到原来的初始位置。

（4）CMS 电脑横机编织工作原理。

①采用弹性负载针舌的针舌和沉降片的成圈过程。作为新一代电脑横机，CMS 首次采用具有弹性负载针舌的舌针和沉降片。这两种新型成圈机件的使用，不仅简化了成圈过程，而且提高了编织时的可靠性和灵活性。

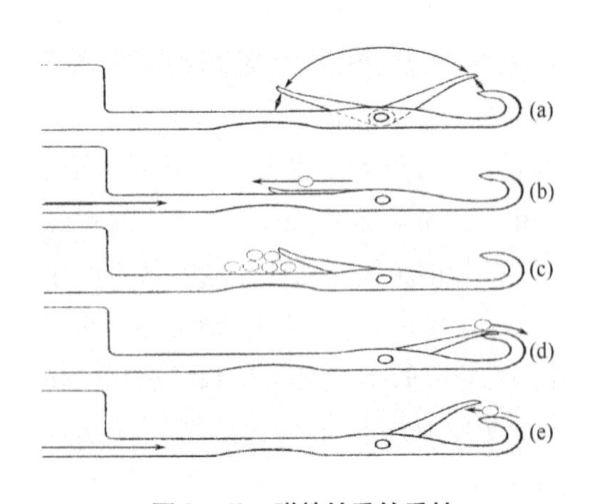

图 2－62　弹性针舌的舌针

与普通横机针舌相比，具有弹性负载针舌的舌针在于针舌销带有弹簧，在闭口和开口最大位置附近有一段弹性运动。如图 2－62（a）所示，针舌闭口后，由于弹簧力的作用，针舌自动处于一种小的开启状态；针舌完全打开时，由于弹簧力的作用，针舌自动上抬，与针杆形成一定的角度。这种具有弹性负载的针舌，对于减少编织时的疵点和提高产品质量很有好处。

沉降片在横机上的使用是一种新的技术突破，其目的在于帮助舌针成圈，提高编织能力。沉降片的作用与压脚相似，但更加可靠实用。

沉降片配合舌针的成圈过程如下。

a. 退圈。舌针在起针三角的作用下上升到退圈的高度，为了避免舌针上升时旧线圈随机一道上升，两个针床的沉降片的片鼻靠在一起，形成一个封闭的握持口，将旧线圈的沉降弧握持在同一水平位置上，如图2－63（a）所示。在退圈过程中，当旧线圈打开针舌，处于针舌上时，整个针舌沉入针舌槽里，旧线圈未受到扩张作用，从而减少退圈时纱线的张力，如图2－63（b）所示。当线圈从针舌脱下时，由于弹簧力的作用，针舌自动上抬，与针杆形成一定的角度，避免旧线圈可能会套在针舌上，如图2－63（c）所示。针舌所处的这种开启状态使得非常稀松的织物组织也能编织。

b. 垫纱。舌针退圈后，在压针三角的作用下下降，开始吃纱。与此同时，两个针床的沉降片相对于针床口向后摆动，让出位置以便纱线垫入针钩里，如图2－63（b）所示。

c. 闭口、套圈、弯纱、成圈和牵拉。纱线垫入针钩后，舌针继续下降，旧线圈推动针舌闭口，并套到针舌上，然后从针头脱下。针舌闭口时，由于有一段弹性运动，避免了针舌对针钩的冲击。针舌闭口后，针舌与针钩相吻合形成光滑的过渡面，非常利于旧线圈从针头脱下，如图2－62（d）所示。

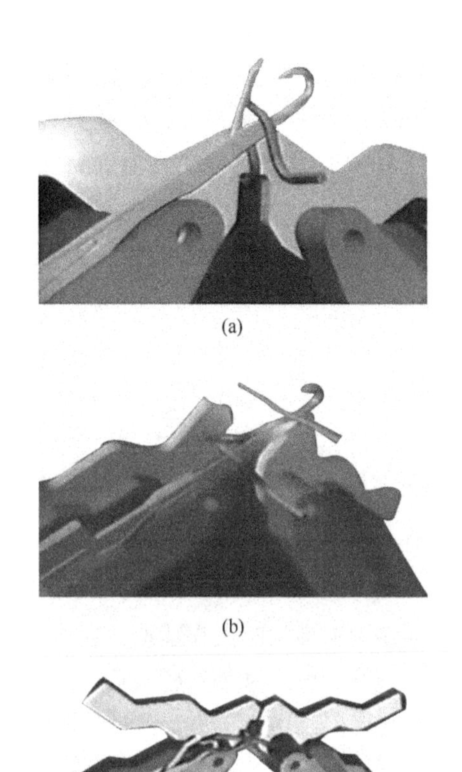

图2－63　沉降片配合舌针的成圈过程

旧线圈脱下后，舌针继续下降，同时，两个针床的沉降片相对摆向针床口，逐渐形成封闭的握持口，新纱线在沉降片上弯纱成圈。当两个沉降片完全形成封闭的握持口时，新线圈已经形成。此时，沉降片握持住旧线圈的沉降弧，起到了牵拉的作用。沉降片的这种握持作用，对于在空针上重新成圈，编织各种立体花纹和成型产品是非常有用的。

②各种编织及其走针轨迹。现以一个三角系统为例，说明各种编织时的选针方法及其走针轨迹。假设机头从左向右运动。

a. 成圈编织及其走针轨迹。成圈编织时的走针轨迹如图2－64所示，图中K、K_R、K_H分别表示导针片1的片踵以及推片2上下片踵的走针轨迹。参加成圈编织的织针在第二个选针点选针，此时，被选入参加成圈编织的织针所对应的推片被选针片推到B位置［图2－59（b）］，导针片的针踵从针槽露出，它先沿起针三角3上升，把相应的织针推到完全退圈的高度，然后再沿导向三角4和压针三角5下降，完成成圈编织。

b. 集圈编织及其走针轨迹。集圈编织时的走针轨迹如图2－65所示，图中T、T_H、T_B分别表示导针片1的片踵及推片2上下片踵的走针轨迹。参加集圈编织的第一个选针点选针，

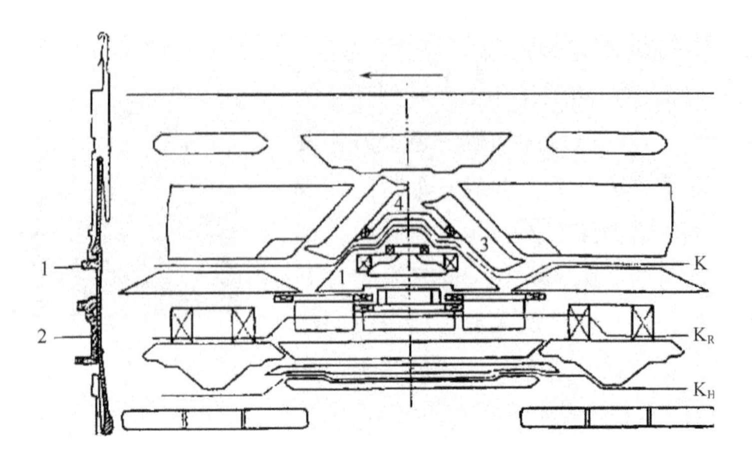

图 2－64　成圈编织的走针轨迹图

此时，被选入参加集圈编织的织针相对应的推片被选针片推到 C 位置［图 2－59（c）］，导针片的针踵露出针槽，沿起针三角 3 上升，当达到集圈高度位置时，集圈压板 4 垂直于针床表面作用在推片的上片踵上，如图 2－59（b）所示，导针片重新被压入针槽，不再沿起针三角 3 上升，当经过集圈压板后，导针片的针踵重新露出针槽，在压针三角 5 的作用下下降，完成集圈编织。

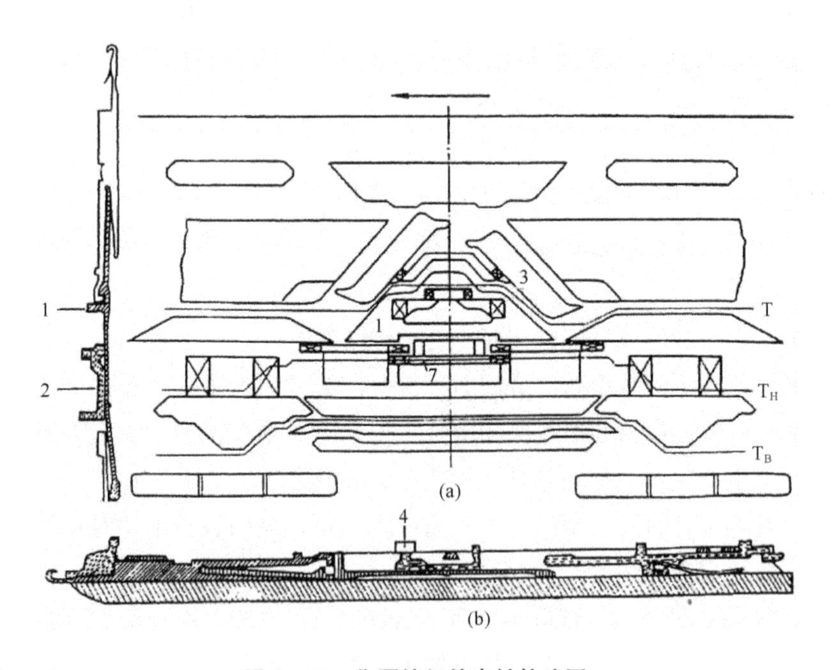

图 2－65　集圈编织的走针轨迹图

c. 三针道编织技术。三针道编织技术即在同一横列中同时完成成圈、集圈和浮线的编织。三针道编织技术需要两次选针完成。在其他系列电脑横机上，由于每个选针器在机头的一次横移时只能进行一次选针，因此，当需要在同一横列中同时完成成圈、集圈和浮线编织时，必须经两个三角系统的选针器选针才行。在 CMS 系列横机上，由于采用双重选针系统，只需一个三角系统就能完成这样的编织。

三针道编织时的走针轨迹如图 2-66 所示，其中 K、K_H、K_B分别表示成圈编织的导针片 1 的片踵以及推片 2 上下片踵的走针轨迹；T、T_H、T_B 分别表示集圈编织的导针片 1 的片踵以及推片 2 上下片踵的走针轨迹；F、F_H、F_B 分别表示浮线即不编织推片的片踵以及选针导片上下片踵的走针轨迹。

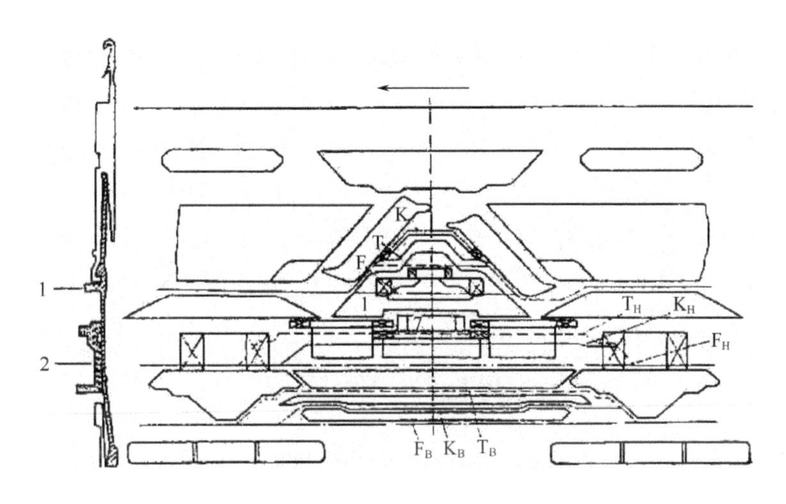

图 2-66　三针道编织时的走针轨迹图

采用三针道编织时，两个选针点都进行选针，集圈的织针在第一个选针点选针，成圈的织针在第二个选针点选针，浮线编织的织针不选针。成圈和集圈编织的织针都沿起针三角 3 上升，但集圈编织的织针上升到集圈高度位置时被集圈压板 4 压入针槽，只进行集圈编织。这样，在机头的一次横移过程中，同一三角系统同时完成成圈、集圈和浮线的编织。

（5）移圈的工作原理。

①采用具有弹性负载针舌的舌针移圈过程。如图 2-67 所示为线圈从后针床移到前针床的过程。移圈前，通过移动后针床，使移圈和接圈的织针对准。在图 2-67（a）中，后针床移圈的舌针 1 上升到移圈的高度位置，线圈从针钩移到扩针片 a 处，与此同时，前针床接圈的织针 2 上升，针头穿过舌针 1 的扩圈片与针杆形成的空隙里。在图 2-67（b）中，移圈针 1 到达最高位置，接圈针 2 在弹簧作用下针舌成开启状态。在图 2-67（c）中，接圈片 2 上升到接圈最高位置，移圈片上的线圈进入它的针钩里。在图 2-67（d）中，移圈片 1 开始下降，把线圈移到接圈针 2 的针钩里。

从上面的移圈过程可以看出，接圈的舌针由于弹簧的作用，接圈时保证舌针的开启，使线圈方便地进入它的针钩里，如图 2-62（e）所示，从而提高了移圈的可靠性。因此，移圈的动作可以高速进行。另外，由于采用沉降片，非常紧密的线圈也能移圈。

②移圈的可能性及走针轨迹。由于采用双重选针系统和特殊的三角结构，CMS 系列横机具有很强的移圈可能性。不仅移圈的方向不受机头移动方向的限制，而且同一三角系统具有同时双向移圈的功能。以一个三角系统为例说明移圈情况，假设机头从右向左运动。

a. 单向移圈。单向移圈是指机头朝一个方向移动时，线圈从前针床移到后针床，或从后

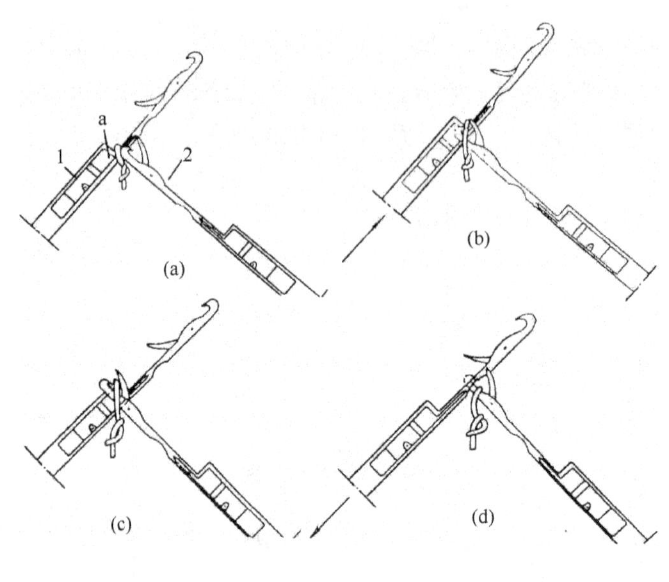

图 2-67　移圈过程

针床移到前针床。对于一个三角系统来说，在单向移圈时，可能是移去线圈，也可能是接收线圈，由线圈移动方向而定。

接圈时的走针轨迹如图 2-68 所示，图中 R、R_H、R_B 分别表示导针片 1 的片踵以及推片 2 上下片踵的走针轨迹。参加接圈的织针在第一个选针点选针，与集圈编织时相同。

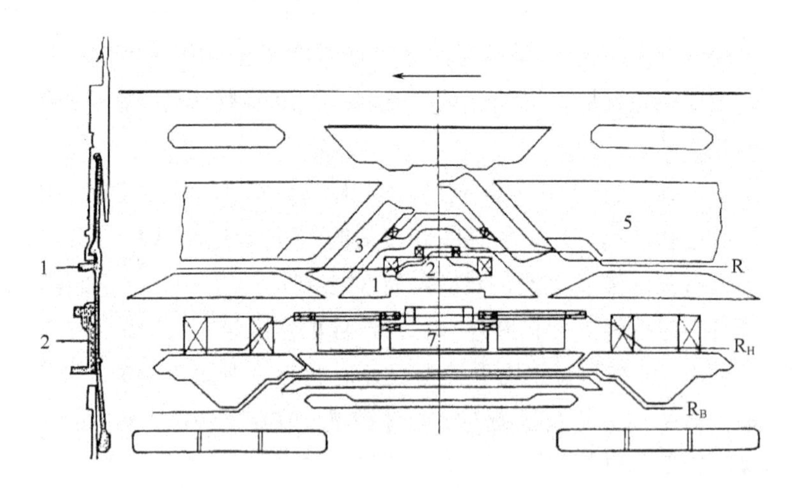

图 2-68　接圈时的走针轨迹图

接圈压板有两块，开始时，第一块接圈压板作用于推片，使导针片的片踵沉入针槽，不能沿压针三角 5 或起针三角 6 上升。当经过第一块接圈压板后，导针片被释放，针踵露出针槽，沿接圈三角 7 上升到接圈的高度位置。然后，第二块接圈压板重新作用于推片，导针片的针踵再次沉入针槽，避免与起针三角相撞，当经过第二块接圈压板后，导针片的针踵再次露出针槽，经三角 5 的缺口部分被压到起针的位置，完成接圈动作。

应说明的是，由于三角控制机构的关系，当接圈压板下移时，压针三角也一起下移，接圈并不这样要求，但也不影响接圈的走针轨迹。

移圈时的走针轨迹如图2－69所示，图中D、D_H、D_B分别表示导针片1的片踵以及推片2上下踵的走针轨迹。参加移圈的织针在第二个选针点选针，与成圈编织时相同。但在移圈时，压针三角必须下移，移动位置与接圈相同。此时，被选入移圈的织针相对应的导针片不是沿起针三角3上升，而是沿左边的压针三角4上升到原来的起针位置，完成移圈编织。

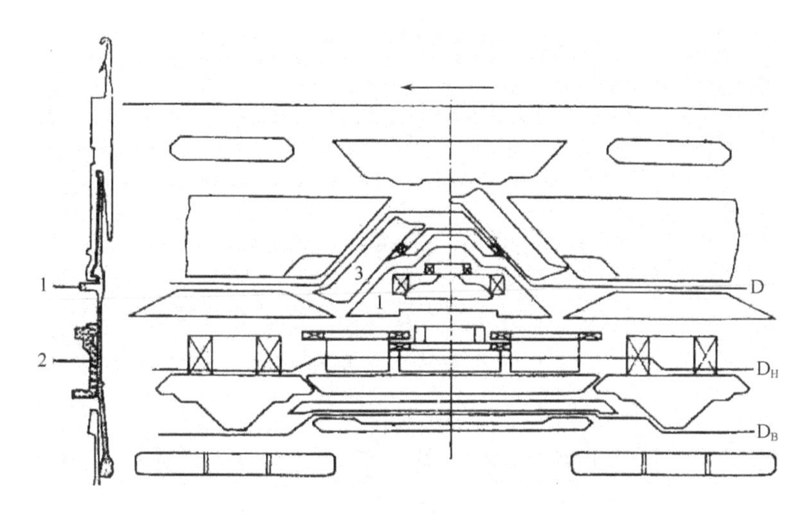

图2－69　移圈时的走针轨迹图

同样应该说明，压针三角下移时，虽然集圈压板和接圈压板一起下移，移圈并不这样要求，但并不影响移圈时的走针轨迹。

b. 双向移圈。双向移圈是指机头朝一个方向移动时，有的线圈从前针床移到后针床，有的线圈从后针床移到前针床。对于一个三角系统来说，双向移圈时，必须同时完成移圈和接圈的编织过程。

双向移圈时的走针轨迹如图2－70所示，其中D、D_H、D_B分别为参加移圈的导针片的片踵1以及推片2上下片踵的走针轨迹，R、R_H、R_B分别表示参加接圈的导针片的片踵以及推片上下片踵的走针轨迹。双向移圈时，两个选针点同时选针，在第一个选针点进行接圈，在第二个选针点选针进行移圈。压针三角和接圈压板及集圈压板一起下移。移圈的织针的导针片沿压针三角3上升，把相应的织针推到集圈的高度位置；接圈的织针的导针片在接圈压板的作用下，沿接圈三角4上升，把相应的织针推到接圈的高度位置。这样，在机头朝一个方向移动时，一个三角系统便独立完成移圈和接圈的编织过程。

（三）控制系统

1. 主要装置

（1）织针位置检测器（织针传感器）。在多数电脑横机中，在机头两针床之间有微动开关，以探测那些当其他织针处于脱圈位置时仍挺出的织针。每枚针都能被上升到集圈高度或

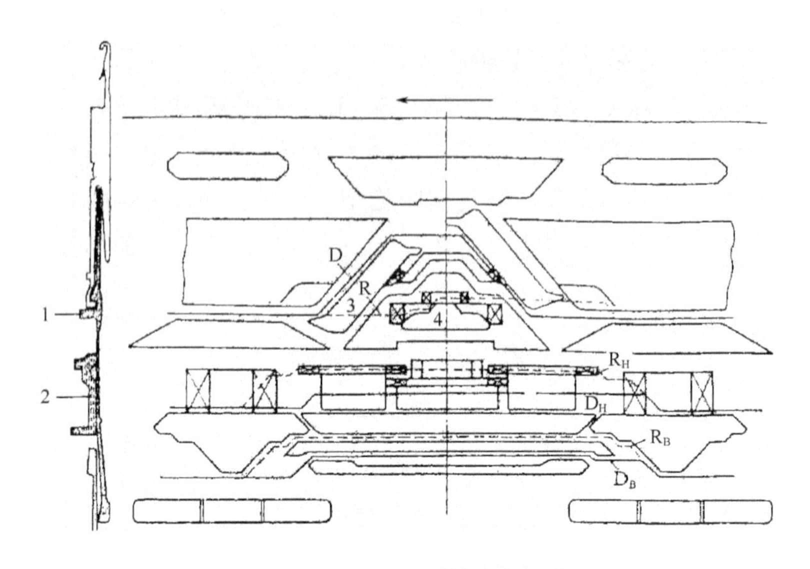

图 2-70　双向移圈时的走针轨迹图

处于浮线位置。而当编织元件的针踵损坏时，织针就不能下降到脱圈三角上。在 CMS 系列电脑横机上，织针检测器装在三角箱内，它能检测任何低于或高于正确位置的织针，如图 2-71（a）所示。每根针杆上有一凹槽，三角箱中有一专门的三角在这些槽中滑动。这个三角是弹簧三角，当织针位置不在正确位置时［图 2-71（a）中 b 所示］，三角被推向上方，微动开关被压下，机器停止运动。活动三角的外部和微动开关如图 2-71（b）所示。

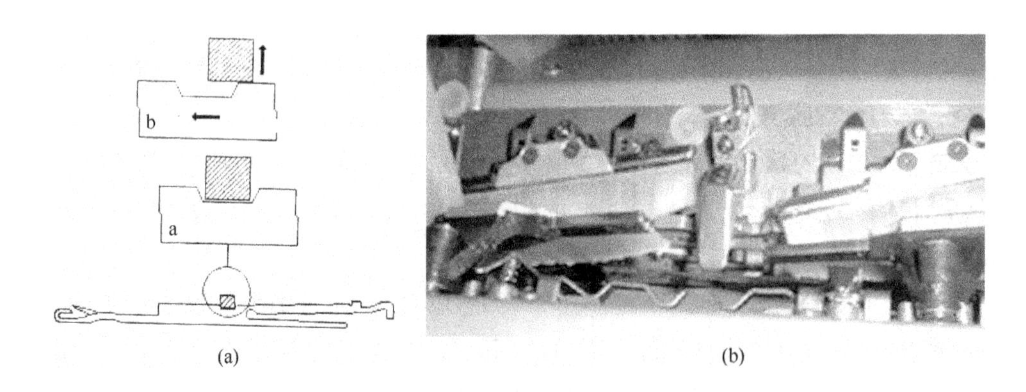

图 2-71　织针位置检测器

（2）脉冲发生器。脉冲发生器对机头前后导轨上的齿和槽进行扫描。脉冲发生器将识别机头位置，并确定选针系统和选针时间。

（3）阻力自停装置。驱动机头所需的力，通过供给电动机的电流来对其进行监控。机头阻力有任何异常的增加，都将使机构驱动电流立刻中断。由于纱线种类和织物密度及编织花型会影响机头运动的阻力，所以必须将适合的值输入编织程序，以保证能检测到任何故障。当传动电动机的功耗与存储值不同时，阻力自停起作用，编织机将停机。

（4）振动自停装置。CMS 系列电脑横机采用压电式振动自停装置，位于针床下面，用以检测通过的金属振动波长。如果针床遭受撞击，使任何编织元件受到损坏，如织针针踵、选针片片踵，都能很快被发现并使机器停止运动。同时，输入控制板上的报警灯亮，显示停机原因。该装置的灵敏度可以很容易地通过编织程序进行调节。

（5）横移检测装置。电脑横机有一个非常复杂可编程控制的横移系统，需要一个控制装置保证其正确运转。横移检测装置如图 2－72 所示，可以检测针床位置任何微小的偏差，并同时将此位置信号传送到横移机构，自动进行校正，使针床到达程序中设定的位置。如果调整不合适，机器将会停止运行，并在输入信号装置上显示。

图 2－72　横移检测装置

2. 织物牵拉装置　织物的牵拉有两个作用：抑制握持在针钩内的线圈向上涌的趋势，协助织针完成退圈过程；牵拉编织区域形成的织物。

织物牵拉装置包括主牵拉、辅助牵拉及牵拉梳三部分，每个牵拉装置由单独的电动机来带动。可根据编织机的情况调节各电动机控制运动。

（1）主牵拉。如图 2－73 所示，主牵拉是由一节节表面涂层的辊组成主动轴，织物由副罗拉压在主动轴上。这些罗拉具有弹性压力，可分别由螺丝调节以保证整个机器宽度上有一致的向下拉力。主轴通过齿形带由同步电动机传动，通过程序控制电动机完成牵拉功能。其牵拉力包括机头在往返点不同方向的预张力，这两部分拉力彼此独立。它有以下两个特点。

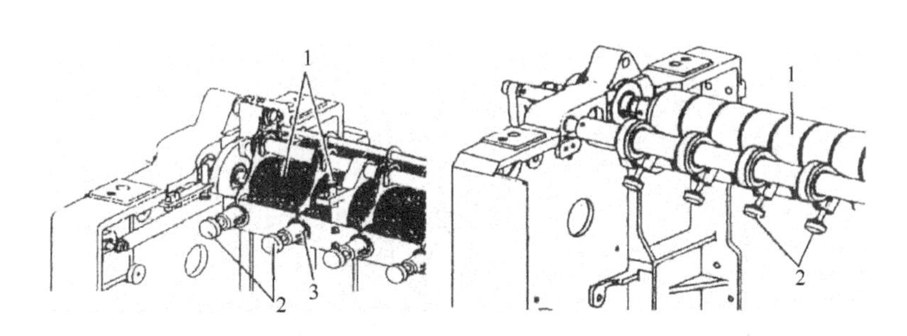

图 2－73　主牵拉

1—牵拉辊　2—压花螺丝　3—刻度尺

①不论机头往复运动的动程大小，总是在机头反向时向下牵拉织物。

②在编织过程中保持一个恒定的张力。

上述两种牵拉力可通过编织程序来调节，从而使织物张力可以根据不同的纱线、编织密度、织物幅宽和各种复杂的花型来设定。对于织物中每个横列都可以分别设定不同的牵拉力。

在生产线上可直接通过指令，改变织物张力值。如果编织程序没有新的指令，这个值将一直保持不变。

（2）辅助牵拉。辅助牵拉如图 2－74 所示，可以直接从针床下面夹取织物。它可以调节牵拉力的大小，使织物获得所需要的牵拉力。辅助牵拉之间的接触压力可通过图 2－74（b）中凹口金属片 1 进行调节。

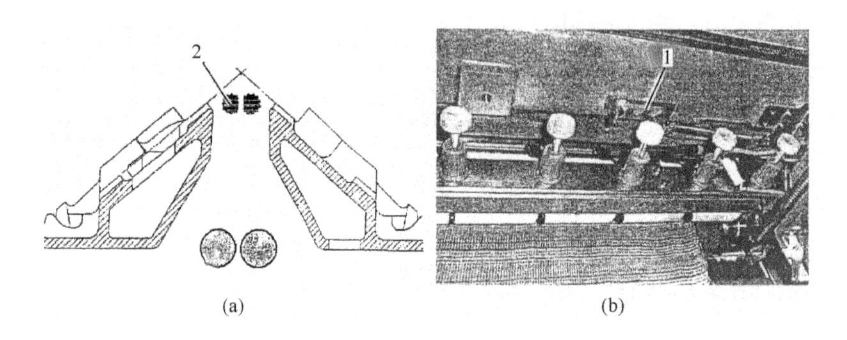

图 2－74　辅助牵拉

如果只用主牵拉辊牵拉织物，那么两个辅助牵拉辊处于开启状态。牵拉力和牵拉速度可以编程控制。

（3）牵拉梳。在全成形衣片编织过程中，若采用常规的牵拉辊握持，由于开始阶段牵拉辊无法握持衣片，造成衣片在开始阶段无牵拉。因此，在 CMS 系列电脑横机上，除常规的牵拉辊外，加装了牵拉梳，如图 2－75 所示。牵拉梳工作过程由程序控制，动作完全自动化，具体工作过程如下。

在开始编织新衣片时，先用弹力丝（牵拉梳纱）编织一段起头横列，主牵拉和辅助牵拉打开，牵拉梳向上运动。滑杆打开牵拉梳上的牵拉凹口，如图 2－75（b）中左图所示。牵拉梳纱自动进入牵拉凹口内，然后滑杆移动再次关闭凹口，如图 2－75（b）中右图所示。

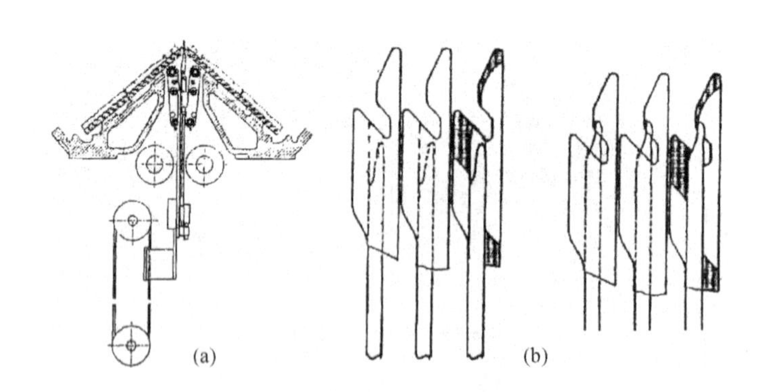

图 2－75　牵拉梳

编织两行后喂入分离纱，编织机开始运行全成形编织，牵拉梳按主牵拉的设置值向下牵拉织物。当牵拉梳钩位于主牵拉之下时，牵拉辊和织物将按织物牵拉值进行移动。滑杆打开牵拉梳上的牵拉凹口，牵拉梳将释放织物并移至原始位置。滑片可以在任何位置打开牵拉梳钩。这样，像领子和下摆等小型衣片可以由牵拉梳进行牵拉，编织时不必用主牵拉和辅助牵拉。

（4）牵拉沉降片。在许多流行花型中，由牵拉辊产生的织物张力不尽如意，必须加以限制。这在一些织针长期不工作而握持有线圈时尤为重要。此时，由牵拉辊产生的张力就集中到这些针上，使线圈变形，有时可能会拉断纱线。另外，有些机器中，由于牵拉力不足可能会直接导致织针上的线圈上升，妨碍线圈脱圈，从而产生多重集圈效应和造成大量织物堆积在成圈机件上。

在 CMS 系列电脑横机上，由于使用牵拉沉降片，没有牵拉张力也能可靠地成圈。当织针上升到脱圈位置时，织物由沉降片握持。沉降片安装在织针之间和每个针床的齿口边，如图2－76（a）所示。沉降片片踵与机头上的一个三角轨道相啮合，三角使沉降片向前运动，在织物上升时握持织物，如图2－76（b）中 a 所示；或在织针下降时回退，为脱圈作准备，如图2－76（b）中 b 所示。

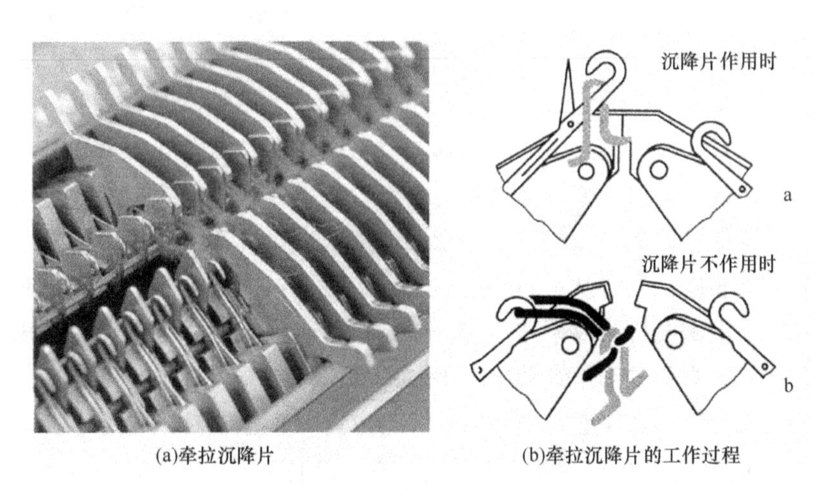

(a)牵拉沉降片　(b)牵拉沉降片的工作过程

图2－76　牵拉沉降片

（5）织物牵拉监测的一些参数见表2－3。

表2－3　织物牵拉控制装置

参　数	监　测
牵拉辊的速度	牵拉辊转速被连续测量，如果与上限或下限值差距太大，编织机将停止运行，限定值可以无限编程
纱线缠绕	四个纱线探测器（附件）可避免纱线缠绕在织物牵拉辊上
织物缠绕	织物防缠绕板可以防止织物缠绕在牵拉辊上，如果织物发生缠绕，编织机将停止运行
织物掉落	四个织物传感器（附件）在针床和织物牵拉辊之间扫描织物，这几个传感器可以在整个针床宽度内移动，如果织物掉落，编织机将停止运行

3. 密度调节装置　横机上织物密度的调节基本上是靠调节压针深度，即移圈压针三角来

实现的。用步进电动机控制，可调范围广、精度高，机器结构简单。步进电动机控制的密度调节装置的种类很多。

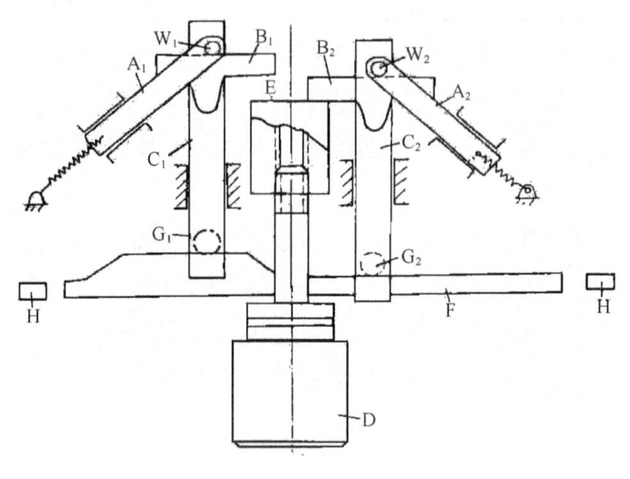

图2－77 密度调节装置示意图

德国斯托尔公司CMS系列电脑横机，四个三角系统前后针床上共有8套密度调节装置，在T_1、T_2两个移圈三角中，一台步进电动机要控制一块压针三角。而在S_1、S_2两编织系统中，一台步进电动机要控制两块压针三角。下面将详细说明在S_1、S_2两编织系统中的密度调节装置。

如图2－77所示为该电脑横机密度调节装置示意图，其中A_1、A_2为压针三角固定块，压针三角安装在上面。压针三角固定块上凸头W与T形移动块B上表面接触，T形移动块B固定于滑条C上，当滑条C上下移动时，带动压针三角固定块沿其滑槽方向，即压针平面方向上下移动，以调节压针深度。步进电动机D的轴端与定位块E以丝杆螺丝形式连接，电动机轴转动被转化为定位块E的上下移动，T形滑动块与定位块E表面接触，因而定位块E的位置决定了T形移动块的位置，随之确定压针三角位置。

当三角座在右端转向，开始从右向左运动时，如图2－77所示状态，撞条F与右撞击块作用，其结果是撞条上的凸峰将左滑条C_1上的凸头G_1抬起，使左T形移动块B_1与定位块E脱离接触，定位块只对右边T形滑动块B_2作用，即此时步进电动机控制右压针三角，对左压针三角不起作用。反之，三角座在左端转向，开始由右向左运动时，撞条与左撞击块H作用后，B_2被抬起，仅B_1与定位块E接触，步进电动机仅控制左压针三角。一台步进电动机如此控制两个压针三角，使其都能按编织需要达到一定的压针深度。

4. 检测自停装置 为了保证编织的顺利进行，自动化程度较高的电脑横机都有一套较完备的检测自停装置。检测自停装置包含有毛纱故障自停装置、织物检测自停装置和编织区检测自停装置。

（1）毛纱故障自停装置。毛纱故障自停装置即在纱线从纱筒上退绕下来到编织区域的整个给纱过程中，检测给纱是否正确的装置，包括断纱自停、粗结自停等。

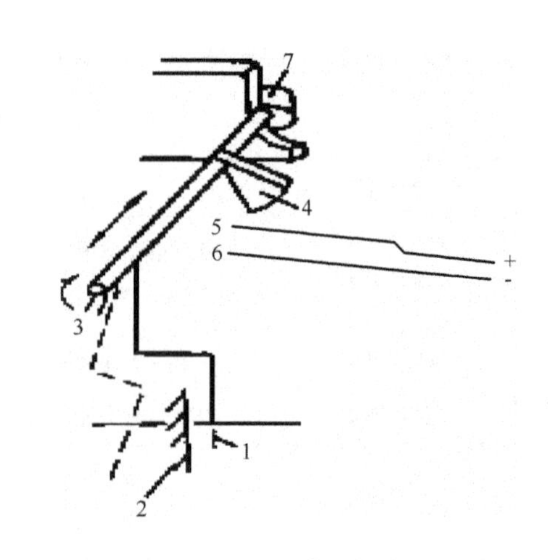

图2－78 毛纱自停装置

①粗结自停装置是为了组织毛纱中过大的结头和超过一定限度的粗纱进入编织区，以保证正常编织。毛纱1从纱筒上引出首先进入粗结自停装置，其结构如图2－78所示，探测指1与自停装置板壁2形成一狭

缝，毛纱便从此狭缝中穿过。探测指 1 以轴 3 为中心摆动，轴 3 还固结一凸块 4。当毛纱上有粗结无法通过狭缝时，粗结便带动探测指 1 到虚线位置，探测指带动轴 3 使固结其上的凸块 4 下压，将铜片 5、6 压紧，形成电回路，发出停车信号。产生自停毛纱粗结的大小取决于狭缝的宽度，如狭缝窄，则很小的结头也被阻挡。旋转旋钮 7 使轴 3 沿箭头方向移动，探测指随之移动，便可调节狭缝宽窄，以此控制自停粗结大小。

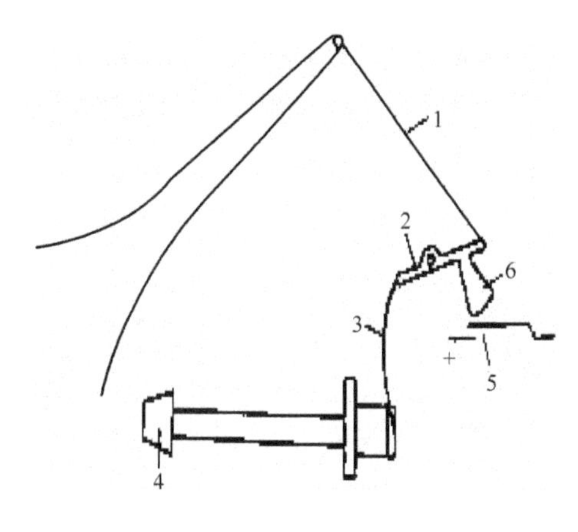

图 2－79　断纱自停装置

②断纱自停装置在纱线断裂时自动停车。电脑横机上的断纱自停装置往往与挑线弹簧连为一体，如图 2－79 所示。1 为挑线弹簧，起补偿纱线张力作用。挑线弹簧给纱线一定的张力，张力大小由摇杆 2 一端的弹簧 3 决定。旋钮 4 可改变弹簧 3 的有效长度以调节施加于纱线的张力。挑线弹簧的另一作用是吸收编织区多余的纱线，如三角座转向时，编织区剩余的纱线被弹簧挑起，不至于影响正常编织。此装置还同时具有断纱自停功能，由于在摇杆上固结了一凸块 6，该凸块可闭合微动开关 5。当断纱断裂时，挑针弹簧在弹簧 3 作用下被抬起，摇杆摆动，凸块压下，关闭微动开关 5，发出自停信号。

（2）织物检测自停装置。织物检测自停装置是用于检测织物是否脱落，或牵拉机构是否正常工作而对织物产生一定牵拉力的自停装置。

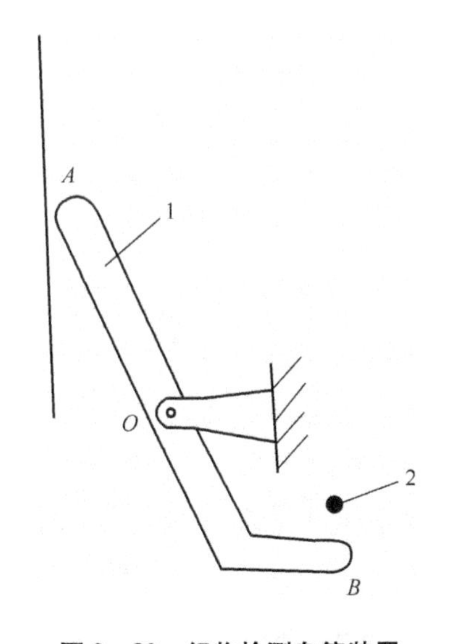

图 2－80　织物检测自停装置

最简单的织物检测自停装置结构如图 2－80 所示。L 形摆杆 1 可绕 *O* 点摆动，由于自身重力，使 L 形摆杆 *A* 端紧贴着织物，如织物脱落，或牵拉力不足而产生布面松散时，*A* 端前冲，*B* 端翘起与探杆 2 接触，接通自停电路信号电路。通常一台机器配有多个这种检测装置，用于衣片的分片检测。

（3）编织区检测自停装置。编织区检测自停装置包括用于检测线圈上浮，非正常冲击，机器超载等自停装置。线圈上浮往往是坏头或牵拉不利造成的，影响正常编织。经常由针头附近的探针来探测，当有上浮的线圈时，将拨动织针触动微动开关产生自停信号。

非正常冲击是指机头上三角与织针之间，或机头与针床之间产生的非正常冲击，如撞针踵等。由固定于针床两端的振动探测装置来检测振动情况，超出一定限度则发出自停信号。

机头超载是由连接器上受力异常而检测到的。为了保护成圈机件和传动机件，机头过重时自动停车，或将机头自动脱下，以防止强行启动。

（4）控制部分自错自停。如电池电压过低，输入程序错误，温度超常均将自动停车。

（四）显示和操作系统

1. 主开关 主开关位于右侧控制箱上机器前面。在位置“1”时主开关为开启状态；在“0”时主开关为关闭状态。

（1）关机过程。将主开关从“1”旋至“0”，编织机不会马上关闭。危险的移动将立即停止。但编织机的数据不会丢失，它们用电池保存下来。此过程大约需要60s。在此过程中，触摸屏将显示一些消息。完成此过程后，触摸屏将变暗发出声音信号。即使主开关关闭，客户厂房主电源仍带有极高电压的电流。因此，在主开关装置工作之前必须将厂房主电源断开。

（2）紧急停止。主开关也是“紧急停止”开关。在维护和保养过程中，可以锁住主开关，以防止无意地打开主开关。

2. 操纵杆 机头和编织过程都可以使用操纵杆（图2－81）来开启和停止。操纵杆可移动到图中1、2、3三个位置。

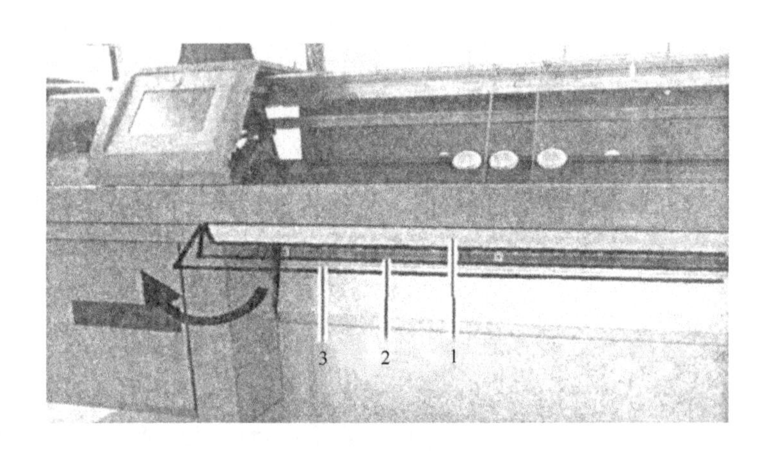

图2－81 操纵杆

1—机头停止运行 2—慢速 3—正常速度

对于位置3，当安全罩关闭时，操纵杆将由磁铁来握持，以正常速度工作。

当安全罩打开时（如在进行安装和检查工作时），操纵杆不再由磁铁来握持，而必须手动握持在位置3。当操纵杆释放后，它将立即落至位置1并使编织机停止运动。

在打开安全罩时，必须按操作要求配带安全镜，否则织针的碎片可能会导致伤害事故发生。

3. 指示灯 在编织过程中，指示灯的颜色与工作状态的关系见表2－4。

表2－4 指示灯的颜色与工作状态的关系

颜色	编织机状态	颜色	编织机状态
绿色	编织机正在工作	黄色	编织机停止工作，编制过程中有故障发生
绿色（闪光）	用操作杆使编织机停止工作	关	主开关为关

4. 输入装置 输入装置如图2－82所示，可用于与编织机控制系统进行通信：操作数据

的显示，调出帮助信息，更改编织机设置和花型数据，命令输入。输入装置可以在整个针床宽度内移动。要执行某项功能需要点击触摸屏上的符号（按键）。为防止弄脏或损坏触摸屏1，应使用触笔进行操作（如图 2－82 中 2 所示），注意不要用尖锐物体接触触摸屏，也不要将触摸屏置于阳光直射之处，以免损伤显像管。

5. 用户界面　用户界面显示当前操作状态的信息，如图 2－83 所示，用户界面分为三个区域：上部 1，包括菜单、输入和输出信息；中部 2，包括状态显示、附加输入键、选择键；下部 3，主要是功能键。

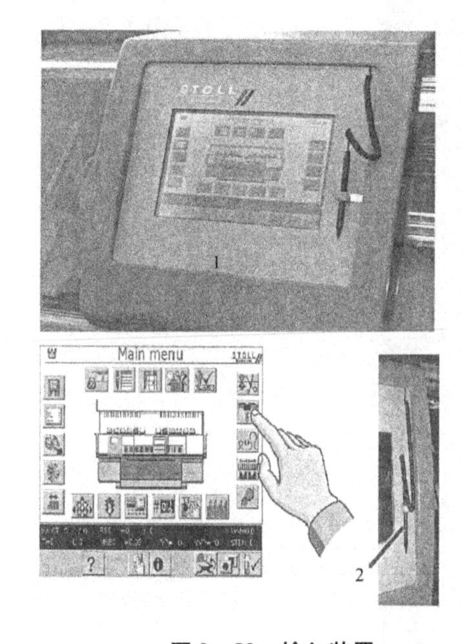

图 2－82　输入装置

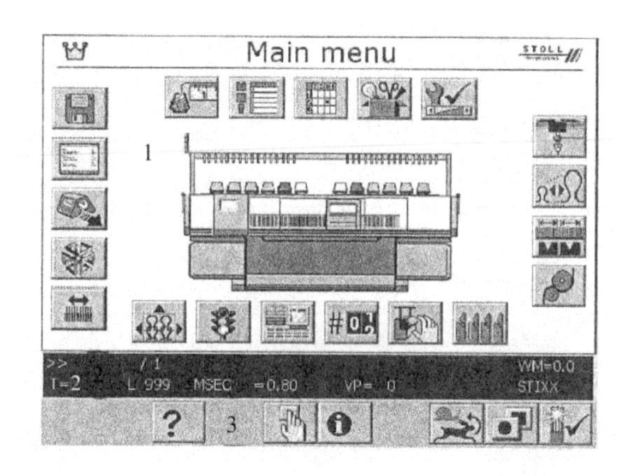

图 2－83　用户界面

用户界面功能可以在触摸屏上进行如下操作：调出页面、菜单和输入屏幕，调出帮助信息，显示编织机的操作数据，访问编织机的功能，输入控制编织机的值，编辑编织程序。

（1）功能键。

①“主菜单”中的功能键如图 2－84 和表 2－5 所示。

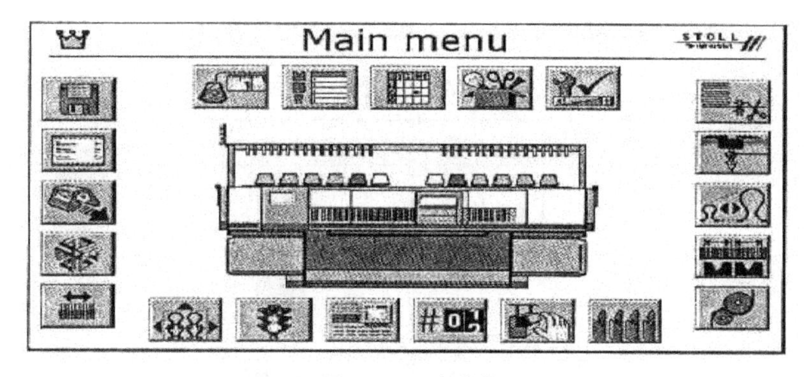

图 2－84　主菜单

表 2－5 “主菜单”中的功能键

按键	功能	按键	功能
	读入/存储数据		编织编辑程序
	机速		Selan 连接
	横移菜单		设置花型
	开启/停止编织机		可更改监测
	循环开关和计数器		手动输入
	牵拉梳		织物牵拉棍
	SEN 区域		线圈密度
	导纱器		松开夹纱装置
	维修		编织机设置
	顺序菜单		按序编织
	STIXX		

②标准功能键。标准功能键以标准配置方式显示，见表 2－6。

表 2－6 标准功能键

按键	功能	按键	功能
	切换回“主菜单”		顺序菜单：将已编织衣片计数器复位至“0”
	切换回上一页		恢复至 100% 编程机速
	切换回下一页		减至 75% 编程机速

续表

按键	功能	按键	功能
	调出帮助信息		切换到状态行
	切换回上一页帮助信息		切换到选择/输入键
	最新消息和信息列表		确认解除故障
	确认输入		切换到附加功能键（切换键）
	调出输入直接指令的命令行和输出窗口		

③附加功能键。可用转换键调出，见表2－7。

表2－7　标准附加功能键

按键	功能	按键	功能
	切换回主菜单		确认解除故障
	打开编辑器		

④扩展的附加功能键可在某些菜单内用转换键调出，见表2－8。

表2－8　高级附加功能键

按键	功能	按键	功能
	将编织程序从软盘上读出或保存到软盘上		更新菜单
	删除编织记忆		将菜单所标注的横列复制到暂存区
	重新读入目录		从暂存区将菜单横列复制到所标注的位置
	刷新屏幕显示		调出“编织顺序（计数器对话框）”窗口
	跳到SINTRAL程序中的下一个错误		开始执行编织顺序

续表

按键	功能	按键	功能
	跳回到 SINTRAL 程序中的上一个错误		停止编织顺序
	显示“打印”窗口		调出“传感器”菜单
	设置边缘计数器（全成型）		设置织物牵拉监控
	调节导纱器		调出“WMF”菜单
	将“WMF 菜单” 复制到粘贴缓冲区		设置牵拉梳控制
	从粘贴缓冲区读取 “WMF 菜单”		

（2）输入键。

①标准输入键。标准输入键是通过点击，激活输入区域后出现的，见表 2－9。

表 2－9　标准输入键

按键	功能	按键	功能
	当前的数值上少一个单位		确认输入，保存更改， 终止设置过程
	当前数值上增加一个单位		删除光标左侧的字符
	撤消更改，所保存的 最后一个值将再次显示		将光标定位在当前横列的开头
	撤消更改， 上一个值将再次显示		将光标定位在当前横列的结尾

②选择键。通过点击，激活选择区域出现，见表 2－10。

表 2－10　选择键

按键	功能	按键	功能
	展开选择区域		移动光标：左移一个字符
	合上选择区域		移动光标：右移一个字符

续表

按键	功能	按键	功能
↑	移动光标：上移一行		移动光标：到选择区域的第一个条目
↓	移动光标：下移一行		移动光标：到选择区域的最后一个条目

③开关和调节尺。说明见表2-11。

表2-11　开关和调节尺

按键	功能	按键	功能
	每次只能激活一个开关		调节尺
	可同时激活几个开关		当前数值上减少一个单位
	位置开关（开/关）		当前数值上增加一个单位
	箭头开关（左/右）或（上/下）		

④模拟键盘。模拟键盘可以用来输入字母和数字。目前，有两种形式的模拟键盘，其中数字键盘可输入数字，字母数字混合键盘可输入字母和数字。模拟键盘包括三个转换键：SHIFT键、CAPSLOCK键、CTRL键。使用转换键时，如要输入特殊字符时，首先按转换键，然后按带有特殊字符的键。如果要重新使用普通字符，则必须再按一次转换键。转换键见表2-12。

表2-12　转换键

按键	功能
	打开模拟键盘
	关闭模拟键盘
SHIFT	SHIFT键：在大小写之母之间以及数字与特殊字符之间进行转换
CPSLCK	CPSLCK键：在大小写之母之间进行转换；保持数字或特殊字符设置
CTRL	CTRL键：转换到功能键F_1～F_{10}和键盘模式（快捷方式）

第三章　羊毛衫织物的编织

本章知识点

1. 羊毛衫组织结构的表示方法。

2. 纬平针组织的外观形态、特性及其编织；变化平针组织的结构特点和编织工艺；罗纹组织的结构特点、特性及编织；双罗纹组织特点；双反面组织的结构特点、特性及编织。

3. 移圈类组织的外观形态、形成方法及特性用途；两种形成集圈的方法；畦编组织、半畦编组织结构特点及其编织工艺；提花组织的编织工艺及其特点；嵌花织物的特点；波纹组织的外观形态及其编织方法；形成横条织物的方法。

第一节　羊毛衫织物的一般概念

一、基本结构

（一）线圈

线圈（loop）是组成针织物的基本结构单元，如图 3 - 1 所示。在纬编针织物中一个完整的线圈 1—2—3—4—5—6—7 是由圈干 1—2—3—4—5 和沉降弧（sinker loop）5—6—7 组成。圈干包括圈柱（leg）1—2，3—4 和针编弧（needle loop）2—3—4。

（二）横列

针织物中，线圈沿织物横向组成的一行称为线圈横列（course）。横列是在机器的一个编织循环内一针接一针编织而形成的水平方向的一系列线圈，在简单的组织结构中，一个横列

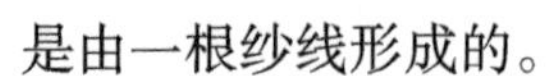
是由一根纱线形成的。

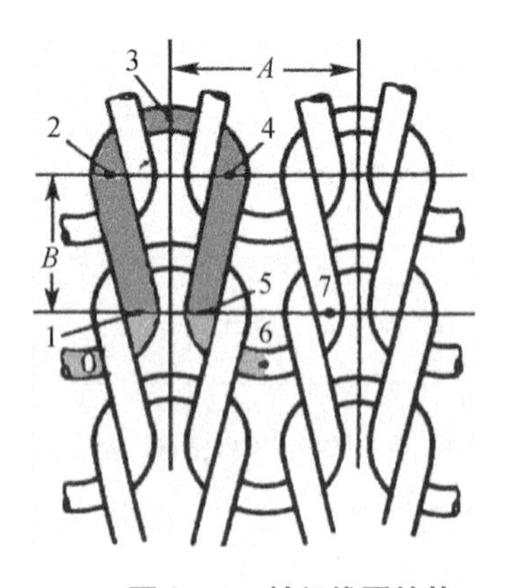

图 3 - 1　针织线圈结构

（三）纵行

针织物中，线圈沿纵向相互串套而成的一列称为线圈纵行（wale）。在连续的编织过程中，在同一枚针上形成的一系列纵向线圈称为纵行。纵行密度即横密（由织物单位宽度如每英寸内的纵行数测得）是关系到织物性能和外观的重要参数。它取决于针的尺寸、排针密度和编织条件（如组织结构、纱线直径和张力）。大多数情况下，织针的尺寸和密度已由针织机制造者设定好，所以编织者只能在极有限的范围内改变横向密度。

（四）圈距与圈高

圈距是在线圈横列方向上，两个相邻线圈对应点之间的水平距离，用“*A*”表示。圈高是在线圈纵行方向上，两个相邻线圈对应点之间的距离，用“*B*”表示，如图3－1所示。

（五）单面针织物与双面针织物

单面针织物（single－faced structures）是由一个针床编织而成的针织物。特点是其一面全部为正面线圈，而另一面全部为反面线圈。双面针织物（double－faced structures）是由两个针床编织而成的针织物，织物的两面均有正面线圈。

（六）正面线圈和反面线圈

凡线圈圈柱覆盖在前一线圈圈弧之上的一面称为正面线圈（the face loop stitch），凡线圈圈弧覆盖于圈柱之上的一面称为反面线圈（the reverse loop stitch）。

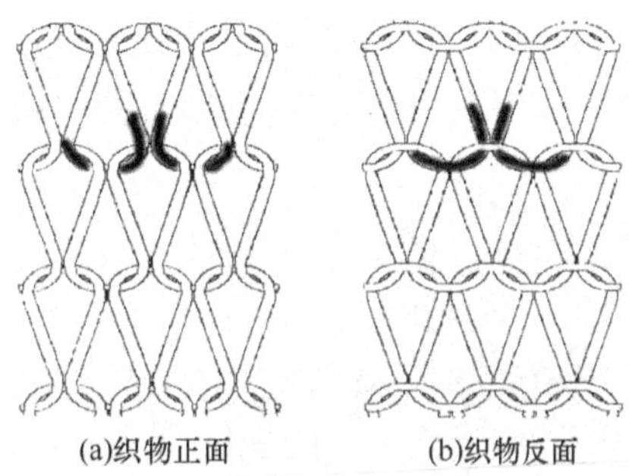

图3－2　纬平针组织的正面与反面线圈结构图

（七）织物的正面和反面

一些针织物的组织结构从两面来看是不相同的，纬平针组织如图3－2所示。尽管任何一面都可以作为服装的穿着正面，但通常把显示出圈柱的那一面作为正面，如图3－2（a）所示；把显示出针编弧和沉降弧的那一面作为反面，如图3－2（b）所示。

二、针织物结构表示方法

为了简明清楚地表现纬编针织物的结构，便于织物设计与制订上机工艺，需要采用一些图形与符号的方法来表示纬编针织物的组织结构和编织方法。目前常用的方法有线圈图、意匠图、编织图等来表示纬编针织物的各种组织。

（一）线圈（结构）图

用图形直接绘制出线圈在织物内的形态和相互配置状况的示意图称为线圈图或线圈结构图，可根据需要表示织物正面或反面。图3－3（a）、（b）分别是纬平针组织的正面和反面线圈结构图。

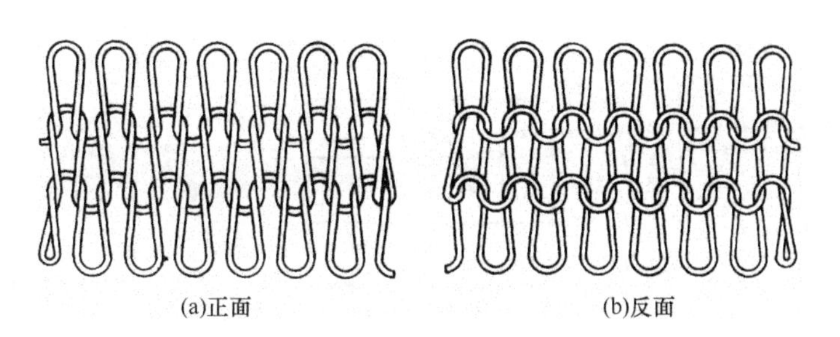

图3－3　纬平针组织线圈结构图

线圈结构图的特点是从线圈图中，可清晰直观地看出针织物结构单元在织物内的连接与分布，有利于研究针织性质和编织方法。但这种方法绘制不方便，仅适用于较为简单的织物结构，对于复杂的大型花纹则绘制比较困难。

（二）意匠图

意匠图是把针织物内线圈单元组合的规律，用规定的符号在小方格纸上表示出来。每一个方格代表一只线圈，每一方格行和列分别代表织物的一个横列和一个纵行。方格内可用各种符号来分别表示编织的意义，如成圈、集圈、浮线以及各种不同的颜色、不同性能的纱线等。方格中的符号表示何种编织状态或哪种纱线编织时，应在意匠图下方予以注明，符号的意义由设计者自行设计确定。意匠图方格一般由下往上依次为第1、第2…第 n 横列。根据表示对象的不同，常用的有花纹意匠图和结构意匠图。

1. 花型意匠图 花型意匠图用于表示提花织物正面的花型与图案。每一方格代表一个线圈，方格内的不同符号代表不同的颜色线圈。用何种符号代表何种颜色的线圈可由设计者个人规定。如图3－4所示，为彩色菱形格图案意匠图。该方法主要用于大花型织物，结构清晰、花型明确，但无法表达具体编织情况及其设备信息。

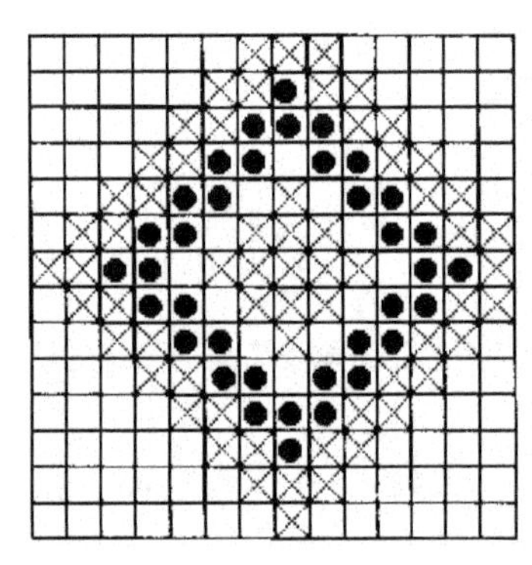

图3－4 花型意匠图

2. 结构意匠图 将针织物的三种基本结构单元：成圈、集圈悬弧和浮线用规定的符号在方格纸上表示出来。一般用“☒”表示正面线圈，“◘”表示反面线圈，“⊡”表示集圈悬弧，“□”表示浮线（不编织）。图3－5（a）表示某一单面织物的线圈图，图3－5（b）是与线圈图相对应的结构意匠图。结构意匠图通常用于表示由成圈、集圈和浮线组合的单面织物与复合结构，双面织物一般用编织图来表示。

3. 编织图 编织图是将织物的横断面形态按编织的顺序和织针的工作情况，用图形来表示的一种方法。其中每一根竖线代表一枚织针。如果有不同类型织针可用不同的竖线表示。对于纬编针织机中广泛使用的舌针来说，有长踵针和短踵针两种针。本书中规定长踵针用长线表示，短踵针用短线表示。如图3－6所示为双罗纹组织的编织图。

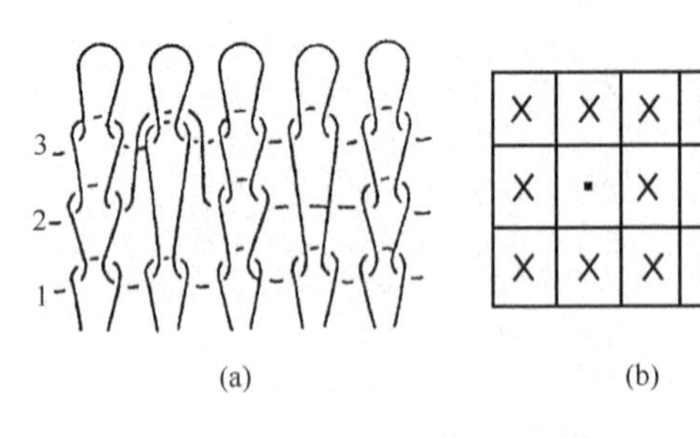

图3－5 线圈图与意匠图

☒—正面线圈 ⊡—集圈悬弧 □—浮线（不编织）

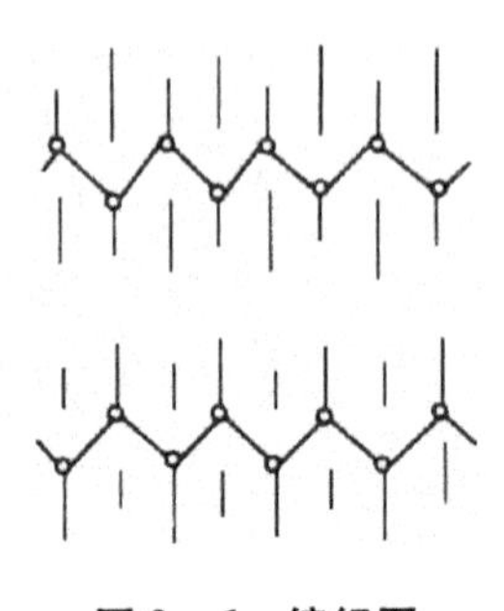

图3－6 编织图

当织针不参加编织时，用“○”表示抽针，符号“Υ”表示此织针正常成圈，符号“Ƭ”表示此针编织集圈，浮线用“丅”表示。编织图中横列数和纵行数根据编织一个完全组织的横列数和纵行数而定，根据每一横列上织针的编织情况用规定的符号进行绘制，编织图左边的数字表示编织横列顺序。编织图中常用符号见表3－1。

表3－1　成圈、集圈、浮线和抽针符号的表示

	前针床编织	后针床编织	前后针床一起编织
成圈			
集圈			
浮线			
抽针			

该表示方法不仅表示了每一枚织针所编织的结构单元，而且还显示了织针的配置与排列。此方法适用于大多数纬编针织物，尤其是双面纬编针织物。

编织图在绘制时，需要既反映该组织的织针配置情况，又反映出一个完全组织织针的编织情况，通常按照如下步骤进行。

（1）在纸上画出针的配置情况。

（2）一个完全组织由几个成圈系统编织就要画几排针的配置图，每一排针的数量至少要等于一个完全组织的纵行数。

（3）根据每一横列上织针的编织情况用规定的符号进行绘制。

第二节　羊毛衫基本组织及其性能

纬编基本组织有纬平针组织、罗纹组织、双反面组织和双罗纹组织。

一、纬平针组织及其编织

纬平针组织（plain stitch，jersey stitch）又称为平针组织，由连续的单元线圈向一个方向串套而成，如图3－7所示。织物的两面具有不同的外观，正面一般比较光洁，反面比正面晦暗。

（一）纬平针组织结构及其编织

1. 单面纬平针组织　单面针织织物组织结构简单，织物轻薄、柔软，是一种最简单、常用的组织。

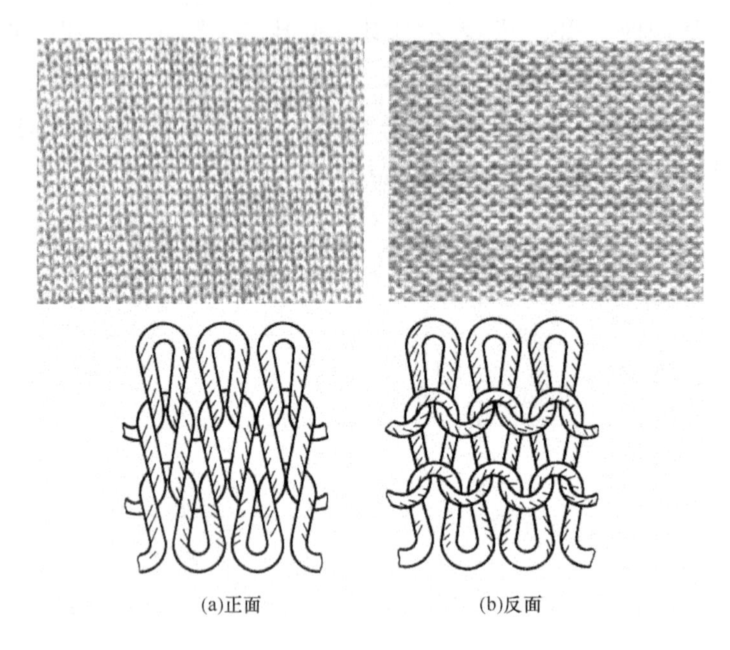

(a)正面　　(b)反面

图3-7　纬平针组织线圈

在横机上编织单面纬平针组织只需要一个针床。编织时三角和织针走针轨迹如图3-8所示，为了操作方便，一般关闭1′、4′号起针三角，使其织针退出工作，由后针床进行编织。为了使所编织的织物密度均匀，后针床2、3号弯纱三角的弯纱深度必须一致。

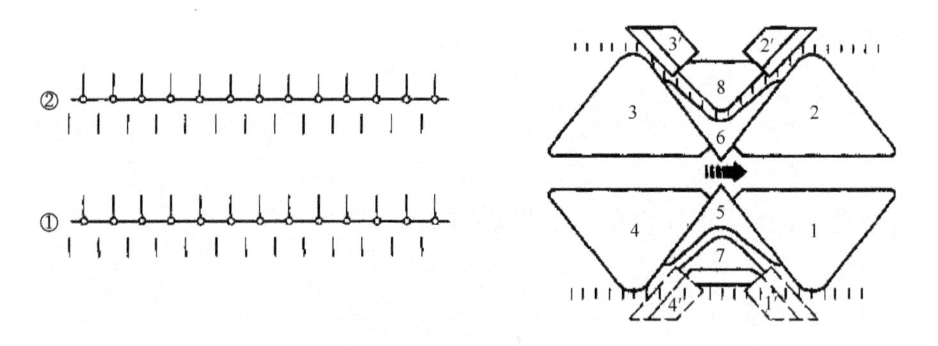

图3-8　纬平针编织图及编织时三角状态和走针轨迹

2. *双层纬平针织物*　俗称圆筒形织物、袋形织物，由连续的单元线圈分别在横机的前后针床上相互串套而成。当机头往复运动进行编织时，每一行程只在一个针床上编织，往复运动一次，即一转，在前后针床各编织一次。从而在前后针床上分别编织出互不相连的两片纬平针织物。由于是循环的单面编织，两端边缘封闭，中间呈空桶状，犹如一只口袋。织物表面光洁，织物性能与单面平针织物相同，但双层平针织物比单面平针织物厚实，线圈横向无卷边现象，这种织物主要用于外衣的下摆和袖口边缘。

双层平针织物在两个针床上轮流编织。编织时关闭前针床1′号、后针床3′号起针三角或者关闭前针床4′号、后针床2′号起针三角，使前、后针床织针轮流参加编织。编织图如

图 3 -9 所示。

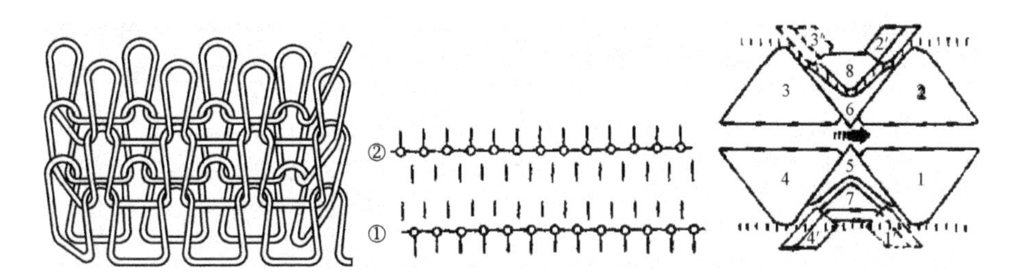

图 3 -9 双层平针线圈图、编织图及编织时三角状态和走针轨迹

（二）纬平针组织的特性

1. 线圈歪斜 纬平针组织在自由状态下，线圈会发生歪斜现象，这影响了织物的外观和使用。线圈纵行的歪斜程度，取决于纱线的粗细、捻度的大小、捻度的稳定程度和织物的密度。当纱线较细时，线圈的歪斜较小；当捻度较小且较稳定时，线圈歪斜较小；当针织物的结构比较紧密时，则线圈的歪斜也较小。

2. 卷边性 纬平针织物在自由状态下，其边缘有明显的包卷现象。针织物的卷边性是由于弯曲纱线弹性变形的消失而形成的。纬平针织物横向和纵向的卷边方向不同，纵向向反面卷，横向向正面卷。

3. 脱散性 某处纱线断裂，线圈沿纵行分解脱散，它将影响针织物的外观，缩短针织物的使用寿命。针织物的脱散性与线圈长度成正比，与纱线的摩擦系数和抗弯刚度成反比，当针织物受到横向拉伸时，由于圈弧扩张也会加大针织物的脱散。

4. 延伸性 纬平针织物的纵、横向有较好的延伸性。横向延伸性大于纵向延伸性。

二、罗纹组织及其编织

罗纹组织（rib stitch）是双面纬编针织物的基本组织。由正面线圈纵行和反面线圈纵行以一定组合相间配置而成。

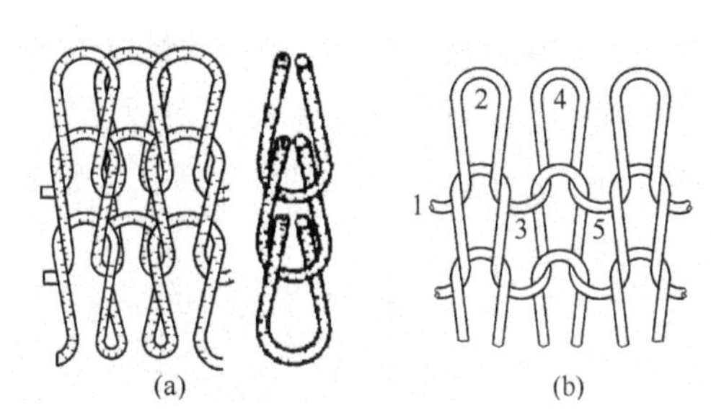

图 3 -10 1 +1 罗纹线圈图

罗纹组织结构的正、反面线圈纵行不在同一平面上。图 3 - 10 为 1 +1（抽针）罗纹组织，（a）为自然状态下结构，（b）为横向拉伸时结构（一个完全组织 1—2—3—4—5 由一个正面线圈和一个反面线圈构成）。

罗纹组织的种类很多，它取决于正、反面线圈纵行数的不同配置，用数字代表其正反面线圈纵行数的组合，1 +1 罗纹组织；2 +2 罗纹组织；3 +2 罗纹组织等。前面数字代表正面纵行数，后面数字代表反面纵行数。

（一）罗纹组织结构及其编织

罗纹组织是在双针床上编织的。罗纹组织可以在罗纹机、双面提花机、横机等多种针织机上编织。

1. 1+1 罗纹组织 1+1 罗纹组织编织时，前后针床针槽相对，排针按照 1 针空 1 针交错排列，起针三角全部打开，进入工作位置。当机头由左向右运行时，1′、2′号起针三角起针，3、4 号成圈三角弯纱成圈，织一个横列的正反线圈。当机头由右向左运行时，3′、4′号起针三角起针，1、2 号成圈三角弯纱成圈，织成另一横列的正反线圈。如此往复编织 1+1 罗纹组织。编织前要调节 1、2、3、4 号压针三角高度，使其弯纱深度一致。编织图如图 3-11 所示。

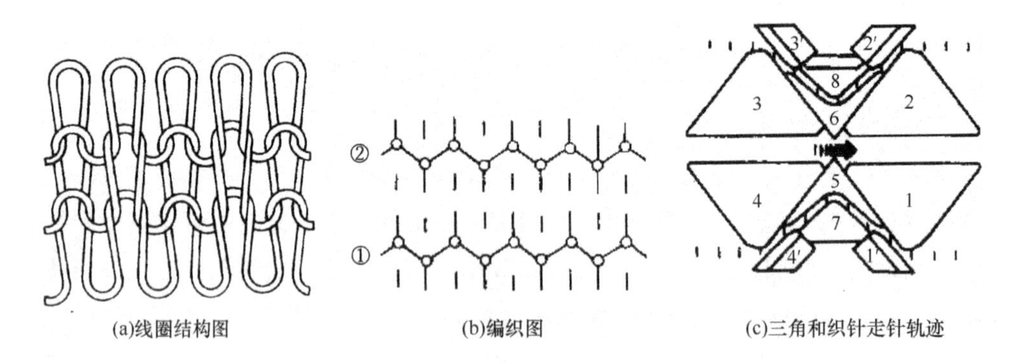

图 3-11 罗纹组织线圈、编织图及走针轨迹

2. 满针罗纹 满针罗纹组织又称为四平组织，其线圈结构如图 3-12 所示，编织时前后针床针槽交错，所有针织均参加工作。四平组织的编织密度的调节和机头各三角操作均与1+1 罗纹组织相同。虽然 1+1 罗纹和满针罗纹编织时的编织图、机头各三角的状态和工作情况都一样，但由于前、后针床针槽的对位和织针的排列情况不同，使得这两种织物的横向纵条纹密度、织物的弹性、厚度等都有所不同。由于满针罗纹的织针是满针排列，而 1+1 罗纹的织针是 1 隔 1 排列的，因此，满针罗纹的工作针数是 1+1 罗纹的一倍，因此，在其他条件相同的情况下，满针罗纹比 1+1 罗纹紧密、厚度较厚、幅宽较宽、织物平整、弹性好，横向拉伸性小，尺寸稳定性及保形性好，常用于毛衫的大身、衣领、门襟和袋边等部位。

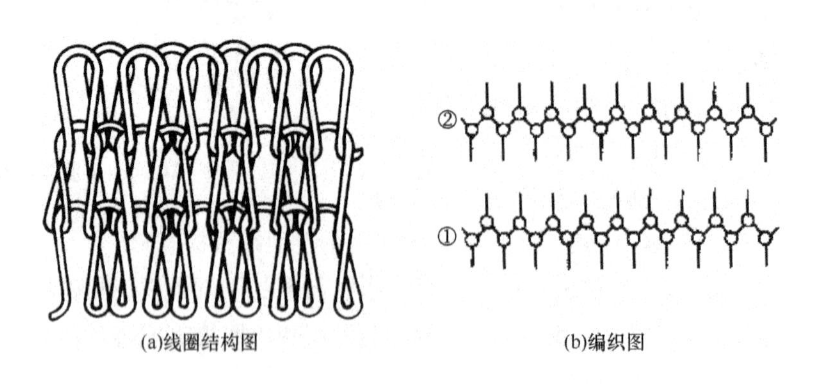

图 3-12 满针罗纹的线圈结构图及其编织图

3. 2+2 罗纹 2+2 罗纹组织在编织时两个针床的针槽相错，每个针床的织针 2 隔 1 出针编织，如图 3-13 所示，所编织的织物结构紧密、弹性好。

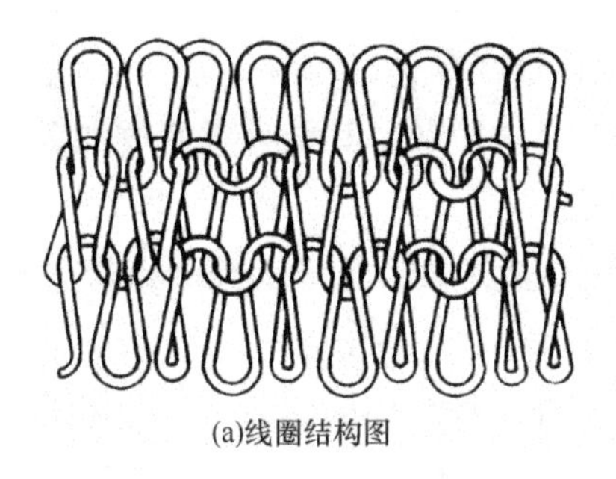
(a)线圈结构图

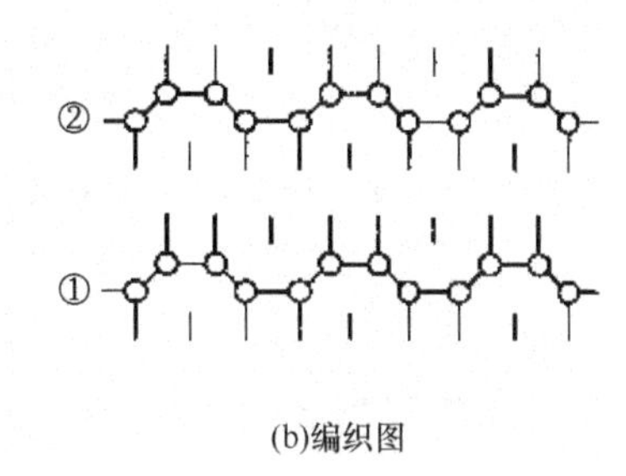

(b)编织图

图 3－13　2＋2 罗纹的线圈结构图及其编织图

另外，在横机上也可以很容易地编织 4＋3 罗纹、5＋2 罗纹、6＋3 罗纹等宽罗纹，可用作衣片的大身。图 3－14 为 4＋3 罗纹组织的线圈结构图和编织图。

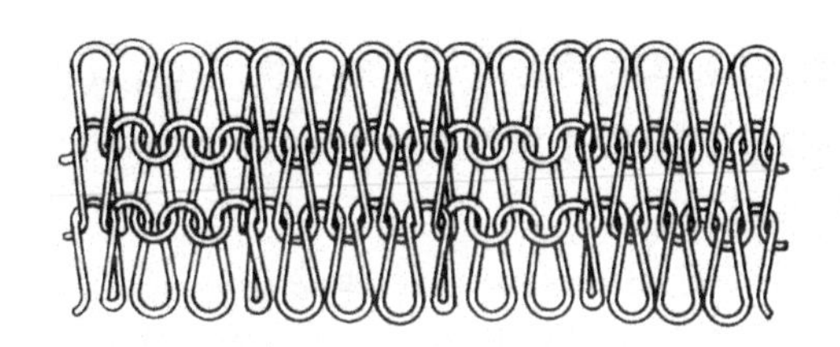

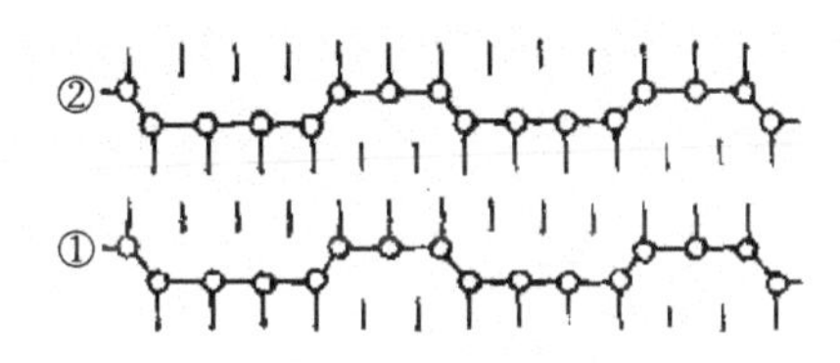

图 3－14　4＋3 罗纹组织的线圈结构图和编织图

这些罗纹组织在横机上编织时，首先根据不同类型罗纹组织正、反面线圈纵行数的配置情况在针床上进行排针。排针时，前、后针床针槽的对位情况有两种，一种是两个针床的针槽相对排列，另一种是两个针床的针槽相间排列。针槽相对排列时，因为正、反面线圈间的沉降弧较长，有利于翻针和移圈操作，翻针后，线圈数目不变，平整。而针槽相间排列时，编织的织物比较紧密，弹性好，但翻针和移圈时线圈纵行数目将发生变化，翻针时线圈会重叠，因此，不够平整。选用哪种方式要根据产品的要求而定，然后确定机头三角的工作状态。编织所有类型的罗纹组织时，三角的工作情况和织针的走针轨迹都与编织 1＋1 罗纹时相同，所不同的是，这些罗纹组织在起口编织时，需要移动针床，使织针呈 1＋1 罗纹组织的配置，不同类型的罗纹组织，针床需要移动的针距数不同。如图 3－15 所示为 2＋2 罗纹组织起口时织针的对位情况，起口操作后需要后针床向右移动一个针距，编织 2＋2 罗纹组织。

编织正、反面线圈数较多的罗纹组织时，一般先按 1＋1 罗纹排针并起口，编织至少一横列 1＋1 罗纹后，再按要求的正反面纵行数进行移圈、翻针，然后编织所需的罗纹组织。

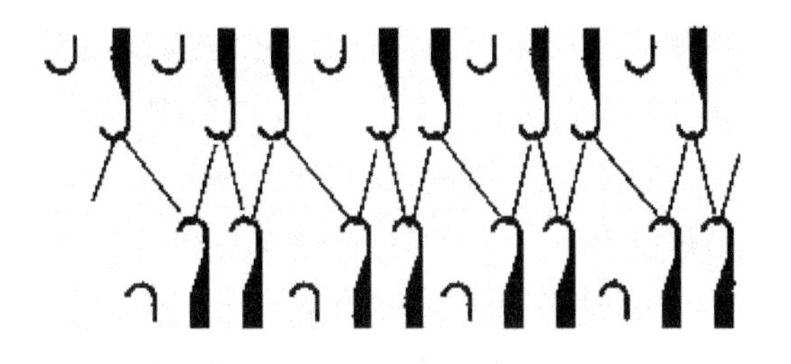

图 3－15　2＋2 罗纹的起口织针对位情况

（二）罗纹组织的特性和用途

1. 弹性和延伸性　罗纹组织的最大特点是具有较大的横向延伸度和弹性，罗纹组织的弹性和延伸度与其正、反面线圈纵行的不同配置有关。一般而言，1 +1 罗纹组织的弹性和延伸度比 2 +1、2 +2、5 +3 等罗纹组织的为好。罗纹组织的弹性还与纱线的弹性、纱线间摩擦力及织物密度有关。

2. 脱散性 1 +1 罗纹组织只能在边缘横列逆编织方向脱散，其他种类罗纹如 2 +2、3 +2 等可能产生逆编织方向脱散和从线圈断裂处产生梯脱。

3. 卷边性 正反面线圈纵行数相同的罗纹组织无卷边现象；正反面线圈纵行数不同的罗纹组织中，卷边现象不严重。

由于罗纹组织有非常好的延伸度和弹性，不易卷边，而且顺编织方向不会脱散。因此，罗纹组织主要用作领口、袖口、裤口、下摆、袜口、贴身或紧身的弹力衫、裤等。织物中加入氨纶弹性纱编织后，服装更贴身，弹性、延伸性效果更好。

三、双罗纹组织及其编织

（一）双罗纹组织的结构

双罗纹组织（interlock stitch）又称棉毛组织，是羊毛衫组织的一种变化组织。由两个罗纹组织彼此复合而成，即在一个罗纹组织线圈纵行之间配置了另一个罗纹组织的线圈纵行。

图 3 –16 双罗纹线圈结构图

如图 3 –16 所示为 1 +1 双罗纹组织线圈结构图，一个罗纹组织的反面线圈纵行被另一个罗纹组织的正面线圈纵行所覆盖，不会因为拉伸而显露反面线圈纵行。因此，不管是否拉伸，在织物两面只能看到正面线圈，所以也称为双正面组织。在同一横列上的相邻线圈在纵向彼此相差约半个圈高。

双罗纹组织与罗纹组织相似，根据不同的织针配置方式，可以编织各种不同双罗纹织物，如 1 +1、2 +2、2 +3 等双罗纹组织。

（二）双罗纹组织的编织

编织 1 +1 双罗纹组织时，横机上所使用的织针有高、低踵之分，如图 3 –17 所示高低踵针在针床上一隔一排列，并且前后针床的高低踵针分别相对。在机头前后三角组中各加装了分针三角 11、13。分针三角只对高踵针起拦截作用。当机头从左向右运动时，前针床高低踵针在起针三角 1′作用下，起针至集圈高度，但分针三角处于工作位置，把高踵针拦下，不参加编织，而短踵针不受阻拦地继续上升进行退圈，然后在导向三角 5 和压针三角 4 作用下垫纱和弯纱成圈。后针床的起针三角 2′处于短踵高度，使长踵针起针成圈，短踵针则不起针，这样便编织成了一个 1 +1 罗纹组织。当机头自右向左时，前针床起针三角 4′处于短踵针高度，使长踵针成圈，短踵针不编织。后针床的织针起针后，经分针三角 13 将长踵针拦下，使短踵针成圈，进而与前针床织针一起编织成另一个 1 +1 罗纹组织。当机头往返一次由两个 1 +1罗纹组织叠加、复合成一个完整的横列。

（三）双罗纹组织的特性与用途

双罗纹组织的脱散性较小，其边缘横列可逆编织方向脱散。由于同一横列由两根纱线组

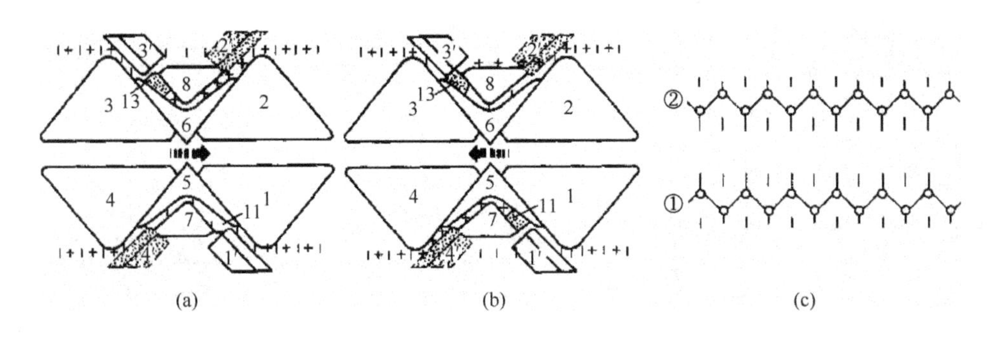

图3-17 双罗纹组织编织图、三角状态及走针轨迹

成，线圈间彼此摩擦较大，当个别线圈断裂时，因受另一个罗纹组织中纱线的摩擦阻力，不易发生线圈沿着纵行从断纱处分解脱散的梯脱情况。双罗纹织物还与罗纹组织一样，不会卷边。

由于双罗纹组织是由两个被拉伸的罗纹组织复合而成，在未充满系数和线圈纵行的配置与罗纹组织相同的条件下，其延伸度、弹性、脱散性较罗纹组织的小。

在纱线细度和织物结构参数相同的情况下，双罗纹织物比罗纹和平针组织更紧密厚实，表面平整，结构稳定。根据双罗纹组织的编织特点，采用不同色纱、不同方法上机可以得到彩横条、彩纵条、彩格等多种花色效应，适宜于编织棉毛衫裤、休闲服、运动装和外套等。

四、双反面组织及其编织

（一）双反面组织的结构

双反面组织（purl stitch，links and links stitch）是羊毛衫组织的一种基本组织，是由正面线圈横列和反面线圈横列相互交替配置而成。线圈圈柱由前至后，由后至前，导致线圈倾斜，使织物的两面都由线圈的圈弧突出在前，圈柱凹陷在里，在织物正反两面，看上去都像纬平针组织的反面，因而称为双反面组织。

1+1双反面组织的线圈结构如图3-18所示，在1+1双反面组织的基础上，可以产生不同的结构与花色效应。如不同正反面线圈横列的相互交替配置可以形成2+2、3+3、2+3等双反面组织。又如按照花纹要求，在织物表面混合配置正反面线圈区域，可形成凹凸花纹。

（二）双反面组织的编织

在横机上编织双反面组织是前后针床织针上的线圈相互转移来实现的。一般采用双头舌针，在水平配置的双反面横机上编织而成，也可以在具有自动移圈功能的电脑横机上生产。在双反面横机上编织时，双头舌针是借助于导针片而使之移动，而导针片由三角座通过导针片片踵而得到运动。如图3-19所示为双头舌针、导针片以及前后针床配置示意图。成圈可以在双头舌针的任何一个针头中进行，由于两只针头的脱圈方向相反，所以当在一个针头上形成正面线圈时，则在另一个针头上形成反面线圈。编织时只要根据需要控制双头舌针的运动，就可以编织出正反面线圈横列数任意配置的双反面组织。

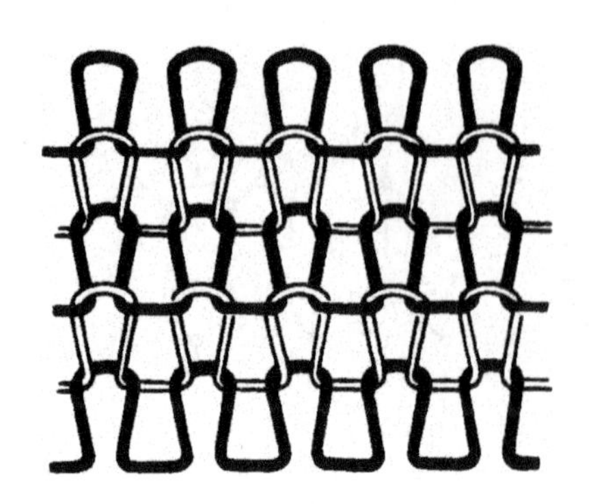

图3-18　双反面组织线圈结构图

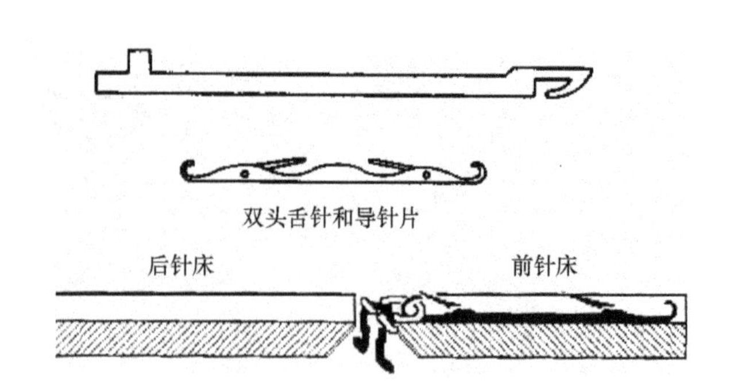

图3-19　双反面横机针床配置及双头织针

（三）双反面组织的特性与用途

双反面组织具有与纬平针组织相同的脱散性，顺和逆编织方向均可脱散。

双反面组织由于线圈的倾斜使织物的纵向长度缩短，因而增加了织物的厚度和纵向密度。在纵向拉伸时具有很大的弹性和延伸度，从而使双反面组织具有纵、横向延伸度相近似的特点。

卷边性随正面线圈横列和反面线圈横列的组合的不同而不同。对于1+1、2+2这种组织，因卷边力相互抵消，故不会卷边。2+1、3+2等双反面组织中由正、反面线圈横列所形成的凹陷与浮凸横条效应更为明显。如将正、反面线圈横列以不同的组合配置就可以得到各种不同的凹凸花纹，其凹凸程度与纱线弹性、线密度及织物密度等因素有关。

双反面组织及其花色组织被广泛应用于羊毛衫、围巾和袜子生产中。

第三节　花色组织及其性能

一、移圈类织物

移圈类织物是在纬编基本组织的基础上，按照花纹要求将某些线圈进行移圈形成的。在编织过程中转移线圈针编弧部段的组织又称为纱罗织物（loop transfer stitch）。移圈组织的类型可分为双面移圈织物和单面移圈织物两类。利用地组织的种类和移圈方式的不同，可在羊毛衫表面形成各种花纹图案。

（一）单面移圈织物

如图3-20（a）所示为一种单面移圈织物，相邻纵行线圈之间的转移形成网眼织物，又称为单面纱罗组织；移圈方式按照花纹要求进行，可以在不同针上进行移圈，形成具有一定花纹效应的孔眼。

图3-20（b）为单面绞花移圈组织，是在部分织针上相邻纵行的线圈相互交换位置形成的。移圈处的线圈纵行并不中断，这样在织物表面形成扭曲状的花纹纵行。

（二）双面移圈织物

双面纱罗组织是在双面组织基础上，将某些线圈进行移圈而形成的，又称双面纱罗组织。

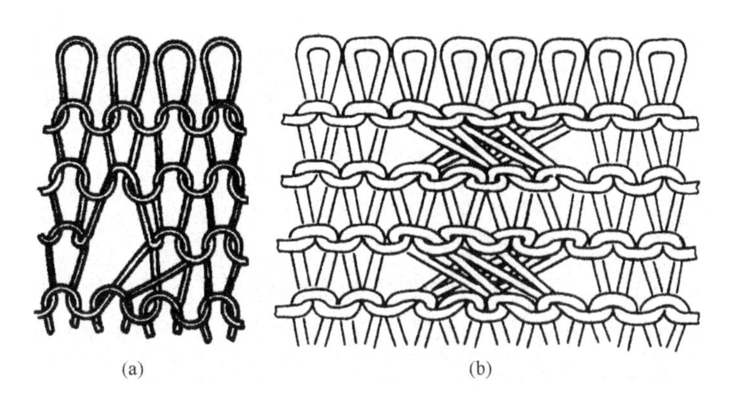

图3－20　单面移圈织物

可以在针织物两面进行移圈，即将一个针床上的线圈移到另一个针床与之相邻的针上，或者将两个针床上的线圈分别移到各自针床的相邻针上。还可以对针织物一面进行移圈，即将一个针床上的某些线圈移到同一针床的相邻针上。

图3－21（a）显示了不同针床上进行移圈的双面纱罗组织。正面线圈纵行1上的线圈3被转移到另一个针床相邻的针（反面线圈纵行2）上，呈倾斜状态，形成开孔4。如图3－21（b）所示为在同一针床上进行移圈的双面纱罗组织。在第Ⅰ横列，将同一面两个相邻线圈朝不同方向转移到相邻的针上，即针5、针7上的线圈分别转移到针3、针9上。在第Ⅱ横列，将针3上的线圈转移到针1上。在以后若干横列中，如果使移去线圈的针3、针5、针7不参加编织，而后再重新成圈，则在双面针织物上可以看到一块单面平针组织区域。这样在针织物表面就形成凹纹效应，从而使织物的凹凸效果更加明显。

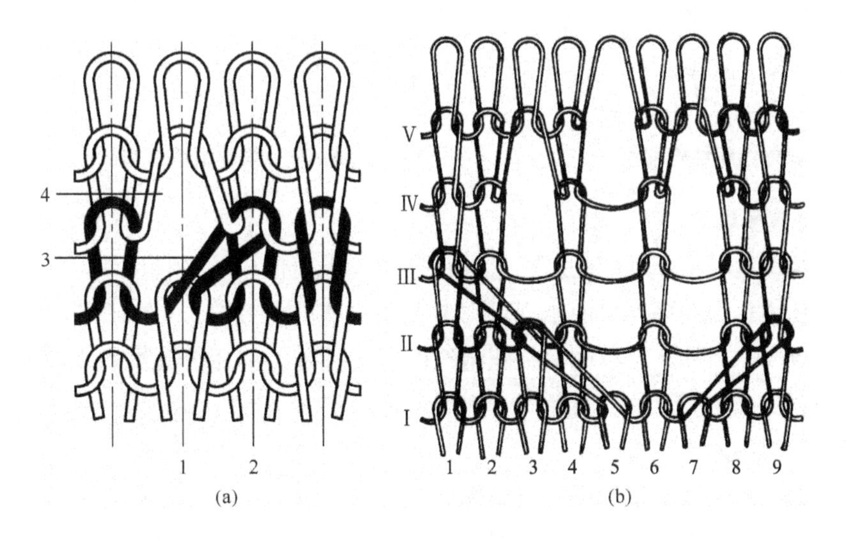

图3－21　双面纱罗组织

（三）移圈织物的特性和用途

纱罗组织移圈处的线圈圈干有倾斜，两线圈合并处针编弧有重叠，一般与它的基础组织并没有多大差异，因此，纱罗组织的性质与它的基础组织相近。移圈织物可以形成孔眼、凹凸、纵行扭曲等效应，如将这些结构按照一定的规律分布在针织物表面，则可形成所需的花纹图案。可利用纱罗组织的移圈原理增加或减少工作针数，编织成形针织物。移圈织物大量应用于羊毛衫、高档T恤衫及妇女时尚内衣等产品。

二、集圈类织物

在针织物的某些线圈上，除套有一个封闭的旧线圈外，还有一个或几个未封闭的悬弧，这种组织称为集圈组织（tuck stitch）。集圈组织的结构单元是线圈和未封闭悬弧，如图3－22所示。具有悬弧的旧线圈形成拉长线圈。

根据一枚织针上连续集圈的悬弧多少来分，可分为单列、双列、多列集圈组织。根据参加集圈的针数分，可分为单针、双针、三针集圈等。一般将悬弧多少与参加集圈的针数多少结合起来命名，如图3－23所示。集圈组织也可分为单面集圈组织和双面集圈组织。

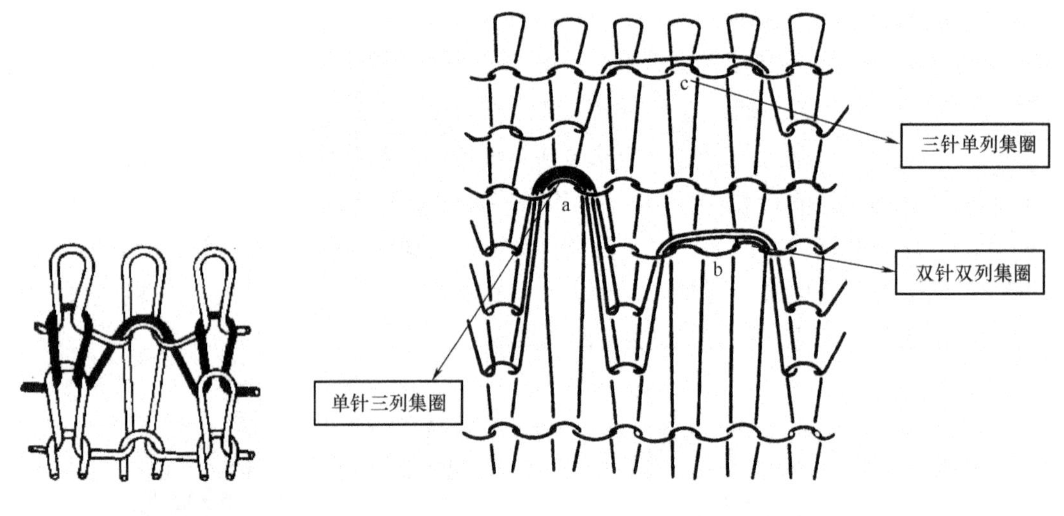

图3－22　集圈组织结构　　　　图3－23　集圈组织结构

（一）单面集圈组织

单面集圈组织是在平针组织的基础上进行集圈编织而形成的一种组织。单面集圈组织花纹变化繁多，利用集圈在平针中的排列可形成各种结构花色效应。例如凹凸、阴影、网孔效应、彩色花纹效应。另外还可以改变提花组织的服用性能，利用悬弧减少单面提花组织中的浮线长度，如图3－24所示。

（二）双面集圈组织

双面集圈组织是在双针床的横机上编织而成，可以在一个针床上集圈，也可以同时在两个针床上集圈。这不仅可以生产带有集圈效应的针织物，还可以利用集圈单元来连接两个针床分别编织的平针线圈，得到具有特殊风格的织物。

常用的双面集圈组织有半畦编（又称单元宝针或单鱼鳞组织）和畦编组织（又称双元宝针或双鱼鳞组织）。半畦编（half cardigan）组织如图3－25所示，集圈只在织物的一面形成，一横列编织集圈，另一横列编织罗纹，两个横列完成一个循环。

图3-24　利用集圈改变提花组织服用性能

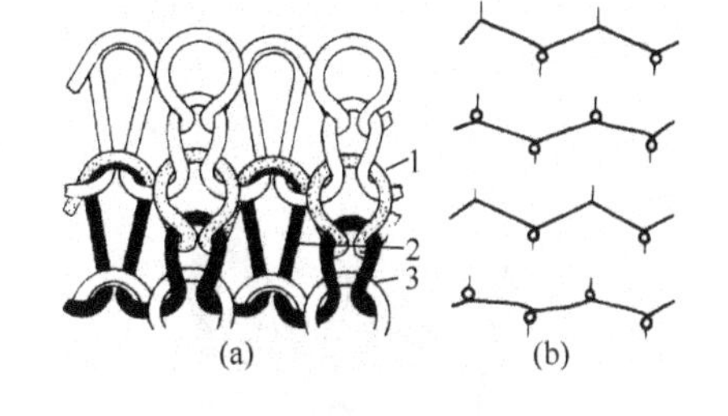

图3-25　半畦编组织线圈图及其编织图

畦编（cardigan）组织的集圈在织物的两面交替形成，如图3-26所示。织针呈罗纹配置，两个横列为一个循环，每一个横列均有集圈。

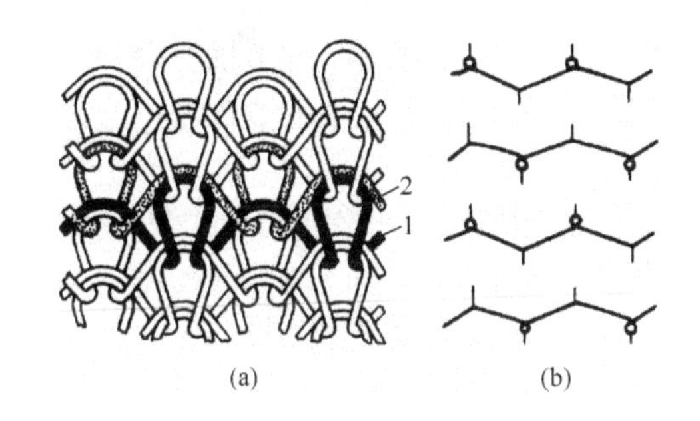

图3-26　畦编组织线圈图及其编织图

（三）集圈组织的特性与用途

集圈组织的花色较多，使用范围广，利用集圈的排列及使用不同色彩和性能的纱线，可编织出表面具有图案（彩色、素色）、孔眼、凹凸以及联结等效应的织物，使织物具有不同的服用性能与外观。

集圈组织的脱散性较平针组织的小，但容易抽丝。由于集圈的后面有悬弧，所以，其厚度较平针组织与罗纹组织的大。集圈组织的横向延伸性较平针组织、罗纹组织的小。集圈组织由于悬弧的存在，织物宽度增加，长度缩短。集圈组织的线圈大小不均，故其强力较平针组织、罗纹组织为小。耐磨性比平针、罗纹组织的差。

三、提花织物

提花组织（jacquard stitch）是将不同颜色的纱线垫放在按花纹要求所选择的某些织针上进行编织成圈，未垫放上新纱线的织针不成圈，纱线则呈浮线处于这些不参加编织的织针后面所形成的一种花色组织。其结构单元由线圈和浮线组成。

提花组织的分类可分为单面提花组织和双面提花组织两大类。

（一）单面提花组织

单面提花组织（single-jersey jacquard）是由平针线圈和浮线组成。其结构有均匀提花和不均匀提花两种，结构均匀的提花组织中，所有线圈大小基本相同。每种又有单色和多色之分。

1. 单面均匀提花组织　每一个完整的线圈横列由两种或两种以上的色纱编织。线圈大小相同，结构均匀，织物外观平整。每一个线圈背后都有未参加编织的浮线。浮线如果太长则容易钩丝。如图3-27所示为结构均匀的单面双色提花组织。

2. 单面不均匀提花组织　如图3-28所示为结构不均匀的单面双色提花组织，线圈纵行

2 和 4 由提花线圈组成，1 和 3 由平针线圈组成。在这类组织中，由于某些织针连续几个横列不编织，这样就形成了拉长的线圈。这些拉长了的线圈抽紧与之相连的平针线圈，使平针线圈凸出在织物的表面，从而使针织物表面产生凹凸效应。在编织这种组织时，织物的牵拉张力和纱线张力应较小而均匀，否则容易产生断纱破洞，同时应当控制拉长线圈连续不编织的次数。

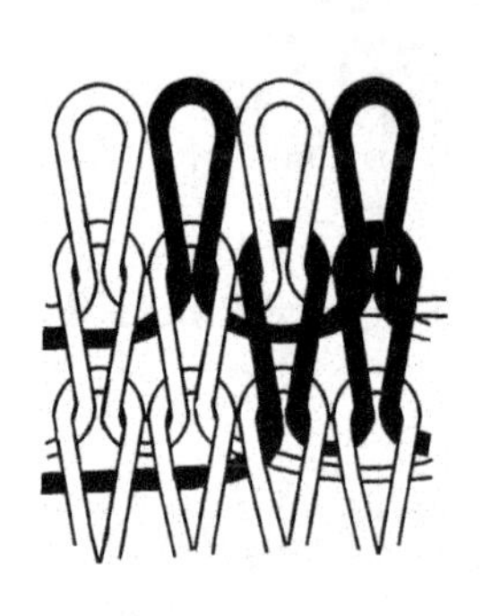

图 3－27　结构均匀的单面双色提花组织

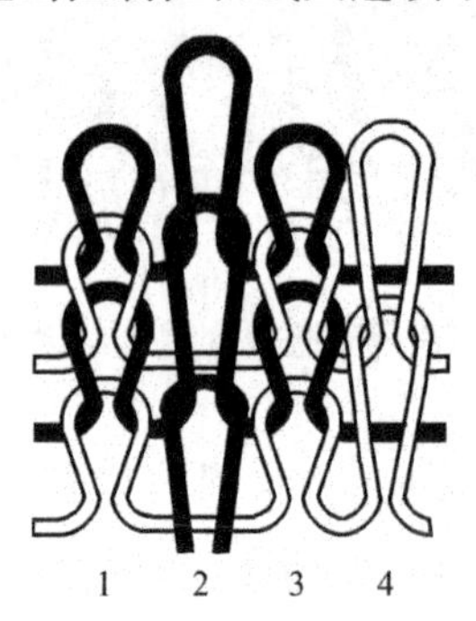

图 3－28　结构不均匀的单面双色提花组织

（二）双面提花组织

双面提花组织（double-jacquard，rib jacquard）在具有两个针床的针织机上编织而成，其花纹可在织物的一面形成，也可以同时在织物的两面形成。以花纹效应的一面为织物正面，不提花的一面为织物反面。根据反面组织的不同，双面提花组织可分为完全提花组织和不完全提花组织。

1. 完全提花组织　完全提花组织是每一路在编织反面线圈时，所有织针都参加编织。如图 3－29 所示为一双面均匀完全提花组织。图 3－29（a）为线圈结构图，图 3－29（b）为织物反面花型意匠图，从图中可以看出，正面由两根不同色纱形成一个完整的提花线圈横列，反面由一种色纱编织形成一个完整的线圈横列，因此反面有彩色横条纹效应；在这种组织中，由于反面织针每个横列都编织，因此反面线圈的纵向密度总是比正面线圈的纵密大。色纱数越多，正反面纵密的差异就越大，从而会影响正面花纹的清晰度和牢度。因此，设计与编织双面完全提花组织时，色纱数不宜过多，一般以 2～3 色为宜。

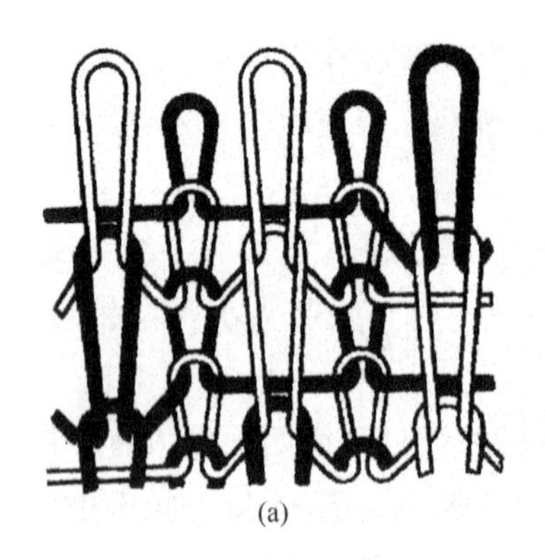

(a)

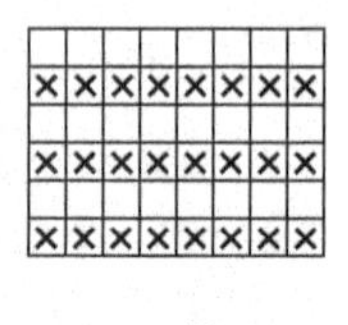

(b)

图 3－29　双色完全提花组织

2. 不完全提花组织 不完全提花组织（图3－30）是指在编织反面线圈时，每一个完整的线圈横列由两种色纱编织而成，织针一隔一参加编织。正面由两根不同色纱形成一个提花横列；反面由两根色纱形成一个线圈横列，线圈各自按一隔一排列，通常反面组织有纵条纹、小芝麻点和大芝麻点等。如图3－30所示，为反面呈“小芝麻点”花纹的两色不完全均匀提花组织。

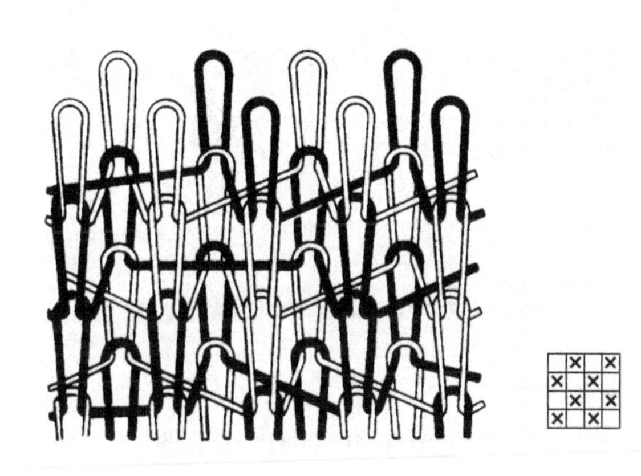

图3－30　两色不完全提花组织线圈图和反面意匠图

（三）提花组织的编织工艺

由于提花组织是每次纱线根据花纹需要有选择地在某些针上成圈。因此，它必须在有选针功能的针织机上才能编织。提花横机上舌针参加工作与否是由提花选针机构和编织三角来决定的。编织一个提花线圈横列需要与其色纱数相同的编织次数完成。

1. 单面提花组织的成圈过程 图3－31显示了单面提花组织的编织方法。图3－31（a）表示织针1和3受到选针而参加编织，退圈并垫上新纱线，织针2未受到选针而退出工作，但旧线圈仍保留在针钩内；（b）表示织针1和3下降，新纱线编织成新线圈，而挂在针2针钩内的旧线圈由于受到牵拉力的作用而被拉长，要到下一成圈系统中针2参加编织时才脱下。在针2上未垫入的新纱线呈浮线状，处在提花线圈的后面。

2. 双面提花组织的成圈过程 图3－32显示了双面完全提花组织的编织方法。图3－32（a）表示3、7号织针被选中上升退圈，与此同时，上针2、4、6在三角的作用下也退圈，垫放新纱线a。而下针5未被选中，既不退圈也不垫纱。图3－32（b）表示下针3、7和上针2、4、6完成成圈过程，形成新线圈，针4的旧线圈背后形成了浮线。图3－32（c）表示在下一次成圈过程中，下针5与上针2、4、6编织形成了新线圈，未被选中的下针3、7背后形成了浮线。如果上针分为长短踵针并间隔排列，上三角按照一定规律配置，则每一成圈系统上针1隔1成圈，可以形成反面呈小芝麻点

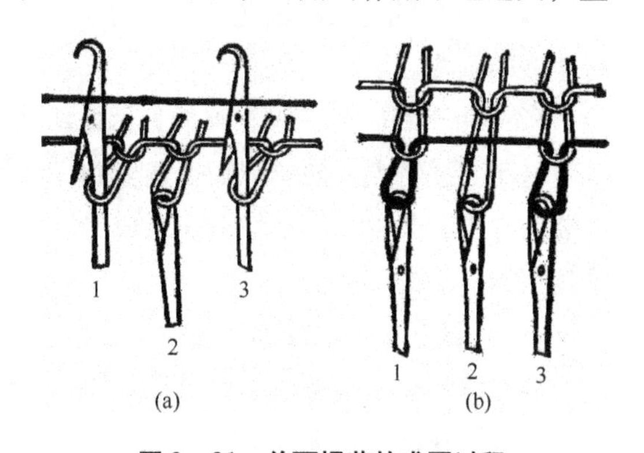

图3－31　单面提花的成圈过程

的双面不完全提花组织。

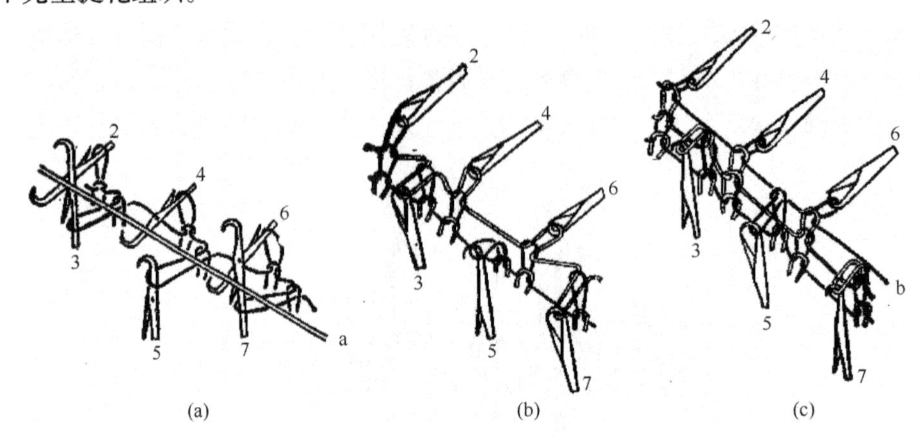

图 3-32 双面提花组织的成圈过程

（四）提花组织的特性和用途

提花组织的横向延伸性较小，这是由于组织中浮线的影响。单面提花织物的反面浮线不能太长，以免产生抽丝残疵。因此，适宜编织小型花纹。而双面织物因反面织针参加编织，因此不存在长浮线的问题，即使有浮线也被夹在织物两面的线圈之间。

由于提花组织的线圈纵行和横列是由几根纱线形成的，因此，织物的脱散性较小。这种织物较厚，单位面积质量较大。

四、嵌花织物

嵌花织物（intarsia fabric）又称作单面无虚线提花织物，是指用不同颜色或不同种类的纱线编织而成的纯色区域的色块，相互连接镶拼成花色图案组成的织物。每个纯色区域都具有完好的边缘，且不带有浮线。组成纯色区域色块的织物组织除了可以采用纬平针、1+1罗纹、双反面等基本组织外，还可以采用集圈、绞花等花色组织。

（一）嵌花织物的主要特点

（1）由于嵌花图案是由纯色区的色块拼接而成的，因此花纹清晰。

（2）一个纯色区的嵌花图案相对于另一个纯色区的嵌花图案是相对独立的，织物表面没有色纱的重叠。

（3）由于织物表面没有浮线，因此织物的横向弹性和延伸性不受影响。

基于上述特点，嵌花织物普遍受到广大消费者的喜爱，它不仅可用于毛衫中，还可以用于装饰织物。其中由纬平针组织组成的嵌花织物，花纹图案清晰，色彩纯净，织物光滑轻盈，是使用最广泛的一种。

（二）嵌花织物的编织

嵌花织物在很多横机上都可以编织。提花横机都增加了嵌花编织功能，以普通横机为基础改进成嵌花横机。普通嵌花横机主要是依靠手工来完成垫纱工作的，其编织三角组的结构和走针轨迹如图 3-33 所示。普通嵌花横机的编织三角组结构是在普通二级横机编织三角的两边分别增加了两个嵌花压针三角 8、9（固定三角）和嵌花起针三角 10、11。

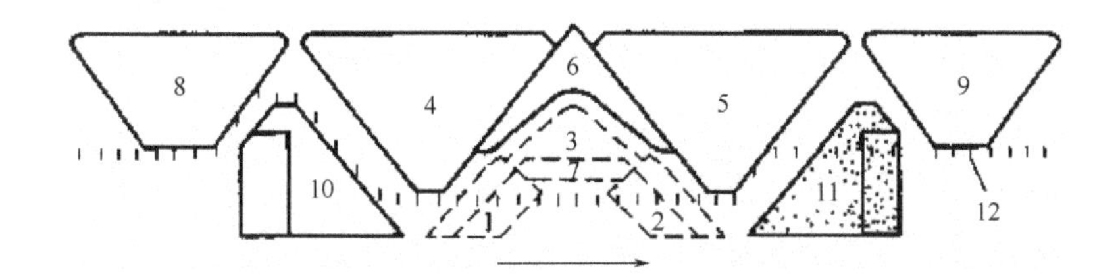

图 3－33　普通嵌花横机三角结构及走针轨迹

1，2—起针三角（2 级进出工作）　3—顶针三角（2 级进出工作）　4，5—弯纱三角（可上、下移动）

6—压针三角（固定）　7—横挡三角（固定）　8，9—嵌花压针三角（固定）

10，11—嵌花起针三角（1 级进出工作）　12—织针针踵轨迹

普通嵌花横机编织嵌花组织的工作原理为：在上一横列编织完成后，所有参加编织的织针均被嵌花起针三角抬高到脱圈位置，使所有编织的织针均脱圈，然后织针被嵌花压针三角压到垫纱高度，此时所有编织的织针上的旧线圈位于开启的针舌下方的针杆上，此时按意匠图的要求进行手工选针并垫放上对应的色纱（需注意，垫纱时相邻色纱间应相互交叉连接）。进行编织时，如图 3－33 所示，机头由左向右运动，参加编织并且针钩内已垫放上对应色纱的织针由右向左与编织三角组作用，织针从外侧推开弹簧控制的嵌花起针三角 11，接着织针被弯纱三角 5 的外侧压下，完成弯纱成圈工作（有一些横机是将前部的弯纱三角 5 上抬到横挡三角位置，而由后部的弯纱三角 4 使织针完成弯纱成圈工作），接着织针沿嵌花起针三角 10 上升，完成退圈工作，然后被嵌花压针三角 8 压到垫纱高度。接着进行下一横列的编织工作，其原理同上，直到完成整个嵌花织物的编织。

图 3－34 为一种波纹花型嵌花织物的编织图。在编织中需注意，垫纱时相邻色纱间应相互交叉连接，以使编织出的各色块间有机地连在一起，形成如图 3－35 所示的相邻色纱线圈间的连接方式，进而形成完整的嵌花织物。

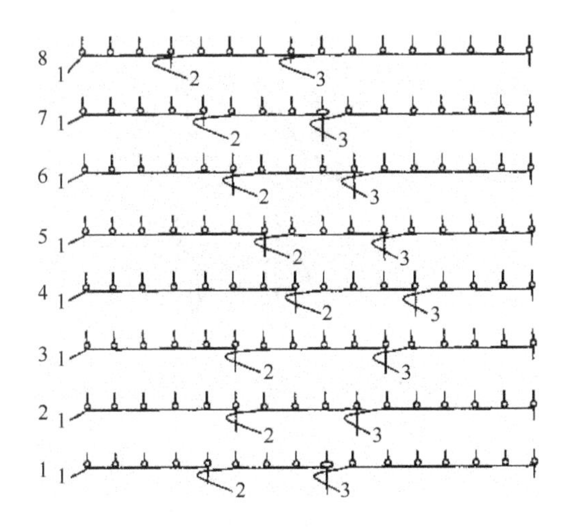

图 3－34　嵌花织物的编织图

图 3－35　嵌花织物的线圈结构图

五、波纹织物

波纹织物（racked stitch）组织又称扳花组织，是由倾斜线圈形成波纹状花纹的双面纬编组织。波纹组织的形成方法是通过前后针床织针之间位置的相对移动，使线圈倾斜，在双面地组织上形成波纹状外观效应。

用于波纹组织的基本组织是各种罗纹组织、集圈组织和其他一些双面组织。根据采用基础组织的不同，波纹组织可分为罗纹波纹组织和集圈波纹组织两类。

（一）罗纹波纹组织

图3－36为在1＋1罗纹组织基础上，通过改变前后针床织针的对应关系形成的波纹组织。在第Ⅰ横列，1、3纵行的正面线圈在2、4纵行反面线圈的左侧，而到了第Ⅱ横列，原来1、3纵行的正面线圈已经移到了2、4纵行反面线圈的右侧。从而使第Ⅰ横列的正面线路向右倾斜，而反面线圈向左倾斜。同样，在第Ⅲ横列时，1、3纵行的正面线圈又移回到2、4纵行反面线圈的左侧，从而使第Ⅱ横列的正面线圈向左倾斜，反面线圈向右倾斜。但在实际中，由于纱线弹性力的作用，它们力图恢复原来的状态，从而使曲折效应消失。在1＋1罗纹中，当针床移动一个针距时，在针织物表面并无曲折效应存在，正反面线圈纵行呈相背排列，而不像普通1＋1罗纹那样，正反面线圈呈交替间隔排列。在实际生产中，1＋1罗纹波纹组织在编织时通常使正反面纵行的线圈相对移动两个针距，如图3－37所示。由于此时线圈倾斜较大，不易回复到原来的位置，可以形成较为显著的曲折效果。

为了增强波纹效果，还可以在罗纹组织中通过抽针进行编织，采用不完全的满针罗纹组织作为波纹组织的基本组织。如图3－38所示四平针抽条波纹织物，横机后针床呈满针排列，前针床采用二隔四的抽针方式排针，编织过程中，每编织一个横列，后针床向左移动一个针距，共四次。然后转向移动四次。重复循环即可获得凹凸波纹状外观的四平针抽条波纹组织。此类织物性质与四平针抽条组织的基本相同，差别在于有些线圈呈倾斜状。所形成的织物比原来的织物宽，织物长度变短。

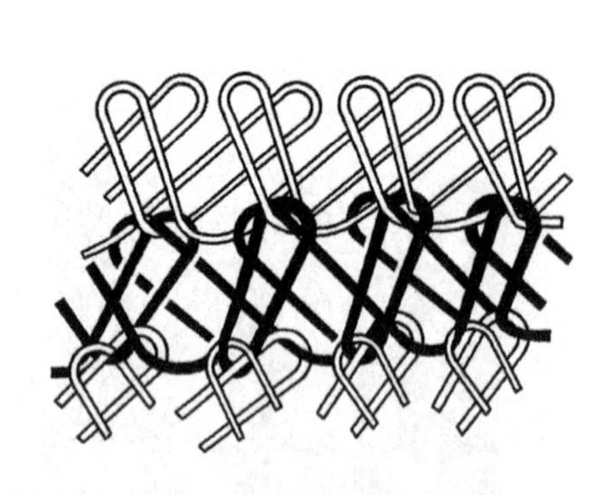

图3－36 移动一个针距的四平波纹组织线圈结构

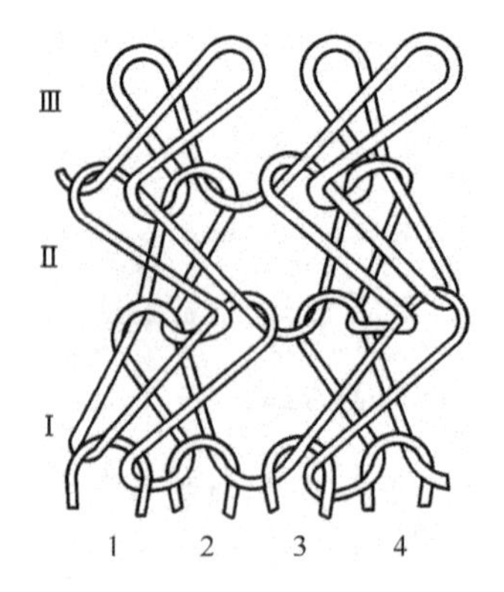

图3－37 移两个针距的四平波纹组织线圈结构

（二）集圈波纹组织

1. 半畦编波纹织物 如图3－39（a）所示半畦编波纹织物是以半畦编组织为基础组织的波纹组织织物。半畦编波纹织物也称单鱼鳞扳花织物，是在半畦编组织的基础上移动针床编

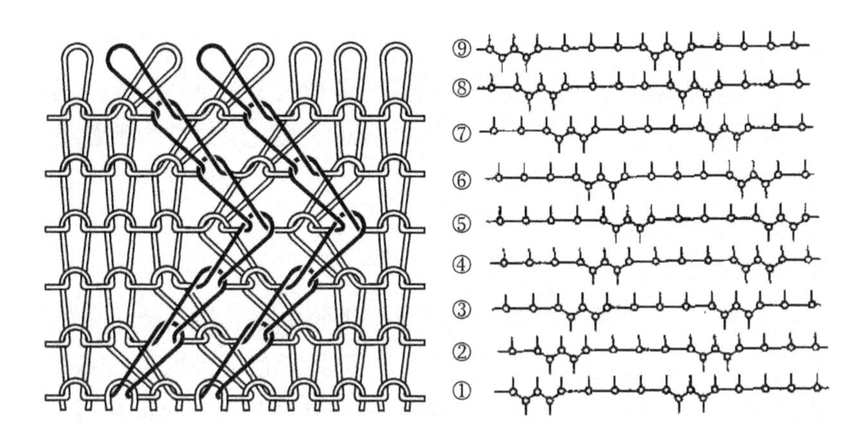

图 3－38　四平针抽条波纹织物线圈图和编织图

织而成的波纹织物。编织时，三角的工作情况和走针轨迹与编织半畦编组织时相同，改变针床移动的时间、移动的针距数和移动的方向等，就可以编织出很多种不同的半畦编波纹组织。

编织半畦编波纹组织时，针床移位方式有多种，其中以一转一扳的方式移动最为普遍。移动的针床可以是编织成圈一侧的针床，也可以是编织集圈一侧的针床。

2. 全畦编波纹织物　全畦编波纹织物是以全畦编组织为基础组织的波纹组织织物，也称双鱼鳞扳花织物，如图 3－39（b）所示。编织时，织针的排列方式和三角的工作状态及走针轨迹与编织畦编组织时相同。如果在某针床成圈后移动该针床，则该针床编织的线圈呈倾斜状态；如果某针床集圈后移动该针床，则另一个不移动的针床编织的线圈呈倾斜状态。其倾斜的方向与针床移动的方向相反。

波纹组织可以根据花纹要求，由倾斜线圈组成曲折、方格及其他几何图案。由于它只能在横机上编织，因此主要用于羊毛衫类产品。

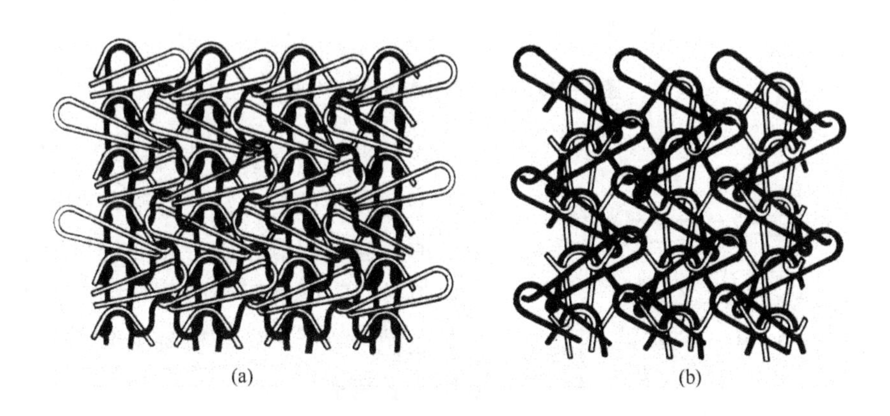

图 3－39　畦编与半畦编波纹组织

波纹组织一般是在横机上按照花纹要求移动针床来形成的。根据所编织的织物花纹效果要求，可以在机头每运行一次移动一次针床，也可以在机头运行若干次后移动一次针床；针床可以每次移动一个针距，也可以移动两个针距，可以在相邻横列中分别向左右往复移动。

六、横条织物

横条组织（horizontal striping）是通过在不同的线圈横列采用不同的纱线编织出具有横向条纹状外观的一种纬编花色组织。最常用的是彩色横条织物，通过调换喂纱嘴对织物进行间隔编织而显示横条效应，可以在任何纬编组织的基础上形成。根据形成横向条纹的方法可分为彩色横条织物和结构横条织物。

（一）彩色横条织物

彩色横条织物是利用不同颜色纱线进行间隔编织而形成的。单面组织通过换纱得到的是单面彩色横条织物，双面组织通过换纱编织得到的是双面彩色横条织物。图 3－40 为单面横条织物和双面横条织物的线圈结构图。第一个图的组织在编织时，每间隔两个横列（一转）变换黑白两种纱线。第二个图的组织为在 1＋1 罗纹编织时，每间隔两横列变化黑白纱线形成。彩色横条可以在编织其他任何组织织物的过程中通过变换纱线形成。在一般横机上编织横条织物，对一转为两个横列的织物而言，横条的横列数总是偶数。

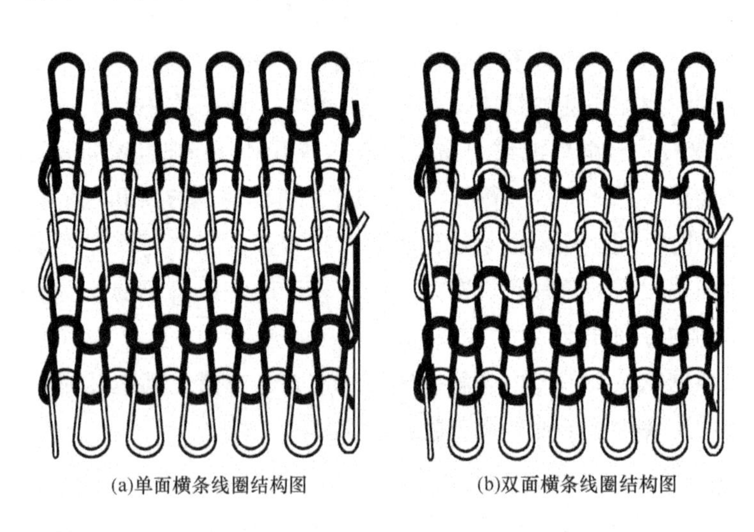

图 3－40　彩色横条纹线圈结构图

彩色横条纹织物的获得还可以利用不同原料具有不同吸色性的方法。可以由两种不同染色性能的原料通过间隔编织，然后进行染色。由于不同原料具有不同的吸色性能，因此，可使织物产生彩色横条效应。彩色横条主要用于女装、童装及民族服装中。

（二）结构横条织物

结构横条织物是采用相同颜色，不同细度、性质的纱线，或者在编织织物时隔数横列改换织物组织类型，而得到独具风格的横条织物。

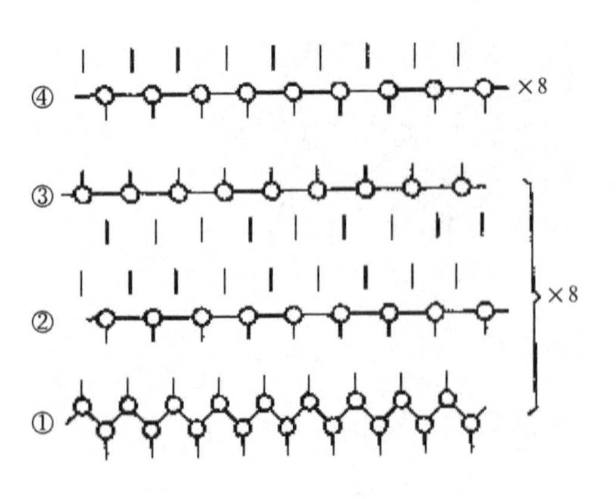

图 3－41　结构横条纹编织图

以图 3－41 所示编织图为例进行说明。

该织物在横机上编织时，前后两个针床呈满针排列，针槽相错，编织8次（16个横列）四平空转后，关闭后针床起针三角，在前针床编织单面4转（8横列）。由四平空转产生凹横条，单面编织产生凸起的横条，从而形成胖凸效应。这类胖凸横条织物除了可以在四平空转组织的基础上形成外，还可以在三平、四平等组织的基础上编织而成。

1. 罗纹空气层组织　罗纹空气层组织也称为四平空转组织。是由一个横列的满针罗纹和一个横列的双层平针复合而成。其线圈结构、编织图、三角状态和织针走针轨迹分别如图3－42、图3－43、图3－44所示。编织时，前后针床的织针按编织满针罗纹的形式排列，编织双层平针线圈时，需要将前后机头斜对的一对起针三角1′、3′或2′、4′关闭。当机头从左向右移动时，如图3－44（a）所示，前针床起针三角1′不起针，后针床起针成圈，编织成图3－43中一横列的平针线圈a；当机头由右向左返回时，如图3－44（b）所示，后针床的起针三角3′不起针，前针床的织针正常编织，编织成图3－42中另一个平针线圈横列b，由a、b两个平针线圈横列组成一个双层平针横列。当机头第二次从左向右运动时，如图3－44（c）所示，前后机头的起针三角都进入工作状态，使前、后针床的织针都编织成圈，形成图3－42中一个横列的四平组织线圈c；当机头返回编织时，如图3－44（d）所示，将后针床的起针三角3′关闭，使后针床的织针不工作，由前针床的织针编织成图3－42中一个平针线圈横列d。当机头第三次从左向右编织时，如图3－44（e）所示，将1′起针三角关闭，使前针床的织针不工作，后针床的织针编织成图3－42中一个横列的反面平针线圈e，由d、e两个平针线圈横列又组成另一个双层平针横列；机头返回编织时，如图3－44（f）所示，前、后机头的起针三角都进入工作，由前、后针床的织针编织成图3－42中一个满针罗纹横列f。至此，完成了一个循环的编织。这种编织方法，是以起针三角1′、3′的启、闭为例来说明四平空转编织过程的，同理，也可以启、闭另一对起针三角来完成编织工作。

图3－42　四平空转组织线圈结构图

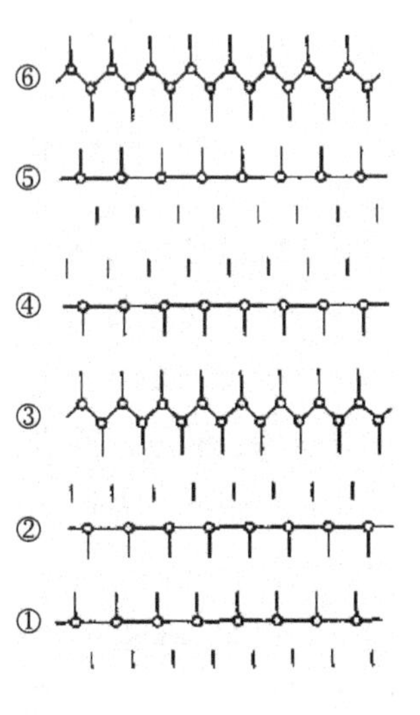

图3－43　四平空转组织编织图

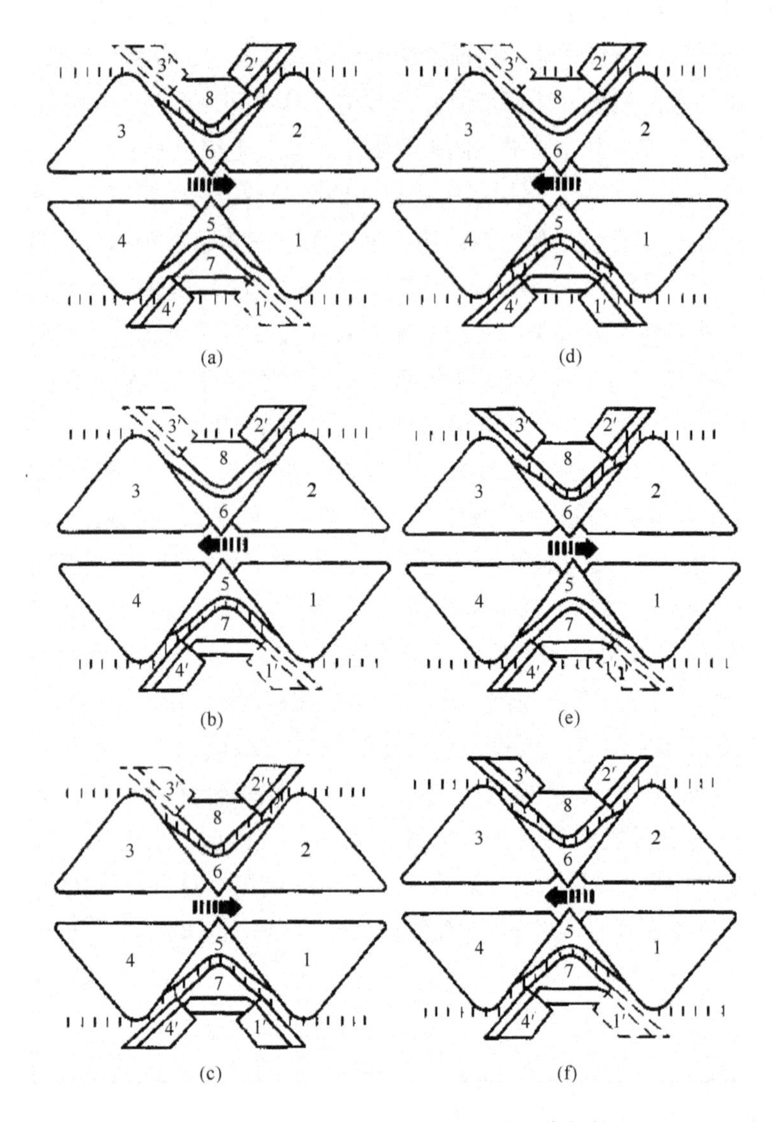

图3－44　编织四平空转组织三角状态及走针轨迹

四平空转织物的结构紧密，横向延伸性小，尺寸稳定性好，织物厚实、挺括、丰满。是羊毛衫外衣化、时装化较为理想的织物。

2. 罗纹半空气层织物　罗纹半空气层组织也称为三平组织，是由一横列满针罗纹和一横列平针组织复合编织而成，其线圈结构和编织图分别如图3－45和图3－46所示。在横机上编织时，前后针床织针按满针罗纹的形式排列，将机头四个起针三角中的任意一个起针三角关闭，就可以在机头一转中编织一个横列的满针罗纹和一个横列的平针。往复编织就可以编织出三平组织。织物两面有明显不同，一面是由罗纹组织和平针组织线圈交替组成，另一面全部由罗纹线圈组成，在织物的表面具有明显的横楞效应。织物横向延伸性较罗纹空气层组织好，手感柔软，坯布较厚实。

另外，改换纱线种类，也是获得结构横条织物的常用方法。例如，选用毛纱编织几横列再换为蚕丝或长丝编织几个横列，经缩绒处理使毛纱部分丰满，蚕丝部分轻薄，而得到特殊的横向条纹外观织物。此组织一般用于裙边、下摆、袖口、袋口及领子等部位。

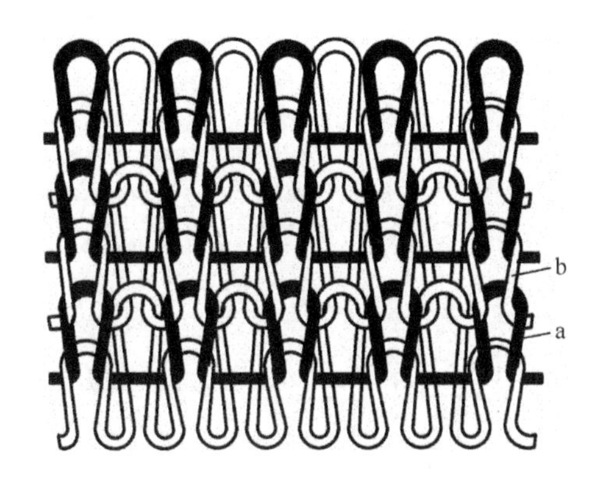

图 3－45　三平组织线圈结构图

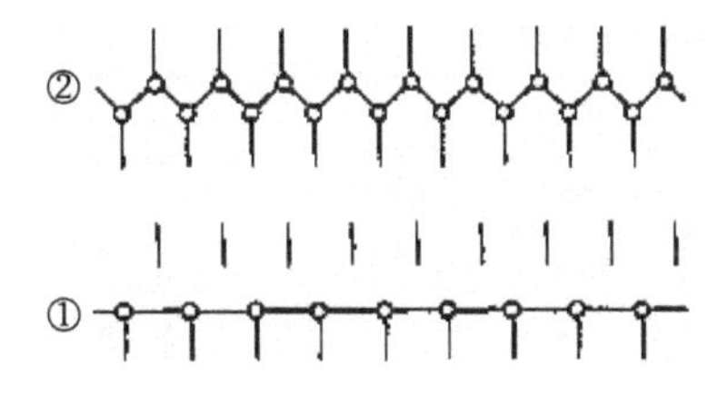

图 3－46　三平组织编织图

第四章　羊毛衫设计

本章知识点

1. 纱线设计的手法。

2. 纬平针组织的羊毛衫设计，利用卷边性、脱散性进行羊毛衫设计；利用罗纹组织的特性和立体修饰性进行的设计；双反面组织的羊毛衫设计。

3. 利用集圈、移圈、嵌花、提花等花色组织的外观效应进行羊毛衫设计。

4. 影响羊毛衫色彩设计的因素；色彩设计的形式美。

5. 羊毛衫组织性能对其款式造型设计的影响。

6. 羊毛衫内部造型设计的方法。

羊毛衫设计与机织服装的设计有许多相似之处，如服装的设计基础、造型美的原则、形体和色彩等。但是羊毛衫设计除了通常在服装设计中要考虑设计规则（服装的整体造型，款式设计中领、袖、襟、摆、腰、肩、袋等的局部设计）、设计中构成原理（比例、平衡、强调、旋律、视错、统一和协调）的运用以及服装流行和服装的配色规律外，由于针织面料具有特殊的构成方式，因此其与梭织服装在设计时存在一定的差异：例如在进行羊毛衫设计时要考虑组织结构、外观风格特征、织物性能、制作等内容。针织面料具有弹性好、适形性好、透气性好，但尺寸稳定性差、脱散性大、具有卷边性等性能特征，在设计羊毛衫时都要充分考虑，利用优势、克服缺点。

第一节　纱线设计

羊毛衫设计的创意更多表现为对纱线的应用，设计时必须对纱线的发展潜力和可塑性以及横机的性能要有足够的认识，充分了解纱线的成分、空间的结构、毛感、蓬松状态等，才能巧妙运用纱线的性能，充分发挥纱线的表现力。

一、利用纱线本身固有的特色

即使采用最简单的平针组织，利用纱线本身固有的特色可使服装获得丰富多变的外观效果。

（一）利用天然纤维的本色外观与舒适手感进行设计

天然纤维由其天然性和舒适性一直受到消费者的欢迎，生产的毛衫高贵而优雅，同时能保留天然纱线独有的特性。

夏季首选细特纱织成的轻盈半透明的毛衫。颜色可以用纯色、混色或多色。色彩艳丽的细纱和结构整齐的精梳低捻粗特纱线给人亮丽的感觉，如图 4 –1 所示。

图 4 –1　轻盈半透明纯天然针织毛衫

（二）利用不同化学纤维自身的特性

黏胶纤维是再生纤维素纤维，染色性能良好，色彩纯正、艳丽，色谱也最齐全。色泽鲜艳的黏胶丝不仅质感细致、手感滑爽、表面可起亮光，而且兼具半透明、轻盈的特质，被誉为“人工蚕丝”。黏胶纤维与其他天然纤维、化学纤维混纺，通过原料之间性能互补，提高服装总体的服用性能。与黏胶纤维混纺的另一个独特之处，就是能够营造出美丽的闪光效果。

（三）利用花式纱线的丰富表现力

常见的花式纱线主要有疙瘩线、螺旋花线、竹节花线、毛圈花线、结子花线、绳绒线等。花式纱线相对于常规纱线而言有着各种分布不规则的截面，且结构、色泽各异，具有特殊外观和手感以及连续的、周期性的花样，使纱线表面具有不同肌理效果。

花式纱线因其鲜明的外观效应和丰富的色彩，一改普通针织面料较为单一的风格，在保持毛衫舒适性和弹性，穿着适体、透气的同时，又丰富了织物的质感，所以深受设计师的喜爱。

1. 运用花式纱线独特外观设计　各类花式纱线根据其原料组成、纱线粗细不同及外观、手感等特点，可以形成多种风格的毛衫。有粗犷厚实肌理效果的雪尼尔纱、色纺纱、圈圈纱、大肚纱、段染纱等，长短纱线加捻的花式线可呈现出羽毛般的效果。而春夏多采用细腻的薄型面料，多运用花式纱线竹节纱、金银纱等。如图 4 –2 所示为丰富多彩的花式纱线。

图 4 –2　丰富多彩的花色纱线

（1）金银纱。产生细腻、奢华的效果。

（2）有光丝、黏胶丝。有流光溢彩的效果。

（3）渐变色纱、段染纱线。可以展现各种随机云斑。

（4）极细纱。给人以朦胧、半透明、妩媚的效果。

（5）粗棒针纱。具有稚拙、原始、粗犷、雕塑、厚重的质感。

（6）节子线、小圈珠线、毛圈纱。呈现羽毛般的外观。

(7) 不同颜色的两股纱线混织。呈现色彩的混合效果。

(8) 拉绒纱和毛茸纱。用于单面针织毛衣。织出来的服装效果纤细精巧，加上天然色调和天然的手感，美观又舒适。

2. 采用花式纱线可使毛衫的表现能力更加丰富新奇 花式纱线的色调多以鲜艳色为主。如图4－3所示为采用彩色段染花式纱线营造出异域情调与女性魅力。

二、采用不同纱线进行设计

(一) 同质不同粗细纱线的结合

采用成分相同粗细不同的纱线，合理地分布在同一款毛衫的不同部位，能展示出设计的节奏与韵律。如图4－4所示为采用粗细不同的纱线使毛衫表面产生疏密、凹凸的变化效果。

图4－3 彩色段染纱毛衫

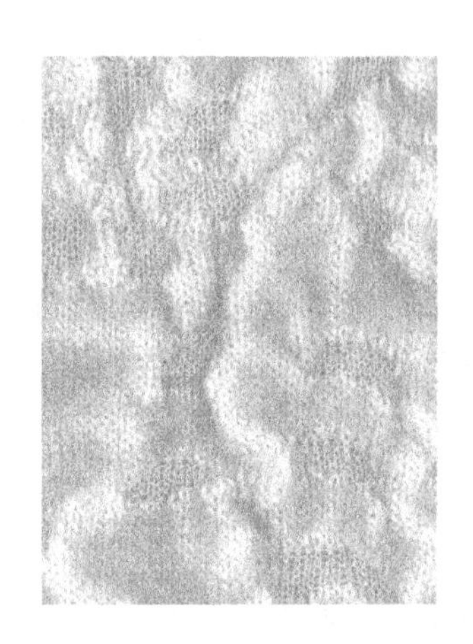

图4－4 毛衫表面疏密、凹凸的变化效果

(二) 不同质纱线的结合

采用质地不同、粗细相同（也可粗细不同）的纱线相结合，由于质地不同的纱线光泽和质感不同，毛衫表面视觉效果也千变万化。

在羊毛衫设计中，常采用花式纱线与常规纱线的组合设计运用于局部装饰，如袖口、下摆、领口、门襟等处，质感和视觉效果对比突出，构成毛衫造型上的层次感。通常在袖口或下摆处单独使用圈圈纱和大肚纱作边饰。

三、利用纱线的性能进行设计

在选择纱线时，首先考虑的是舒适和风格。在设计中如能巧妙利用纱线的性能，往往会收到意想不到的效果。例如，采用不同缩水率的纱线编织的毛衫，经过缩水处理，缩水率小的纱线区域会突起，缩水率大的纱线区域会缩紧，可产生自然的凹凸效果；还可采用粗纱线与细纱线的组合、弹性纱线与非弹性纱线的组合、不同染色率的纱线组合，都可获得独特的肌理效果。要想获得蓬松又轻盈的效果，可以应用富有弹性的腈纶和毛混纺纱。

第二节　羊毛衫的组织设计

针织物的各种组织本身具有特殊的外观效果，是毛衫不同于机织服装的最重要的特征，相当于机织中对于面料的再造设计，为毛衫设计提供了极大的空间。

一、纬平针组织的设计

（一）利用外观的不同进行设计

纬平针组织正反面外观特征不同，设计时可以二者相结合，利用正针和反针相组合进行位置布局。如图4－5所示的毛衫中，采用了纬平针组织的正针与反针相结合，形成错落有致的凹凸对比效果。正反针按照意匠图组合，可形成不同的具象花型，如枫叶、小鸟等；采用正反针大块面的组合，可形成凹凸面的分割。

双层平针织物的组织性能与单面平针织物的相同，只是更厚实些，而且线圈横向无卷边现象，通常运用在毛衫的下摆或袖口。但是在设计时可以考虑将单面纬平针组织和双层纬平针组织相结合，这样设计出的毛衫，不仅在组织上有变化，而且外观上能形成凹凸的对比效果。

（二）运用组织特性进行设计

运用针织物组织具有的特性可以进行创新性设计。

1. 利用平针织物的卷边效果　纬平针织物的卷边性明显，将这一特性运用于毛衫的领口、袖口、下摆，自然活泼。在图4－6所示的毛衫中，设计师在这款毛衫的袖子和下摆充分利用了卷边特性，自然卷曲的本性流露好似流苏装点着毛衫。还可以利用织物的卷边性形成独特的花纹或分割线，具有特殊的立体效果。合理利用针织物的卷边性来设计针织毛衫，在服装上形成花型与其他组织结构搭配组合，将会产生独特的外观效果。

图4－5　正反针相结合形成凹凸肌理的条格图案

图4－6　纬平针组织卷边效果的设计

2. 利用平针的脱散效应设计 脱散性呈现的是镂空效果。在编织过程中，脱散的意义就是不参加编织，表现为浮线。单独利用脱散性能得到抽针纵条浮线的效果，配合移圈创作花型，两者搭配可以设计出多种镂空图案。其原理是在横机上局部空针起针或织物局部纱线不成圈的长浮线构成了镂空效果。脱散性与线圈长度成正比，而与纱线的摩擦因数和抗弯刚度成反比，同时还受拉伸条件的影响。小而密集的浮线网眼总能给人清爽、优雅或表达朦胧含蓄的感情色彩；相反，大而不规则的长浮线网眼给人随意、粗犷的心理暗示。线圈脱散性在如图 4 -7 所示的毛衫中得以创新，衣身镂空的设计点游离于经意与随意之间，若隐若现的肌肤，展现了设计者虚实结合的巧妙构思。

把卷边性和脱散性两大针织物的局限，进行巧妙转换，发挥卷边性的立体感和脱散性的镂空感等优点，使针织物内在性能和外观效果得到显著改善。如果在针织服装上加以合理借鉴使用，必定会产生与众不同的感官效应和视觉效果，弥补因造型简单而产生的平淡呆板，增添针织服装新的艺术魅力。

（三）利用织物密度的变化进行设计

松紧密度织物是各横列采用不同的密度而构成的单面平针织物。这种织物是以反面作为效应面，利用线圈圈弧对光线有较大的漫反射特性，使织物产生横条凹凸效应。松紧密度织物是单面织物中的一种新型结构，它以特有的外观效果，能给人以高贵、华丽之感，用于设计女装、裙子较为合适。

（四）彩色横条

在纬平针组织的基础上进行的彩色横条纹组织设计，工厂里称为夹色，它是采用不同颜色的纱线，通过调换喂纱梭嘴进行的间隔编织。纯粹的纬平针组织与精心的配色相结合为着装增添了多样的选择。如图 4 -8 所示，利用黑色和白色纱线进行间隔编织。

图 4 -7 利用脱散性的设计

图 4 -8 黑白纱线编织的纬平针组织

二、罗纹组织的设计

（一）利用罗纹组织的特性进行设计

罗纹组织织物不卷边，也不易脱散，具有纵条效应，织物横向具有高度的延伸性和弹性，常用于袖口、下摆、领口、裤口等，利用组织良好的弹性起到收口的作用，使服装边口不易变形，便于穿着和运动。如图 4－9 所示，下摆、袖口和领子采用宽窄不同的罗纹组织，既起到收口的作用，又有修饰性。

利用罗纹组织的伸缩性，将罗纹组织用于女式毛衫的侧缝、后背腰处，可以不通过收针既能产生收腰效果，节省生产时间，同时又能展现女性完美体形。

（二）利用罗纹组织的立体修饰性

罗纹组织在织物表面可呈现凹凸条纹的视觉肌理效果，有拉长身形的视错效应。由于具有良好的延伸性和弹性，罗纹组织特有的条纹效应可将人体曲线完美地勾勒出来。

罗纹组织可以通过降低织物的密度或增加罗纹组织设计中正、反面线圈的针数来夸大罗纹组织的条纹效应，突出罗纹组织的肌理装饰性。放大和缩小罗纹组织的条纹效应，会给毛衫带来不同的立体修饰效果，并使毛衫在穿着时呈现不同的视觉效果。

在毛衫设计中，根据人体体形，在不同部位采用不同宽窄的罗纹组织，能起到夸大人体曲线、美化体形的视觉效果，图 4－10 中腰部罗纹组织起到省道作用，胸部罗纹组织很好地体现了腰部的纤细和胸部的丰满，袖子采用局部 2＋2 罗纹组织形成倾斜效果，与门襟罗纹组织的直条形成对比，同时具有条纹的韵律感。

图 4－9　收口兼装饰功能的罗纹组织应用

图 4－10　宽与窄、斜与直的罗纹组织毛衫

利用罗纹组织的条纹肌理，结合收针，能在毛衫上产生流线型装饰效果（图 4－11）。罗纹组织织造方式所形成的条纹效应，在织物表面呈现凹凸条纹的视觉肌理效果，正反针不同搭配形成不同宽窄效果的罗纹，不同方向条纹巧妙地搭配，在毛衫设计中起到一种视觉引导作用，突显服装的流线动感效果，又能产生疏与密、收与张、松与紧的对比视觉效果。另外，由于罗纹组织本身具有竖条纹，结合纱线有规律的粗细或颜色的变化，可以在毛衫上产生方格格纹。

三、双反面组织

双反面组织的反面线圈横列突出形成横向分割线，组织具有纵向延伸性，织物相对厚重，具有横条纹效果，在毛衫设计中，有规律地结合不同粗细、不同线材的纱线，可以夸大双反面组织的横向凹凸条纹肌理。图4－12为4＋4双反面组织编织而成的自然凸条效果。现代毛衫着重细节设计，将双反面组织用在毛衫的局部设计，如领子或袖口，能产生独特的外观效果。

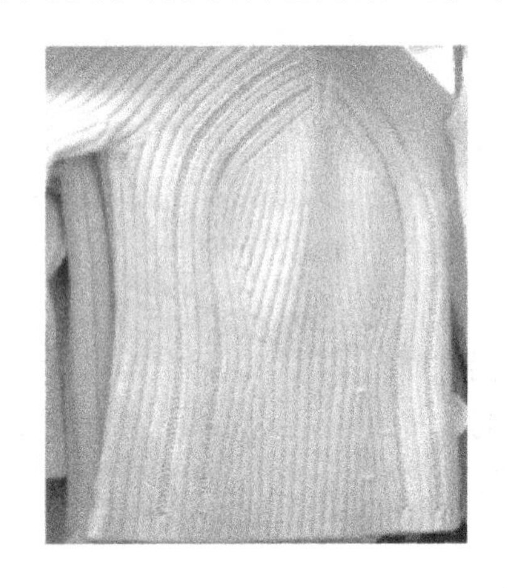

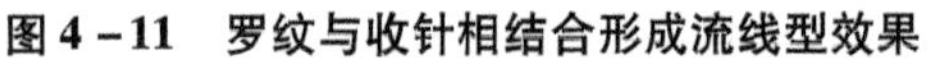

图4－11　罗纹与收针相结合形成流线型效果

图4－12　双反面组织编织而成的自然凸条效果

四、利用花色组织的外观效应设计不同肌理的毛衫

（一）集圈组织

图4－13为单面集圈组织和半畦编组织织物的效果。集圈组织花色外观的设计原理有两点：一是利用单针多列集圈单元在针织物组织中的规律排列，形成各种结构的花纹效应；二是根据多种颜色纱线的排列和结构意匠图设计，获得各种花色外观效应的集圈组织。集圈组织花色品种变化繁多，可以形成具有多种图案、孔眼及凹凸等外观效应的针织物，被广泛用于羊毛衫。

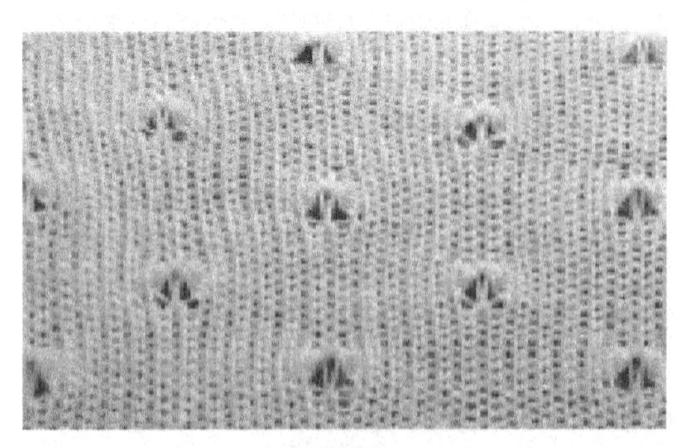

(a)单面集圈

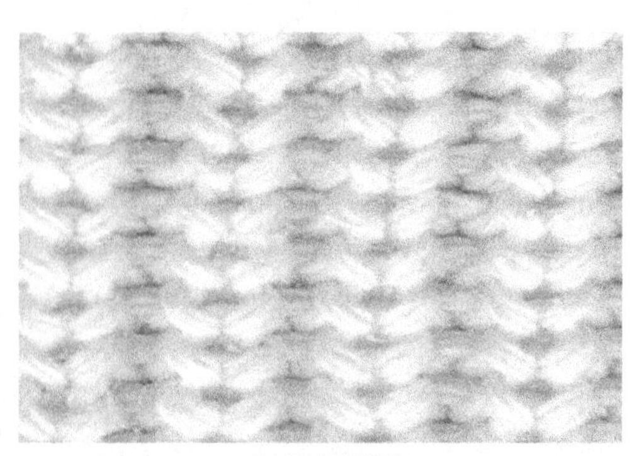

(b)半畦编组织

图4－13　集圈组织织物效果图

1. 花纹效应　花纹效应利用单元组织的排列形成，一般使用单针单列、单针双列集圈单元，按花纹的排列规律形成。这种集圈单元如为不规则的排列，可形成绉效应外观。市场上通称这种组织的织物为乔其纱。图4－14（a）为外观是菱形花纹的意匠图，采用单针单列集圈单元形成。集圈单元在针织物正面形成的线圈被拉长，而反面由于悬弧的连接线段长，因此，无论织物正面或反面在光的反射下均较亮，而平针线圈则暗，从而形成阴影效应，如意匠图4－14（b）所示。

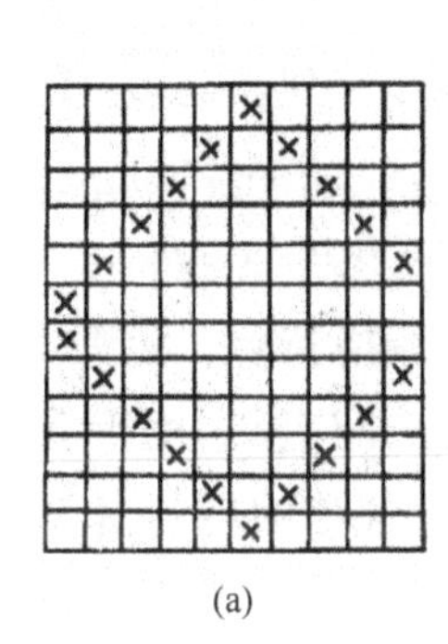
(a)

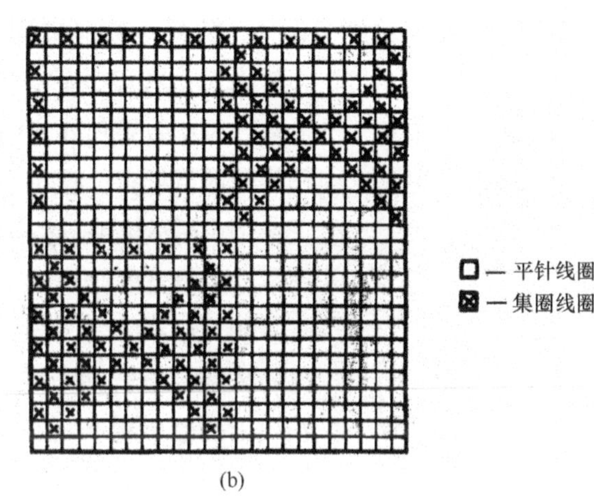

(b)

图4－14　集圈意匠图

2. 凹凸小孔效应　凹凸小孔效应是利用多列集圈单元形成。在集圈单元内，线圈随着悬弧数的增加从相邻线圈上抽拉纱线而加长，但圈高不可能与具有相应悬弧数的其他横列一样，从而可形成凹凸不平的表面。悬弧越多，形成的小孔越大，织物表面越不平，否则反之。例如，单针多列集圈就要比单针双列集圈中的孔眼、凹凸效应明显。

3. 色彩花纹效应　在集圈组织中，由于悬弧被正面圈柱覆盖，在织物正面不能看见悬弧，只显示在反面。因此，当采用色纱编织时，凡是形成悬弧的色纱，在织物的正面将被拉长线圈所遮盖，在正面只呈现成圈纱的色彩效应。

彩色花纹效应是利用几种色纱和集圈单元组合形成。因悬弧被正面圈柱覆盖显示在织物的反面，在正面看不见，当采用色纱进行编织时，凡是形成悬弧的色纱，将被拉长的线圈遮盖，因此，在织物表面只呈现拉长线圈色纱的色彩效应。

图4－15为集圈彩色花纹效应图，由双针单列和三针单列集圈组成。图4－15（a）呈现两色纵条纹彩色花纹，其意匠图如图4－15（b）所示。纵行1、2、6、7由于横列2、4、6上的悬弧，其黑色线圈被白色拉长线圈遮盖，因此形成白色的纵条纹。在纵行3、4、5上，由于横列1、3、5上的悬弧，其白色线圈被黑色拉长线圈遮

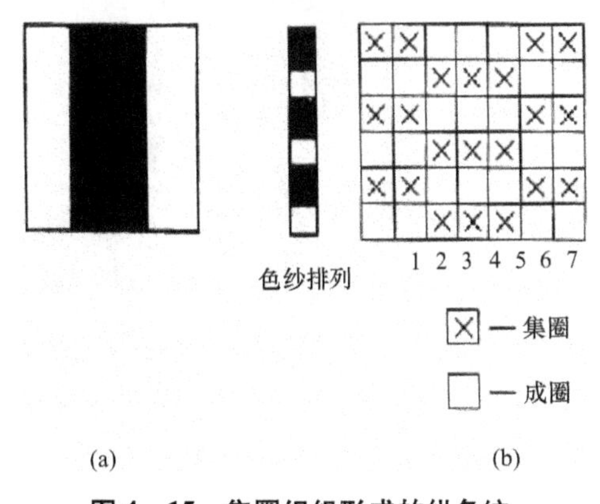

图4－15　集圈组织形成的纵条纹

盖，而形成黑色的纵条纹。

（二）移圈类织物

1. 绞花组织 绞花组织是将两枚或多枚相邻织针上的线圈相互移圈，使这些线圈的圈柱彼此交叉，形成具有扭曲的图案，织物具有凹凸立体效果。绞花组织风格粗犷，以其独特的肌理效果受到设计师的青睐，广泛应用于秋、冬季毛衫。

绞花组织主要应用在毛衫的衣身，能增加服装的厚度和保暖性，但随着毛衫时尚化、轻薄化发展，毛衫设计更重视细节设计，将传统绞花应用在毛衫的局部，如肩部、领部，使毛衫简单又富有设计感，具有现代时尚气息，满足人们对美的追求。绞花效果随纱线的粗细不同而效果不同，纱线越粗，位移线圈数目越多，绞花扭曲的效果越强烈，毛衫立体感强。如图4－16所示羊毛衫整体采用了同方向扭曲和相互交叉的绞花图案，配以宽罗纹领型，使得肌理变化更加丰富。

图4－16 绞花组织的设计

绞花组织具有中性、休闲的性格特点。近几年，田园、温馨风格的流行使绞花的应用越来越广泛。用粗毛线配合绞花织出的原始粗犷的效果，将这一风格演绎得淋漓尽致。如形态各异的绞花并行配置，立体感强，在衣片两边形成对称图案，从下盘旋而上，粗犷有余，动感十足。细线的精致绞花也有很好的市场，在表现都市女性干练又不乏味的生活时，小绞花应用于毛衫的前胸、袖子，作为点、线的造型出现，使毛衫的造型更为丰富。男装中绞花的应用削弱了男性的强硬风格，增添了几分休闲和柔情。绞花组织常与平针、罗纹这类组织搭配使用，效果强烈。而天马行空的设计思维，常常打造出意想不到的前卫风格。

2. 纱罗组织 纱罗组织是在基本纬编单面或双面组织基础上，按照花纹要求将某些线圈移到相邻线圈上，使原位置上出现孔眼的效果，如图4－17（a）所示。纱罗组织主要用于女装、童装的春秋季毛衫。

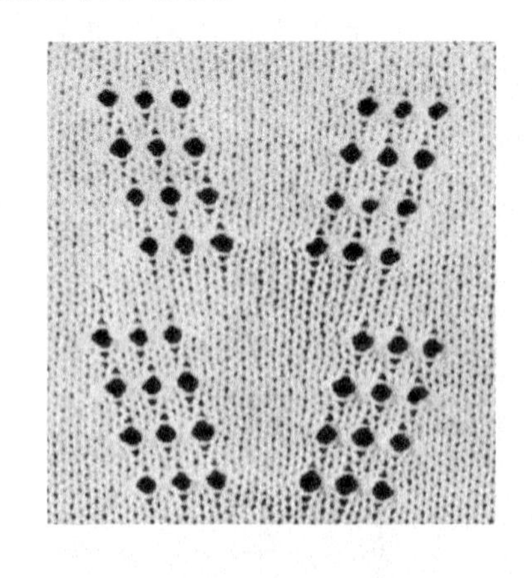

(a)纱罗组织织物的小孔效果

(b)纱罗组织产生透与不透的对比效果

图4－17 纱罗组织织物

还可以有规律地将连续移圈出现的孔眼形成的线形设计为毛衫的分割线、装饰线或一定的图案，将挑花组织应用于毛衫的局部，使毛衫产生透与不透的对比效果，如图4-17（b）所示。

（三）嵌花、提花组织织物的设计

提花、嵌花组织是针织服装中表现花色图案效果的重要组织，它们的立体感和清晰感是印花面料所无法比拟的，可产生各种花色和图案的效果，为设计师设计个性十足的服装提供了取之不尽的灵感来源。

1. 嵌花织物的设计　嵌花织物（图4-18）是用不同颜色或不同种类的纱线编织而成的纯色区域的色块，相互连接镶拼成花色图案组成的织物。每个纯色区域都具有完好的边缘，且不带有浮线。因而花纹图案清晰，色彩纯净，给人清新高雅之感，穿着也更加舒适。织物的花纹不给织物增添额外的重量。手工方法编织嵌花组织，嵌花花块交接处比较平整，花型变化自由，所用的色纱不受限制，常用来编织羊绒衫等高档针织毛衫。在设计时应尽量简化图案，对那些不妨碍大局的繁琐部位一概省去不要，突出对象的主要特征和本质部分，从而减少不同色块的镶接。另外也可应用夸张图案，紧紧抓住对象鲜明的特征，加以艺术夸大和突出。

2. 提花织物的设计　提花在毛衫设计中可以遍布全身，也可以处于局部位置，如领口、袖口、胸部或下摆（图4-19）。在设计花色图案时，要充分考虑针织工艺与设计效果。单面提花织物由于在背面产生浮线，容易勾挂物体，故不宜在袖口等处运用。另外织物一般比较厚实，难以达到轻薄效果。嵌花图案背面没有浮线，织物较提花织物要轻薄很多，但编织工艺复杂。

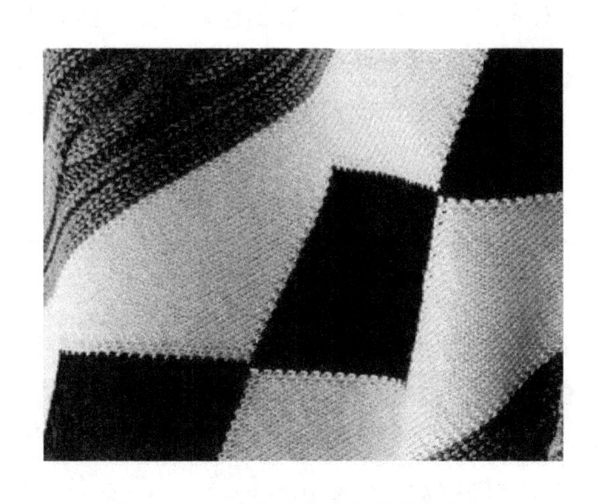

图4-18　图案边缘清晰的嵌花织物

图4-19　提花毛衫

编织提花羊毛衫，首先需在意匠图上考虑图案及其布局与配色，意匠图的格子大小需与织物的横密、纵密相吻合，这样实际编织出的图案比例才不会失真。图案与配色是提花针织服装制胜的两大法宝，在童装与女装中应用广泛。要绘制一幅成功的意匠图，取材的主题、对图形的抽象与概括能力、对色彩的搭配与掌控能力缺一不可。童装中提花意匠图的取材主题主要来源于卡通形象、动物等，女装中提花意匠图的取材主题主要来源于花卉植物、人物肖像、风景建筑、抽象几何图案、民族纹样、绘画作品等。

第三节 羊毛衫色彩设计

色彩作为重要的视觉因素和造型手段，无疑给毛衫的设计增添了极为生动的表现内容和形式。色彩设计是毛衫设计中的重要组成部分，也是与机织服装设计最为不同的环节。毛衫的色彩设计除了应考虑纱线的色彩外，还要考虑织物的组织结构所造成的肌理效应对整体外观色彩的影响，所以要综合利用色彩以及组织的变化和分割对比来进行毛衫设计。

一、影响毛衫色彩设计的因素

（一）纱线对色彩设计的影响

每种材料都有自己的色彩，不同的材料，即使具有相同色彩，由于各自组织结构和质地的不同，给人的感觉也是不同的。例如，同样是红色，缎面织物给人的感觉是漂亮华丽；呢绒则给人轻柔温暖的感受。另外，不同材料具有不同的染色性能，化学纤维材料往往色彩艳丽；天然纤维如羊毛、丝绸等则色彩柔和雅致。同种色调下，不同材料有着不同的肌理效果，如绒面与光面、反光与哑光、粗糙与细腻等能产生微妙而含蓄的对比变化，从而在单色调中产生丰富的视觉美感。

1. 纤维的形态与色泽 不同的纤维具有不同的截面形状和表面形态，其织物对光的反射、吸收、透射程度也各有不同。如化学纤维对光的反射强，织物表面色彩明亮；棉对光的反射弱，织物表面色彩柔和。同样色彩的棉织物，经过丝光处理后，纤维截面圆润、饱满，增强了对色光反射的能力，针织物色彩鲜艳、亮丽，未经丝光处理的棉针织物，色彩鲜艳度低，淳朴、自然。

2. 纱线结构与色泽 纱线的粗细、捻度、捻向等结构的变化会影响毛衫表面色光的变化。一般来说，股线由于条干均匀，纱线中纤维排列整齐，表面毛羽少，光洁，所以色泽比单纱的要好。

纱线的粗细不同，色光效果不同。例如，同样是棉质毛衫，染色工艺相同，但细特棉纱与粗特棉纱的色光完全不同，前者细腻、光滑，色彩鲜艳；后者粗糙、厚重，色彩暗淡、朴素。

在不影响纱线强力的条件下，捻度应适中。捻度小，纱线粗，使色泽下降，强捻度纱线织成织物，色泽较差。通常捻度大的纱线，色彩光感较强，色彩比较鲜艳，捻度小的纱线，色彩质感柔和。

纱线的捻向对色泽也有较大的影响。S 捻向与 Z 捻向的纱线对光线的反射情况不同，利用这种现象，在毛衫的组织结构设计时，可将 S 捻纱与 Z 捻纱按一定比例相间排列，得到隐条纹或者隐花的针织物。

（二）组织结构对色彩设计的影响

组织结构是毛衫设计中的特色，由于其组织结构与梭织物不同，所以色彩设计方法也不同。

例如，纬平针织物的色彩正面一般比较光洁鲜艳，纹路也更加清晰，反面比正面暗淡；罗纹织物由于其组织结构的特点，视觉效果比纬平针织物饱和，并依罗纹线圈纵行数的组合而呈现出变化；双罗纹组织是由两个罗纹彼此复合而成，因此色彩相对更有厚重感；集圈组织的花色较多，利用集圈的排列及使用不同色彩和性能的纱线，可编织出表面具有图案、闪光、孔眼以及凹凸等效果的织物，使织物具有不同的服用性能与外观，色彩感较为丰富；扳花组织的色彩肌理明显，并呈立体状；提花组织色彩丰富多样，采用提花与针织服装款式相结合的设计方法，会得到美观大方、标新立异的各种针织服装。

（三）廓形对色彩设计的影响

廓形与色彩的关系可谓是相辅相成。毛衫与其他服装设计的不同之处在于毛衫织物具有悬垂、柔软、弹性好等特点。由于针织物的弹性特征，所以紧身型毛衫是最有利于发挥毛衫优势的廓形。紧身便装上衣、裤子等，线条简洁、自然，贴体流畅，尽显人体曲线的美感，色彩以流行色系为主，清新、自然，配色可时尚大方，富有个性。紧身运动休闲类的毛衫设计，色彩多以活泼鲜艳的运动感色彩为主，如黄色、橙色、蓝色、红色等，并配以黑色、白色等中性色，一般更为醒目夸张，可加强色彩的分割感。

宽松型的毛衫一般选用比较轻松随意、自然、舒适的色彩，并灵活运用拼色、几何抽象纹样等装饰手法。采用轻薄柔软针织物的家居服等，常常采用花边、抽褶、绣花等装饰技巧，表现出温柔、优雅、轻松的情趣，色彩上也相对柔和，多采用浅色系和粉色系。直身型毛衫色彩设计相对宽松型的要稳重、简洁，多为常规色系，配色上以块状分布，或局部有花式纹样装饰。

毛衫的风格可分为文静端庄型、活泼可爱型、简洁自然型和雍容华贵型。文静端庄风格的毛衫以 H 型居多，简洁合体，轮廓清晰，配色上可以选用宁静的中性冷色或凝重的低沉色调。活泼可爱风格的毛衫多以 A 型居多，造型夸张，对比强，能感受到青春的朝气与活力，充满动感，色彩方面可以暖色为基调，以亮度对比大的鲜亮色彩为主，配以少量的含灰色或无彩色。简洁自然风格的毛衫以 Y 型居多，轮廓清晰而多层次，外形呈现简单、成熟和阳刚的风格，在色彩上要淡雅柔和、清丽、明亮。雍容华贵风格的毛衫以 X 型居多，立体外形给人以繁复华贵、高尚不俗的印象，可采用清晰的暖色、浅色或冷色，与鲜艳色彩搭配组合。

（四）图案对色彩设计的影响

图案是羊毛衫色彩的表现形式。机织服装的设计往往受面料本身图案的影响，而针织毛衫在花型图案的表现形式上则有更大的自由。

1. 条纹 条纹图案因其生产工艺的便利性，是毛衫中应用最为广泛的一种图案，有横向条纹、纵向条纹、波浪形条纹、锯齿形条纹等。条纹的方向性、运动性以及特有的变化性，使条纹具有丰富的表现力，既能表现动感，又能表现静感，还能传达旋律感和节奏感。不同的形式和色彩的条纹可以演绎出各种风格的毛衫，因此，设计师在设计条纹时应考虑条纹的结构以及组成条纹色彩的量感与色相的组合。如图4－20所示的毛衫中，设计师利用条纹、斜条纹、人字纹、锯齿状图案、电波纹，让毛衫看起来像人体上的一幅立体画，再加上各色系的共同演绎，使毛衫呈现精彩绝伦的非凡面貌。

2. 菱形格 菱形格也是毛衫常用的图案元素，英伦风格的菱形格（图4－21）注重几何造型的处理。在设计菱形格时，要注重毛衫的底色、菱形格的色彩以及斜十字线的色彩三者之间的空间用色关系的处理，使其产生错落有致的层次感和张扬的力度。同时，在处理菱形格的面积比例上也可做一些打破常规的处理，甚至采用菱形的一部分来做文章，配以大胆的流行色，设计出前卫风格的毛衫。

图4－20 条纹图案的毛衫

图4－21 英伦风格的菱形格

3. 提花图案 提花是最有毛衫特色的一种图案形式，提花织物的立体感强，花型逼真，其效果是平面印花织物无法比拟的。图案与配色是提花毛衫制胜的两大法宝，无论是童装、女装，还是男装中都应用广泛。童装中提花图案的取材主要来源于卡通、漫画、动物等，常采用鲜艳、活泼的色彩。跳动的对比度采用强烈的色彩、生动可爱的造型是取胜的关键，如图4－22所示。女装中提花图案（图4－23）的取材主要来源于花卉植物、人物肖像、风景建筑、几何图案、民族纹样、绘画作品等，色彩运用上灵活多样，或优雅简洁，或浪漫温馨；男装中提花图案的取材以抽象几何图案居多，多采用中性色配色。

图4－22 鲜艳可爱的提花意匠图

图4－23 经典雪花图案

设计花卉植物意匠图要表现出色彩的层次感，并要对意匠图的外形进行几何简化处理，使其更符合人们的审美习惯；设计人物肖像意匠图要善于对人物的面部特征进行抽象概括，达到传神、升华的效果；风景和建筑在意匠图中往往以直线条和色块出现；设计抽象几何图案意匠图要注意线条的流畅性和色块的处理，色彩面积大小、色相的对比要有节奏感，并表现色彩和线的空间感。

花型图案及其组合设计的色彩会对毛衫的整体风格产生巨大的影响，如色彩重复设计的节奏感使毛衫产生层次变化和活泼感，而排列较平缓的中性配色则能体现一种沉稳、内敛、理性的风格，张扬风格的色彩图案则能将毛衫表现得现代感十足。图案在毛衫中的应用非常广泛，在进行色彩设计时如果能恰当地应用装饰图案，能起到画龙点睛的作用。

二、色彩设计的形式美

色彩是服装美学的重要构成要素，因而怎样搭配服装色彩就成了服装设计的主要任务之一。人们将色彩的各种排列组合称为色彩构成。构成之美，称为形式美。组成服装色彩的形状、面积、位置的确定及其相互关系的处理就是服装色彩的构图。也就是色彩以什么样的形状、面积、位置及何种形式原理占据服装的空间。形式美有一定的规律，就是形式美规律，也称作形式美法则。

（一）平衡

平衡有两种表现方式：一种为对称，另一种为均衡。均衡感的获得就像天平量物，不同形、不同量的组合在视觉上产生相对的稳定感，轻重分布得当，就会产生视觉上的平衡。对称是一种特殊的均衡状态，而均衡只是一种左右相对的相等，它一般是不对称的，不对称给人以新奇和不稳定感，所以均衡跟对称相比，显得丰富多彩。

在服装配色时，必须要考虑到色彩平衡感这一形式美要素。如图 4－24 所示的上重下轻的配色设计，裙身的黑色图案与黑色上衣取得视觉平衡。色彩的平衡感受色相因素的影响，同时还与明度和纯度有关。色相对平衡所产生的影响跟它的纯度有关。越是高纯度色，产生向着它补色方向运动的张力越大。假如在设计上不作平衡处理，人眼在观看时就会产生一种生理力来平衡这种张力。这就是人眼在长时间凝视一种鲜艳色彩时，视觉上会感到疲劳的原因所在。要避免这种情况的发生，就要在服装配色中对色彩十分鲜艳的服装作一些平衡处理。在处理方法上，可以采用黑、白、灰或其他低纯度的色彩来进行平衡搭配，比如上下装的搭配、服装和配饰的搭配、服装和环境色彩的搭配等。

图 4－24 裙上黑色点与上衣取得视觉平衡

色彩的明度也是对平衡感有重要影响的一个要素。一个人服色过于淡雅，就会显得软弱无力、没有精神；若点缀以深色或鲜艳色，就可以获得平衡感。明度还可以产生色彩的

图4-25 大色块与休闲款式形成动平衡

轻与重的错觉。明度高的色显得轻，而低明度色则显得重。在进行明度配色时，应该对服装的左右、前后、上下的色彩轻重平衡有所把握。

色彩的平衡还离不开面积的配置。色彩和面积是互为依存的。任何一种色彩的面积增大，对人的视觉与心理影响也增大。选择不同的色彩组合服装，要考虑它们之间的面积比。面积差过大，会使人感到不协调、不和谐；面积差过小，又会显得变化少、太呆板。如图4-25所示大面积的图案和配色与休闲随意的款式刚好形成动态平衡。

色彩的平衡受色彩的纯度、色相、明度的共同影响。把不同的色彩组合在一起，暖色、高纯度色、暗色显得重，面积宜小，位置宜下；冷色、低纯度色、明色显得轻，面积宜大，位置宜上。

人们对于色彩，不仅需要有视觉平衡的舒适感，而且还有各种不同的审美要求。不同的人常有不同的色彩感情倾向，这就要打破视觉上的平衡，表现出偏冷、偏暖、偏灰、偏艳等不同的色调。通过这种不平衡的调节作用，从而适应人们不同的美感需求。

（二）比例

比例是指同类的数或量之间的一种比较关系。从设计服装色彩来说，对比程度是布置色彩比例的主要因素，包括把握好色相调配的程度所形成的色调对比，和整体中色彩分割的比例等。这其中包括服装色彩组织中各种色彩的形状、面积、位置、色彩的对比性等相互关系的比例和比较。经常采用的比例关系有黄金比例、渐变比例和无规则比例等。

1. 黄金比例 被认为是最美的比例形式。即将一条直线分成两段，使其短边与长边的比例关系为1∶1.618。黄金分割比例在造型设计中被广泛地采用，毛衫色彩设计也不例外。它是运用最普遍、视觉效果最理想的比例形式。

2. 渐变比例 即按照一定的比例作阶梯式的逐渐移动。渐变比例由于是逐渐而有规律的不断变化的，因而显得柔和而有节奏，且富于变化。例如，当采用两种反差较大的色彩进行配色时，为避免过分强烈的视觉效果，就可以运用渐变比例，即在一种颜色中以一定的比例一次次加入另一种颜色，最终形成一色向另一色渐变的效果，柔和而充满韵律。

3. 无规律比例 在服装配色比例上不受一定的规则限制。在很多的时候，打破常规，利用比较悬殊的比例组合，会使服装显得时髦新颖，不落俗套。但是，无规则比例并不意味着不要比例。相反，设计师需要对服装色彩比例美的真谛有更深的把握，才能打破比例，创造出新的比例美。

（三）节奏

通常把有秩序的连续、反复和渐次的现象称为节奏，而又把优美的、有一定情调色彩的节奏称为韵律。服装色彩中的节奏主要是指色相、纯度、明度、位置、大小、形状以及图案等要素以一定的方式变化和反复，当人们的视线在色彩造型的部分与部分之间反复移动时，就会产生节奏感。经过精心设计而体现出轻重缓急的有规律或无规律的节奏变化，能形成一定的韵律。服装配色产生的节奏所引起的视觉美感是十分微妙而含蓄的，它主要表现为吸引视线停留，并沿着同样或类似的重复节奏在服装的上下左右移动，从而形成视觉上的丰富感。如图 4 －26 所示图案的变化具有流动感，并随着身体的动态形成美的旋律。

图 4 －26　有规律的色彩重复达到的节奏感

色彩节奏的表现方法很多，比如毛衫色彩和配饰色彩的重复使用来构成节奏；或者用同一种色彩的配饰、拎包、鞋、丝巾等来构成重复又富于变化的节奏。节奏变化的关键在于色彩因素的重复以及这种重复的合理使用。重复变化有三种：有规律的重复、无规律的重复及等级性重复。如大小、间距相同的条纹和方格图案属于有规律的重复，给人以节律整齐、庄重安定、缺少变化的感觉；毛衫上无规律重复的图案或装饰等能产生新颖奇异、活泼生动的特殊效果，如用宽度渐变的条纹面料做成裙摆，就形成了优美柔和的等级性重复，这也称渐变节奏。

（四）强调

毛衫色彩设计中色的强调，是为了弥补整个色彩的单调感，或打破某种无中心的平淡状态和多中心的杂乱状态，选择某个色加以重点表现，从而使整体色调产生紧张感。色彩的强调不仅吸引观者的视觉注意力，形成视觉注意中心，而且能使整个配色增加活力并起到调和作用，同时也是取得色彩间相互联系，保证色彩平衡的关键。尽管强调色的用色量较小，但其色感和色质的作用却能够左右整个色彩气氛。

从色彩性质上来说，强调色应使用比其他色调更为强烈的色，以达到突出重点色的目的。所以，纯色以及与立体色调呈对比效果的色常被选用来作为强调色。如图 4 －27 所示，黑色的装饰图案在白色的针织衫上形成视觉中心。从色彩面积上来说，强调色一般应用在很小的面积上，因为小面积的色更能够形成视觉中心点，提高视觉的注目性。但应注意，强调色的面积应适度适量。面积过小，易被所包围的色彩同化而失去强调的作用；面积过大，易破坏整体而失去强调效果或统一效果。

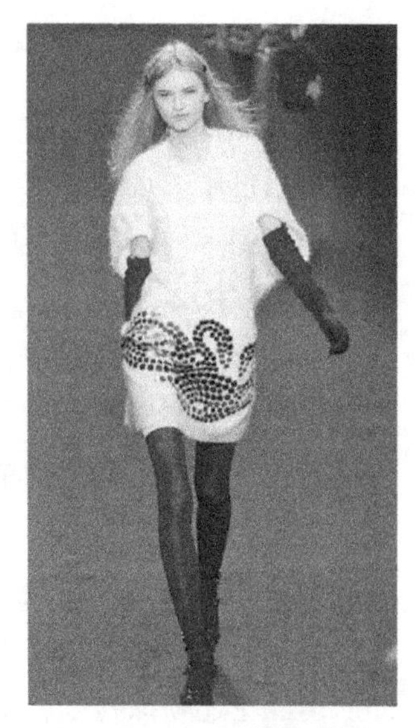

图 4 －27　黑色装饰图案在白色毛衫上构成强调

从位置上来说，强调色的位置往往在整个毛衫的重点设计部位或视觉中心部位，如头部、领部、肩部、胸部、腰部等。强调色彩常用于毛衫配饰色彩上，如首饰、项链、胸针、衣结、钮扣、腰带、围巾等，这些都是配色中常作为重点突出的对象。此外，还要注意强调部分不要过多，以一两处为宜，否则会分散注意力，冲淡整体色彩效果，造成“多中心即无中心，多重点即无重点”的无秩序状态。图 4 －28 为简洁毛衫上的立体配饰起强调作用。

（五）呼应

在毛衫配色设计中，呼应手法的使用相当常见。一般来说，毛衫中的某种色彩不太会单独地、孤立地出现。特别是当这种色彩与主色调反差很大时，如果突然闯入，就会影响到整体的色彩和谐。也就是说，通常一种色彩总能在其他地方找到相关要素之间呼应的关系，或者说色彩与色彩之间的相互联系性。比如，类似的大小格纹图案应用于毛衫的不同部位以形成呼应；内衣和外衣、上装和下装之间的色彩形成呼应；各种配饰如项链、耳坠、钮扣与鞋的色彩之间形成呼应等。色彩的形状和质感等也都是可用来取得呼应关系的要素。一种色或数种色在不同的部位重复出现，这是色彩之间取得调和的重要手段之一。如图 4 – 29 所示领部裘皮的色彩质感与短裙形成呼应。

图 4 – 28　配饰的强调作用

图 4 – 29　围脖与短裙形成的呼应

设计毛衫时，应正确适度地处理好上下、左右、内外、前后及整体与局部的相互呼应关系。呼应色彩的选择、位置的排列、面积的比例等都必须从服装整体色彩需要来考虑，使毛衫配色得到多样统一的美的表现。

（六）主次

在毛衫的具体设计中，一套毛衫中出现的各种色彩之间的关系不能平等，要有主次的区别。优势之色要考虑安排最大的面积，然后适当配置小面积的辅助色、点缀色、调和色等。主要的色彩决定了毛衫的主色调，它应有一种内在的统领性，它制约并决定着次要色彩的变化；次要色彩对主要色彩起烘托和陪衬作用。应做到用色单纯而不单调，层次丰富而不杂乱，主次分明、互相关联，既统一而又有变化。

毛衫色彩中的主次关系是辩证的，主要色彩的强调要适度，次要色彩也不是可有可无。即所谓红花还须绿叶配，所以主和次是一个整体中的两个部分，它们相比较而存在，相协调而变化。只有主次关系处理适宜，才能形成丰富多样又和谐统一的局面，才能获得完美的艺术表现。如图 4 – 30 所示为以黑色为主、辅以亮蓝色图形的毛衫。

（七）多样性与统一性的规律

多样性与统一性在毛衫的色彩构成中总是共存的。在考虑色彩搭配时，要在尽可能多样中寻求统一。一方面使单调的丰富起来，在调和中求对比；另一方面使复杂的一致起来，在对比中求调和。统一性占据主导地位时，表现的特征为调和；而多样性占据主导地位时，表现的特征为对比。如图4－31所示的多变款式、色彩、图案在活泼明快的毛衫整体风格上获得了统一。

图4－30 黑色辅以亮蓝色图形的毛衫

图4－31 款式、色彩、图案的多样统一

三、色彩设计方法

（一）根据毛衫的风格进行色彩设计

1. 经典风格 经典风格是指在服装发展史上，那些经得起时间考验，跨越流行周期，对以后的时装产生深远影响的服装设计。毛衫中的经典款式有开衫、套裙等。经典服饰风格优雅浪漫、正统高贵、气度不凡，它是以高度和谐为主要特征的服装风格。

在设计经典风格的毛衫色彩时，首先，不能选择很流行的色彩，因为流行色的生命周期是很短的。其次，不能选用较为夸张的色彩，因为经典的毛衫需要能够与很多东西相搭配。一般内敛的含灰的色彩较容易与其他色彩搭配得宜；还有一些色彩本身就是经典的、永不过时的，如黑与白。图4－32为经典的夏奈尔款式配以经典的黑、灰色的毛衫。

图4－32 经典的款式与色彩呈现新面貌

2. 前卫风格 前卫风格是一种极端的时尚，设计元素新潮，追求时尚、另类、刺激、开放、奇特、独创等服装风貌。这种风格挑战了传统、经典的美学标准，设计融合了达达主义、超现实主义、波普艺术、抽象艺术、装置艺术以及摇滚音乐等现代各种前卫派的艺术和感觉，展现了超时代的服饰印象，它将极端的艺术形式转化为奇妙的穿着艺术，比其他风格更活跃、更刺激、更具有震撼力。

前卫风格毛衫（图4－33）以奇特新颖的造型色彩领先于时尚潮流。有些可能演变成普通大众的流行时尚；而有些则只是昙花一现。在这类毛衫的配色方案中，应当善于捕捉那些尚未流行而即将流行的色彩元素。前卫风格的色彩奇特、夸张，有时甚至怪诞。在色彩的取舍和比例布局上不太遵守形式美的法则，创作空间很自由。

3. 民族风格 世界上不同地区、民族，不同的地域文化、传统习惯等都会形成对某一些色彩的偏爱，这些色彩自然会反映在各自的民族服装上。这些民族服装的色彩和搭配方式是相对固定的，不会随着时间的变化而变化，因而就形成了特定的民族风格。比如中国的传统色彩就是红、黄、蓝、白、黑；印度人喜欢用红、黄、黑、金等色彩；日本的传统服装多用白色或自然物质的原生状的色彩等。民族风格有时体现在毛衫款式上，有时体现在色彩上，有时两者兼而有之。民族风格的毛衫配色，就是从民族传统色彩中提取出典型的元素，以现代人的审美观念进行提炼加工，并体现在毛衫设计上，从而形成具有民族风格的现代时装（图4－34）。

图4－33　前卫风格毛衫

图4－34　民族风格毛衫

（二）根据季节进行色彩设计

根据季节差异，毛衫的色彩也应有所变化，因而有春季色、夏季色、秋季色、冬季色等配色方案。所谓的季节色有两层含意：一层是指在进行毛衫配色时，直接将四季中自然界的不同色彩组合提取出来并应用到毛衫中，使毛衫具有四季不同的情感特征，如看到绿色的衣裙，便立刻有了春风拂面的感觉；另一层是指以毛衫的色彩来适应人们的心理状态，比如冬天人们的心情是瑟缩的、蛰伏的、渴望温暖的，因而低调的、安静的、暖色的配色方案就常被用来作为冬季色。

1. 春季色　春季是万物复苏的季节，到处生机盎然，自然界充满了新鲜、烂漫的色彩。嫩绿的、鹅黄的、桃红的、粉紫的，各种明亮的、鲜艳的色彩全都汇集在这个季节里，因而春季的配色方案应该是明快的、鲜艳的、富有动感和充满生机的。

2. 夏季色　夏季是浓郁的季节，阳光热烈、绿树成荫。白色是夏季的经典色彩，其他与白色明度相近的浅彩色也都是夏季的常用色。素雅的绿、清淡的蓝在夏天与人们的心理很吻合。各种水果色系列也成为夏天的流行色。

3. 秋季色　秋季是四季中色彩最为丰富的季节，有绿的深沉、红的浓烈、黄的苍凉。秋季的毛衫配色虽然不及春季的色彩鲜艳，也没有夏季的色彩明亮，秋季色一般略略含灰，以纯度中等的色彩居多。秋季的配色方案往往侧重于不同的色相相配，配色效果含蓄内敛。

4. 冬季色　冬季树木萎谢、寒风瑟瑟，自然界的色调仅剩下黄褐和灰白。冬季的毛衫配色方案一方面是顺其自然，以浓重的深色调来形成厚重的外观；另一方面正是由于自然界缺乏色彩，便可尽情使用色彩。冬季毛衫配色可以极为大胆，使用大面积的纯色、大块的对比色，在冬日的背景下会显得非常醒目、强烈，充满生活热情。

（三）根据主题风格进行色彩设计

主题设计法是对毛衫进行主题概念创意推出，再在此主题下，进行要素分析，确定符合主题概念的色彩方案，选择适合主题的纱线、组织、辅料的产品结构来进行毛衫色彩设计的方法。

主题是进行具体设计的引子，就像文章的关键词一样是全篇的纲。主题的确定因时间、地点、人物、设计对象及设计目的不同而各不相同。在根据主题进行色彩设计时，一般选择人们密切关注的抽象概念作为命题，结合材质、造型及工艺，展开色彩的设计构思。以“春天的郊游”为例，这种主题性的设计首先让人联想到郊外郁郁葱葱的春天景色和人的活动方式，这时，针织装既可以是背心、两件套，又可以是长外衣。如果是背心设计则可以大胆设色，因为背心的面积较小，在整套服装中起强调作用，单色、多色、混色都可应用。而两件套或长外衣则应小心用色，因为它们的色彩面积较大，色彩的位置也十分关键，可选用明快的、清新的色彩来进行设计。

（四）根据流行概念和特征进行色彩设计

这种设计是指结合流行趋势、流行色、流行概念和流行特征进行的设计。毛衫与机织服装是密切相关的，毛衫设计师不但要密切关注毛衫产品的流行趋势，也要密切关注机织服装的流行趋势，了解和掌握新时尚所发布的新的流行概念和特征，把握流行色的走向。只有这样才能够设计出具有新意的毛衫。在具体的应用中并非要应用所有的流行色，而是根据自己对流行色的理解和感悟，选择其中最具特点的色彩作主调，再配以其他辅助色，只要能够很好地把握住流行的趋势和情调就可以了。另外，不同的设计对象对色彩的趋向和喜好也是完全不同的。城市的人喜欢高贵、雅致的含灰色；乡村的人爱好鲜艳、浓重的饱和色；年轻人追求流行色中的尖端色；中老年人选择流行色中的基础色。不同的人对流行趋势、流行色、流行概念有着完全不同的态度，因此一定要灵活对待。

第四节　羊毛衫款式造型设计

一、造型概述

服装是以人体为基础进行造型的，通常被人们称为“人的第二层皮肤”。服装设计要依赖人体穿着和展示才能得到完成，同时设计还会受到人体结构的限制。

服装造型是指服装在形状上的结构关系和空间上的存在方式，包括外部造型和内部造型，也称整体造型和局部造型。服装造型是由轮廓线、零部件线、装饰线及结构线等所构成，如图 4－35 所示，其中以轮廓线为根本，它是服装造型的基础。服装的造型设计无论是材料的表现、结构的处理、色彩的搭配、功能的调节，还是其他一切可以尝试的地方，都要考虑如何满足人们生理上和心理上的需求，从而创造出新颖的、受消费者欢迎的服装。

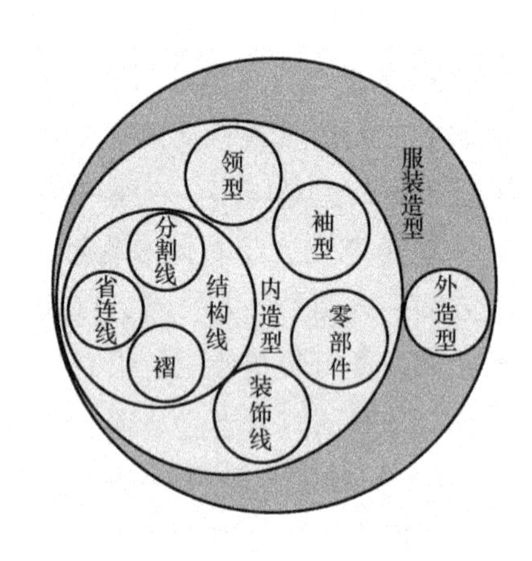

图 4－35　服装造型

二、针织毛衫的主要性能对造型设计的影响

（一）针织物的弹性

因为弹性针织面料手感柔软，穿着舒适，贴体合身，不妨碍人体活动，是制作各种内衣、运动衣、休闲装的理想材料。同时，弹性面料又为服装的造型提供了手段，它所形成的风格是其他面料很难取代的。由于针织面料具有良好的伸缩性，设计过程中可以利用面料本身的弹性或适当运用褶皱处理手法来适合人体曲线。

（二）针织物的卷边性

针织物的卷边性会造成织物边缘包卷的现象。它会使衣片的接缝处不平整或毛衫边缘的尺寸变化，影响毛衫的整体造型效果和规格尺寸。但是，将针织物的卷边性设计在毛衫的领口、袖口处，可使毛衫得到特殊的外观风格，在编织中还可以利用卷边性形成独特的花纹或分割线。

（三）针织物的脱散性

有的针织面料具有脱散性，设计与制作时要注意不要运用太多的夸张手法，尽可能不设计切割线，拼接缝也不宜过多，以防止发生脱散而影响毛衫的服用性，应运用简洁柔和的线条与针织品的柔软适体风格协调一致。

（四）针织物的透气性和吸湿性

针织面料的透气性、吸湿性、保暖性都较好，穿着舒适。因此被大量应用于内衣、休闲装、运动装中。针织面料还有保型性、纬斜性、抗剪性、易勾丝和起毛起球等特性，这些性能是一般针织毛衫所共有的，设计师在设计时应充分考虑这些因素。

三、造型的形式美

（一）毛衫造型形式美的构成要素

1. 点 点，是造型设计中最小、最简洁，也是最活跃的元素，是具有一定空间位置的，有一定大小形状的视觉单位。点从形态上可以分为两大类：一是几何形的点（图4－36），轮廓是由直线、弧线这类几何线分别构成或结合构成的，如毛衫上的口袋、袋盖、纽扣等，这种点给人以明快、规范之感，装饰性比较浓；另一种是任意形的点，其轮廓是由任意形的弧线或曲线构成的，这种点没有一定的形状，如针织毛衫上用钩花随意制成的头饰、饰物、腰带、包带等。这类点给人以亲切活泼之感，人情味、自然味较浓。在毛衫设计中，一个点可以引人注目，两个点可以构成呼应，多个点可以形成节奏。此外，点还能产生平衡感，能协调整体关系，能构成统一感。

点的大小是相对的，两个大小不同的点出现在同一个平面时，小点会被大点吸引，距离越近，吸引越强。人的视线首先会定在大点上，然后从大点向小点移动。大小相同的点均匀放置在平面上时，给人一种规则的秩序感，人的视线上下或平行移动时，能感觉到垂直线或水平线的存在。点的面积较大时，感觉比较刚硬，而点的面积较小时，则感觉比较柔和。

在毛衫设计中，点的应用较多，如饰品、纽扣、图案、点状花纹、镂空花纹等。点在针织毛衫上的应用主要可以分为三大类：面料工艺类、辅料类和饰品类。

（1）面料工艺类。毛衫设计中，编织时就采用点的图案的手法很常见。图案的表现方式不同，工艺手法各异。由于针织毛衫的工艺特殊性，它所特有的组织结构所形成的花样，有时也能形成有规律的和无规律的点的图案，并且能形成立体的、镂空的点的图案。如图4－37所示为通过针织物组织密度的变化形成立体的圆形图案。此外，在编织毛衫时所采用的动物、花卉图案，各种具象或抽象的图形以及各种字母文字纹样都可视为点的表现。

图4－36 球形立体装饰——几何的点

图4－37 通过组织密度变化形成的立体图案

（2）辅料类。纽扣、珠片、线迹、绳头等都属于辅料类的点的应用，这类以点的形式出现在毛衫上的辅料往往都具有一定的功能性，同时还具有一定的装饰性，如纽扣，纽扣的材料、形状、大小各异，使用的纽扣的大小、数目及位置不同，其作为点的效果就不同。因此，在设计中纽扣的选择和应用是很有讲究的，如粗针毛衫上的纽扣一般比较大，数目较少，有时甚至只有一颗，而细针毛衫上的纽扣则比较小，而且数目一般比粗针毛衫的要多，这与粗细针毛衫的风格是相呼应的。当毛衫上的纽扣更多的是强调一种装饰效果时，纽扣作为点要素的使用方法和排列方式便显得尤为重要，如将大小不一的纽扣钉在适当的位置，那么就可能形成毛衫上的视觉美感（图 4－38）。

（3）饰品类。毛衫上的饰品分为实用性饰品和装饰性饰品。腰带、小手袋、围巾、手套等都是实用性饰品，胸针、装饰性的手工钩花等则是装饰性饰品。饰品作为点要素出现在针织毛衫上，可以防止毛衫过于单调，如图 4－39 所示的花朵型胸花突出了毛衫的美感，起到画龙点睛的作用。此外，饰品还可以表现着装者的个性，作为点要素的饰品有风格之分，并带有不同的情感倾向。饰品的位置、色彩、材质不同，着装效果也不同，总而言之，服装上的饰品能起到突出服装美感、强化服装风格的作用。装饰点一般多在前胸、袋边、袖口、肩部和腰部运用。

图 4－38　领部的纽扣形成视觉审美中心

图 4－39　花朵型胸花起到了画龙点睛的作用

2. 线　造型设计中的线可以有宽度、长度和厚度，还会有不同的形状、色彩和质感，是立体的线。线体现在毛衫上，有图案的绞线、分割线、衣边线、特殊的组织结构形成的肌理线及各种形状的装饰线等；也包括扣子排列形成的心理连线和具有线的感觉的腰带、背带等。

（1）线的种类。线具有方向性、轮廓性和灵活性的特征，从形态上讲，它包括直线、曲线、虚线等。线的方向性、运动性以及特有的变化性，使线条具有丰富的表现力。

直线具有硬直、单纯、男性化、刚毅的性格。直线不仅富有张力，而且还表现出运动的无限可能性。直线有垂直线、水平线和斜线之分，还有粗细之分。垂直线有修长、上升、权威和刚硬感，垂直线过多时显得严格。水平线给人以广阔、静止、柔和和安定的感觉。如图4－40所示粗细不同的直线表现出男性刚毅的性格。直线有威严感和秩序感，在男装中应用得较多；斜线则会产生活泼轻松、飘逸之感。

与直线设计相比，曲线的运用能使生硬感柔化，给人以柔软、优雅的感觉，更能体现毛衫与人体结合时所特有的感情色彩。曲线多用在女装设计中，相对而言，毛衫中的曲线运用较多，这与毛衫本身的特性有关。曲线有几何曲线和自由曲线之分，圆、椭圆、抛物线、双曲线等都属于几何曲线，几何曲线具有确定、明了、高级的性格；自由曲线是随意画出的曲线，有C形、S形和涡形，还有各种各样的随意曲线，自由曲线具有柔软、优雅、花哨的性格，使人感到温暖纤细、富于变化，用在针织毛衫中更显女性特点。如图4－41所示自由变化的曲线把女性优雅的特性表现得淋漓尽致。

图4－40 粗细不同的直线表现出男性刚毅的性格

图4－41 曲线表现出柔软优雅的性格

虚线是由点串联而成的线，具有柔和、软弱、不明确的性格。虚线在毛衫中的应用主要表现为织带、珠片所形成的线迹构成不同形式的图案，在门襟、领口、摆边等处的空转组织用粗而宽的线迹当作装饰，外加异种材质的装饰物与衣身的连接线等。在休闲风格、前卫风格的毛衫中经常用虚线作装饰线（图4－42）。

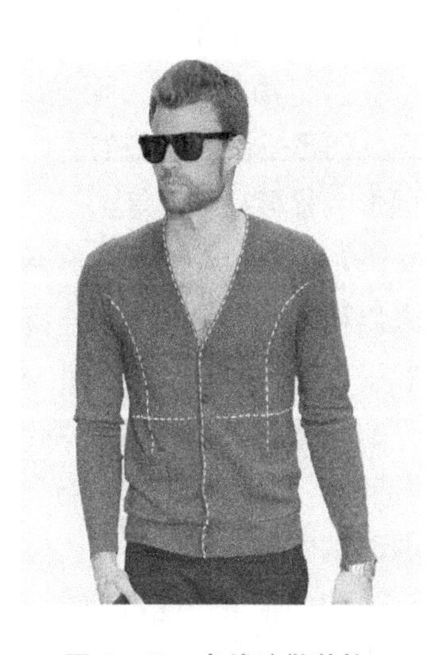

图4－42 虚线迹做装饰

（2）线在毛衫上的表现。线在毛衫上主要通过造型线、工艺手法和饰品等表现。

造型线包括廓型线、基准线、结构线、装饰线和分割线等。廓形是由肩线、腰线、侧缝线等结构线组合而成的，A形线、H形线等廓形线都是颇具代表性的廓型线。毛衫的工艺特殊性决定了线的表现形式以廓型线为主，其他线型为辅。

图4-43 利用组织变化的工艺手法形成的线

毛衫上除了不可缺少的廓型线、结构线以外，还有出于形式美的需要而运用的各种装饰线，常用于底边、袖口、门襟等，如下摆线或领围线位置经常使用镶边、嵌条等。装饰线可出现在任意部位，纯粹是为了装饰，没有实用意义。

运用镶拼、手绘、绣花、镶边等工艺手法以线的形式出现在毛衫上的构成元素，往往具有独特的工艺特点。毛衫上工艺线条的种类非常繁多，如图4-43所示的针织毛衫运用组织结构变化的工艺手法形成的线有规则地出现在毛衫上，增强了毛衫的美感。

拉链、绳带、成排的扣子是毛衫上使用最多、出现频率最高的线感辅料，兼具实用功能和装饰功能。拉链的品种非常繁多，色彩、材质、形状等各不相同，拉链头的造型也根据不同的毛衫进行设计，装饰功能越来越明显。拉链可重叠排列，粗细长短交错搭配，还可充分运用彩色拉链丰富的色彩变化，这都会在毛衫上形成丰富的层次感和韵律感。绳带可根据不同的设计要求而自由选用，如尼龙绳带、布绳带、丝带等。

能体现线性的饰品主要有项链、手链、臂饰、挂饰、腰带、围巾、包袋的带子等。如图4-44所示的造型和色彩简洁的毛衫外套中间束一条红色腰带，再加上金属质地项链，把原本单一的平面断开，丰富了视觉美感。

图4-44 红色腰带和金属项链将单一平面断开

3. 面 造型设计中的面可以有厚度、色彩和质感，是比“点”大、比“线”宽的形体。面因表面形态的不同可分为平面和曲面。

（1）面的种类。面的形状具有多样性和可变性。平面几何形是服装造型的主体，主要包括正方形、三角形、圆形、梯形和异形等。

正方形由上下、左右两组线来保持均衡。三角形给人以稳定、牢固的感觉；圆是最单纯的曲线围成的面，在平面形态中最具有静止感。大小不同的圆依次排列在一起，就会产生动感和深度感。曲面是通过线的运动构成的面，面是体的一部分，单纯平面具有面的特征，而曲面则属于立体的范围。

（2）面在毛衫上的表现形式。针织毛衫的衣片主要由前片、后片和袖片组成，经过缝合出现在同一个面上。有些创意毛衫的衣片则会层叠出现在不同的面上，再经过不同面积、形状、材质或者多种色彩的搭配，使毛衫的视觉效果非常丰富、富有层次和韵律感。如图 4－45 所示的层层叠叠的披肩斗篷和围巾，通过不同面积、形状、材质和色彩的搭配，形成了波西米亚风格。

毛衫的零部件，如比较平服的口袋、领子等是毛衫上局部面造型的表现，特别是一些装饰性的部件，如披肩领、袒领或大贴袋等。局部面造型在与毛衫整体相协调的同时，通过形状、色彩、材质以及比例的变化，会在毛衫上形成不同的视觉效果。

图 4－45　层层叠叠披肩增强了层次感

图 4－46　抽象图案的曲面

毛衫上经常会使用大面积装饰图案，装饰图案的材质、纹样、色彩、工艺手法非常丰富，可以弥补面的单调感。大面积使用装饰图案的毛衫造型利落，结构简单，一般为单色面料，整件服装上很少同时使用多种颜色。如图 4－46 所示的简单的外轮廓造型，抽象图案的曲面打破了款式的单一，成为整件毛衫的主要特色。

面感较强的饰品主要有非长条形的围巾和扁平的包袋、披肩等。用工艺手法在毛衫上形成面的感觉是毛衫经常用的手法，如图 4－47 所示衣身部分采用罗纹组织，领子、下摆则采用纬平针组织，分别构成不同的面的造型。

图 4－47　罗纹与纬平针组织分别构成不同的面的造型

（二）针织毛衫的形式美法则

1. 变化与统一　变化与统一是构成服装形式美诸多法则中最基本、最重要的一条法则。变化是指相异的各种要素组合在一起时形成了一种明显的对比和差异的感觉，变化具有多样性和运动感的特征，而差异和变化通过相互关联、呼应、衬托实现整体关系的协调，使相互间的对立从属于有秩序的关系之中，从而协调统一，具有同一性和秩序感。

如毛衫外形和色彩的统一与变化，装饰形象的统一与变化，既要求统一性，又要求多样性。毛衫系列化设计，毛衫的成套和整体设计，毛衫与鞋帽的整体统一，毛衫与配饰等都要求整体统一而又有变化。图4－48中灰与黑的组合、皮质纽扣、组织变化形成的粗纹理，形成粗犷的统一风格。

2. 对比与调和 对比与调和法则是多样统一的具体化。如毛衫各部位之间的明暗对比、色彩对比，曲与直、集中与分散，大与小、轻与重、软与硬、厚与薄等都可以形成强烈的对比，但只有对比没有调和就会过于夸张、刺激、生硬，而仅有调和没有对比就显得单调乏味。因此，两者关系应表现为：一是在对比中求调和，依靠主体形象和主导色彩获得统一与协调；二是在调和中求对比，在统一的造型和色彩中寻找对比的因素，达到突出个性，获得特殊性的效果。如图4－49所示的毛衫、裙子、腰带及金属的颈饰，产生软与硬、轻与重的对比，最终通过色彩进行了调和。

图4－48 多种形式变化最终形成粗犷的风格

图4－49 材质的对比通过色彩进行了调和

3. 均齐与平衡 均齐即对称，体现了秩序和理性。平衡体现了力学的原则，同量不同形的组合形成稳定、平衡的状态。在毛衫设计中，形体的面积大小、色彩分量的轻重、装饰形象的姿态、分割线的走向等都构成了相互间的动态或动势，运用造型装饰形象，如利用边饰、裁片分割、衣褶等的点、线、面，形成动与静。如图4－50所示毛衫图案左右对称，相同的组织结构使毛衫具有整体感。

4. 比例与尺度 在毛衫设计中，比例与尺度是指各部位尺寸之间的对比关系。在设计上，黄金分割比被认为是最好的比例而被广泛应用，毛衫的长度比例也是以3:5或5:8为最佳。毛衫的长短、宽窄以及各部位裁片、各部分装饰分割等都要求采用美的比例。如图4－51所示上下装的完美比例给人以和谐舒适之感。

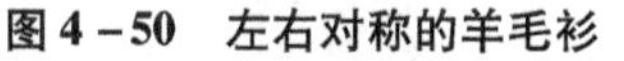

图4-50 左右对称的羊毛衫

图4-51 上下装的比例

5. *节奏与韵律* 在视觉艺术中，点、线、面、体以一定的间隔、方向按规律排列，并由于连续反复的运动也就产生了韵律。这种重复变化的形式有三种，有规律的重复、无规律的重复和等级性的重复。这三种韵律的旋律和节奏不同，在视觉感受上也各有特点。节奏与韵律在动与静的关系中产生，运动中的快慢、强弱，形成律动；律动的不断反复而形成节奏。韵律可以使人感受到整齐、条理、反复、节奏的美感，也可具体表现为形状的不断重复、比例的不断反复以及不同形的重复、线的变化等形式，如图4-52所示。

图4-52 造型的不断反复而形成节奏

（三）视错觉在造型设计上的应用

1. *分割错觉* 分割错觉是指对同一形体采用不同方向、不同形状的线加以分割后产生不同的视错效应。通过肩线、上下胸围线、腰节线、上下臀围线、膝盖线、脚踝线来进行水平分割，同时也可以用疏密不均却平行的横向分割来表现，垂直线分割产生纵向长感，横线分割产生横向宽感、斜线分割产生活泼感。如图4-53所示罗纹组织的弹性具有修身效果，形成的垂直线产生纵向长感。

2. *对比错觉* 对比错觉是两个局部结构并列后相互之间的对比形成的视错觉，它包括形态、大小、长短、松紧、色彩的对比等。一方面，可以运用装饰元素、大小面积等进行对比与变化。如在演绎经典花朵图案的时候，可以将花朵的型号加大，使花朵突出，具有戏剧的张力效果。另一方面，各种造型的叠加表现在同一毛衫上，可以形成新的视觉效果。如图4-54所示，随意的造型叠加表现在同一毛衫上，形成面与面之间的对比错觉，给人新的视觉效果。距离不同，视错觉程度也不同，距离越近，对比越明显，视错感越强，反之则视错感越弱。

3. 方向性错觉 方向性错觉是指局部与局部之间的分割线，形成的上下、左右、前后的空间错觉。重复的水平线在视觉效果上会有上下拉长的错觉。横向分割在毛衫上表现的是一种舒展平和、安静沉稳和庄重的静态美。如图4－55所示，在毛衫设计中，前胸和袖子采用斜向与纵向错落有致的分割，裙为横向宽窄不一的条纹分割，形成空间错觉。

图4－53 罗纹组织的条纹效应产生纵向拉长的视错觉

图4－54 超长围巾的随意叠加形成的对比

图4－55 直条纹与斜条纹产生的方向错觉

四、外轮廓造型

服装的外轮廓是指穿上服装后整个人体的外在形状，也称廓形。毛衫的外轮廓不仅表现了毛衫的造型风格，也是表达人体美的重要手段。

针织毛衫廓形基本以字母形表示法最为常见，另外还有物态形、几何形、体态形等表示法。

（一）H形

H形也称矩形、箱形或桶形，整体呈长方形，是顺着自然体型的廓型，通过放宽腰围，强调左右肩幅，从肩端处直线下垂至衣摆，给人以轻松、随和、舒适自由的感觉。H形服装具有修长、简约、宽松、舒适的特点，如图4－56（a）所示。

（二）A形

A形也称正三角形，主要是通过修饰肩部，夸张下摆线形成的，由于A形的外轮廓线从直线变成斜线增加了长度，进而达到高度上的夸张，是一般女性喜爱的，具有活泼、潇洒、流动感强和充满青春活力的造型风格，如图4－56（b）所示。

（三）X形

X形的线条是最具女性特征的线条，是根据人的体形塑造稍宽的肩部、收紧的腰部、自然的臀形。X形毛衫具有柔和、优美、女人味浓的性格特征，比较合体的紧身毛衫是典型的例子，特别是坑条的细针毛衫，如图4－56（c）所示。

（四）Y形

Y形上宽下窄，形如字母“Y”的毛衫外形，也称倒三角形、倒梯形。是以紧身形为基础，充满刚强、洒脱的男性风格。这种廓形强调夸张肩部，臀部方向收拢，下身紧贴，形成上大下小的廓形。Y形用于男式毛衫，可显示男子威武、健壮、精干的气质；用于女式毛衫，既能显得高雅、伶俐，又富有柔中带刚的男性化气质，如图4－56（d）所示。

（五）O形

O形呈椭圆形，肩部、腰部以及下摆处没有明显的棱角，特别是腰部线条松弛，不收腰，整个外形比较饱满、圆润。O形毛衫具有休闲、舒适、随意的特点，在休闲毛衫、粗针毛衫以及毛衫外套的设计中运用得比较多，如图4－56（e）所示。

(a)H形 (b)A形 (c)X形 (d)Y形 (e)O形

图4－56 字母形毛衫廓形

五、内部造型设计

（一）结构线与装饰线设计

1. 结构线 毛衫的结构线是构成毛衫组织结构和部位规格的基本线条，结构线在毛衫上表现为各种肩缝线、袖窿线、褶裥线等，既是毛衫衣片的连接线，又是分割线。

毛衫的结构线首先要适应人体曲线的变化，又要具有舒适、合体、便于行动的性能。毛衫的结构线不论繁简，都不外乎直线、弧线和曲线这三种不同风格的基本线型。直线给人以单纯、稳重、刚强之感，具有男性风格；弧线显得圆润均匀而又平稳流畅，适宜表现中性风格；曲线如抛物线、螺旋线等，动感较强，具有轻盈、柔和、温顺之感，适宜表现女性美。

2. 装饰线 毛衫的装饰线是指对毛衫造型起到艺术点缀、修饰美化功能的线条。按其属性可分为艺术性造型装饰线和工艺性造型装饰线。前者表现为在款式上具有装饰功能的直线、

图 4－57　装饰线在毛衫上的运用

曲线、折线、交叉线、放射线、流线、螺旋线等，后者表现为具体的镶嵌线、拼接线、车缝或手缝明线以及花边线、拉链装饰线等。装饰线虽然与结构线、分割线紧密相关，但在本质上是不相同的，它是充分体现艺术点缀修饰美化功能的线条，从而增添服装造型的整体美感，特别在当今时装上应用很广泛，如图 4－57 所示。

（二）领型设计

1. 领的分类　衣领在结构上可分为领口和领子两个部分。领口是衣身部分空出脖颈的那个口子，裁剪上称为领窝。而在领窝（或领口）上的独立于衣身之外的部分，通常称为领子。衣领的构成因素主要是领口的形状、领角的高度和翻折线的形态、领面轮廓线的形象以及领尖的修饰等。毛衫领按结构可分为挖领和添领两大类。

（1）挖领。挖领中的无领也称为花领口，就是在衣身的领圈部位形成凹形的领窝，即领口形，没有领面，只有领窝。特点是造型简洁，节省材料，能显示颈部美，可弥补短颈的不足，有利于佩戴首饰。由于领口的高低和领线的变化，其基本形态主要有方领、圆领、尖领、“一”字领、鸡心领和梯形领等（图 4－58）。此外，还有斜线形、背心形（吊带或无带）、前开衩形及前襟斜向叠合的和尚领，挂到颈后的挂脖领和抽带领等。

挖领的另一种形式是在领窝上加装不翻的领边，常见的有圆领、V 领、杏领、叠领等。挖领通常低于咽喉部位，并且领边较窄，还有的在领口上镶花边、加牙子、挑补绣花等，或是设计成各种款式的花领口，如波浪型、钥匙孔型和假领等，如图 4－59 所示。

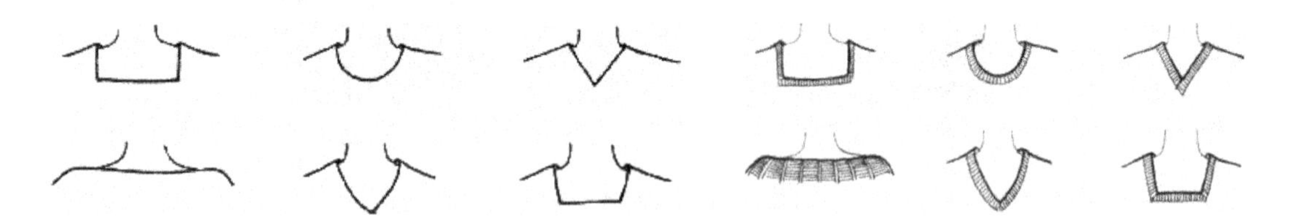

图 4－58　无领基本形态　　　　图 4－59　加领边的挖领

（2）添领。添领（图 4－60）主要分为开领和关领。

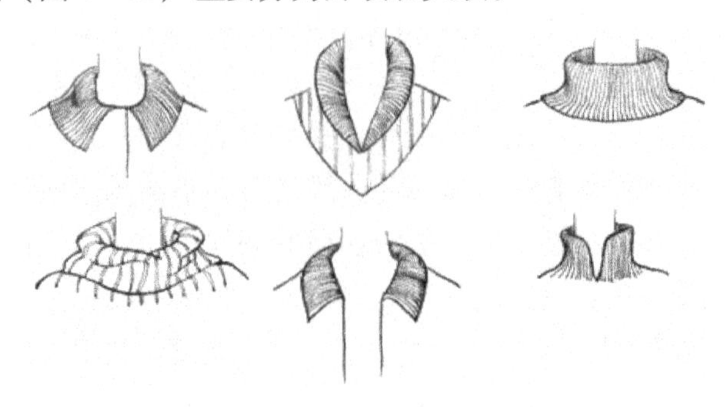

图 4－60　添领

关领又称为关门领，指穿着后纽扣扣至颈脖或略下部位的领形。按其形状可分为方领、圆领、尖领、竖领、盆领、香蕉领、环领等。

开领又称为开门领，指穿着后领子往外翻出，纽扣不同程度地低于颈脖的领形。按其造型特征一般可分为翻领、驳领、摊领和敞开领。

2. 领型与人体的关系 领型的设计要考虑人体的体型、脸型、颈部的长短和粗细、肩阔造型、胸部造型等各方面。

（1）长脸型有朴素、富有激情的感觉，适宜选择水平的领型（如方领、一字领）。领口不宜开得太深，使颈部露出的部分少些，以中和脸长的感觉，增加宽度。

（2）方脸型有明快、豪爽、严肃的感觉，适宜选择尖领、小圆领或长驳领，避免使用直线式高领、倒开领和一字领，这样能减少生硬感。方脸型的女性，要多使用线条柔和的领型，如青果领、圆领、杏领等，以削弱过于严肃的感觉，获到刚柔相济的效果。

（3）瓜子脸型类似尖脸型，适宜选择翻领、小圆领、中式的竖领和宽的一字领。这些领型在视觉上能修饰脸型偏窄和下巴尖的感觉。不宜用三角式领子，以免使脸型变得更尖。

（4）圆脸型有活泼、明朗而和睦之感，适宜选择线条向下延伸的"V"字形领（如西装式的翻驳领）和稍带方形或略尖形的领子，以减少宽圆的感觉，增加一些长度感。不宜使用大圆领、正方形领和横形领。

（5）椭圆脸型有明朗、快乐、端丽的感觉，它与任何领型搭配都会收到协调的美感，适应性很强。

领型与颈部的关系也非常密切。颈部较长的，领脚应开得高一点，以升高的领子掩盖颈的部分面积，进而减弱颈部的长感，如立领、关门领，或在领口关门处设计装饰物，缩短头颈的延伸部位等。颈短的则与此相反，领型可设计成袒领、驳领、无领或前开领尽量开低，增加颈部的延伸度。

衣领的设计还需考虑到其他方面的因素。例如，肩阔的人，领阔也相应设计得宽一些，减少小肩部裸露面；肩窄的，领阔也要窄一些，使小肩与领阔通过阔度的对比显得匀称；胸围大、偏胖者领型设计要求简洁，领阔和驳口阔度要适中，过宽或过窄都会使人显得更胖；偏瘦者，可采用双叠门或荷叶领，领型和门襟装饰可以设计得丰富多彩一些，使穿着者显得丰满健壮一些。

衣领的设计，还要充分考虑衣料的色彩，并加以适当的装饰，如花边、打褶、滚边、重叠等。衣领设计还要符合流行趋势，适应毛衫的风格，使毛衫整体设计具有鲜明的特色风格，如图 4－61 所示。

图 4－61 加宽翻领加流苏的新式领型

（三）袖型设计

袖子由袖山、袖身和袖口三部分组成。袖型的变化主要由

图 4-62　变化的袖型

袖山、袖身和袖口的造型变化再配合多变的装接缝纫方法而构成（图 4-62）。

1. 袖子造型分类

（1）按袖子的形状分。普通衬衫袖，裁剪时均为独幅一片式袖；铃形袖，像铃铛的造型一样，上小下大，也称为喇叭袖；灯笼袖，袖山与袖口两端收束，中间蓬松；泡泡袖，袖山蓬松隆起，下端袖口一般不收；西装袖，袖山深比衬衫袖高得多，分大小两片式袖子进行裁剪；中装袖，袖子和大身相连，大身无肩斜，袖中线和肩水平；连袖式，大身有间歇，袖中线和小肩斜角线圆顺相连；无袖式，将大身袖窿作为出手口，或是略放长小肩和前胸宽，成为极短的连袖式，外观仍是无袖式造型。

（2）按袖子的长度分。短袖，袖长从肩到肩与肘的一半的位置左右；半袖，袖长从肩到肘的部位左右；七分袖，即中袖，袖长从肩到肘与手腕的一半左右；长袖，袖长从肩到手腕。

（3）按袖子的工艺制作方法分。连袖，又称连衣袖，袖子与大身相连，不需要装袖；装袖，袖子和大身是两个部分，通过装袖工艺将袖子与大身连为一体；插肩袖，肩部与袖子相连，由于袖窿开得较深直至领线处，整个肩部即被袖子覆盖；无袖，是肩部以下无延续部分，也无需另装衣片，而以袖窿作袖口的一种袖型，又称肩袖。

2. 袖子造型与人体的关系　袖子造型与人体的肩部、手臂的关系紧密。衣袖的设计，要符合人体肩部和手臂的形状、结构及运动规律。衣袖设计的关键，是要处理好袖窿、袖山与肩臂的关系，以及袖身与袖口、手臂的关系。

袖窿形状来源于人体的腋窝剖面形状，为了适应人体活动与造型设计的要求，要加一定的放松量。一般袖窿线的位置，是从肩端向下至腋点的自然弧线。移动袖窿线的位置，会带来袖型的变化。例如，以普通袖为依据，将袖窿线提高到肩中部则为半插袖，提高到颈部则为全插袖，降低到肩以下为吊肩袖，再降低到上臂中部为落肩袖，以袖窿为出手口时则为无袖。

袖山是袖片与衣服正身袖窿的连接处。人体的肩部有正常体、平肩（俗称扛肩）、坍肩、冲肩、高低肩五种类型。正常体适合各类袖子造型；平肩型适宜穿连袖式和中式袖造型，不宜设计灯笼袖或泡泡袖；坍肩适宜灯笼袖或泡泡袖，可以装上垫肩和袖山头衬肩；冲肩的人不适宜穿包袖和铃形袖子，而适宜穿宽大的连袖式或蝙蝠式袖子。高低肩可以通过加垫肩使左右肩平衡。

袖身包括袖长与袖肥。从袖长上看，无袖和盖袖有加强人体肩线美的作用，而且穿着凉爽，多用于夏装；长袖和中袖能突出袖身形象。从袖肥上看，合身袖穿着贴体，能显示肩臂的自然美；宽松袖使上臂活动自如，衣纹变化有动感。袖身的长短与肥瘦，要适合人的手臂特点。手臂偏短的，袖长规格设计时应比实际长度适当放长一些；反之，手臂偏长的，袖长规格设计则适当短一些。

袖口以大、中、小各种围度或各种装饰来改变和美化袖身的形象，袖口的形式多种多样，各具特色，有传统的马蹄袖口、钟形袖口、水袖口、外翻袖口，并以明线或镶边作装饰、盘式袖口及荷叶袖口等。

在进行毛衫袖型设计时，袖子造型与毛衫整体造型要相互协调、统一。一般来说，上窄下宽的衣身配上窄下宽的衣袖，衣身与袖身宽窄方向一致，可强化毛衫廓型，使其特点更为鲜明突出。上窄下宽的衣身配上宽下窄的衣袖，衣身与袖身宽窄方向倒置，如泡泡袖式的袖山头造型等。为了突出毛衫的风格，反映穿着者的性格，丰富衣袖的变化，常在衣袖上作装饰，如钉肩章、缀纽扣、贴口袋等；或运用各种工艺手段，如翻边、镶边、加带、饰蝴蝶结以及用布料拼色、缉线，甚至以金银、珠宝作扣饰，来体现不同的美感。

（四）门襟和下摆设计

1. 门襟　门襟主要用于毛衫开衫的叠门处，既可钉纽扣、装拉链，又起到了装饰作用。门襟在长短上可分为通开襟和半开襟。通开襟是襟直开至摆底，半开襟一般为套头衫。门襟的形式较多，主要呈条带状，门襟带所用织物组织一般为满针罗纹的直路针或2+2罗纹的横路针，也可用1+1罗纹、畦编、波纹、提花、绣花等。门襟的种类很多，按造型分为对称式和不对称门襟两大类。对称式门襟是以门襟线为中心轴，造型上左右完全对称，具有端庄、娴静的平衡美，如图4-63所示。不对称式门襟，是指门襟线离开中心线而偏向一侧，构成不对称效果的门襟，又称作偏门襟。

图4-63　旋转系带门襟

门襟是毛衫布局的重要分割线，它与衣领、纽扣、搭袢互相衬托，和谐地表现毛衫的整体美。门襟还有改变领口和领型的功能，由于开口方式不同，能使圆领变尖领、立领变翻领、平领变驳领等。门襟必须根据毛衫的款式、组织结构、服用要求等进行合理有效的设计，既要考虑门襟的平整、挺括、不易变形，又要注意其装饰效果，以穿脱方便、布局合理、美观舒适为原则。

2. 下摆　毛衫的底边称为下摆，它的变化直接影响毛衫廓型的变化。毛衫下的摆有直边、折边、包边三种，直边式下摆是直接编织而形成的，通常采用各类罗纹组织和双层平针组织；折边式下摆是将底边外的织物折叠成双层或三层，然后缝合而成的；包边式下摆是将底边用另外的织物进行包边而形成的。

毛衫中裙装的下摆按形状可分为宽摆、窄摆、波浪摆、张口摆、收口摆、圆摆、半圆摆、扇形摆等，按其工艺装饰特征可分为叠裥摆、环形波浪摆、花边装饰摆、开叉摆、缀花摆等。如图4-64所示为别致的毛衫裙下摆。

（五）口袋

口袋具有存物和装饰的作用，口袋设计是毛衫设计的一个重要组成部分，要注意口袋在

图4－64 别致的毛衫裙下摆

毛衫整体中的比例、位置、大小和风格的统一。

1. **插袋** 插袋是在衣缝之中留出适当的空隙并配上里袋而形成的。如裤子两侧的插手袋，上装摆缝和裤腰缝留出的插手袋等，有的插袋还加上各种袋口条和袋盖，或以镶边、嵌线、花边等来装饰。其造型变化并不大，多数很不显眼，但实用性强。

2. **挖袋** 挖袋又称开袋，是在衣片上破开成袋口、内装袋布的口袋。挖袋造型的变化范围较小，主要是袋口部分的变化，如袋口嵌条嵌牙的变化、袋口形状变化、袋口位置变化及袋盖形状变化等。

3. **贴袋** 贴袋是将布料裁剪成一定形状，直接缝在衣片上的口袋。由于袋形全貌显露在衣服表面，又称明袋或明贴袋。贴袋的造型变化最大，形状有方形、尖形、圆形和多边形、椭圆形以及仿生形。仿生形在童装上应用得较多，如苹果、香蕉、小动物、月亮、小船、太阳等各种形状。

4. **假袋** 假袋，就是为了在设计中追求某种效果而设置的一些假的口袋，其外观造型与真口袋几乎没有差别，只是省略了袋里布而没有实际价值，形同虚设。

在口袋造型设计中，须根据功能与审美的要求，结合服装的领边、门襟边、下摆边、袖口边和整体造型进行构思，做到均衡、相称、统一、协调一致。各种袋形的设计，要便于人手和手臂的活动；衣袋位置的设置，要有利于手的插入角度和高度，既便于伸缩自如的放、取物品，也能使手得到舒适的休息。袋口的方向、口袋的大小和袋位的高低要符合功能性和形式美的要求。

衣袋与整套服装的协调，是指衣袋与衣袋、衣袋与衣领、衣袋与衣袖之间，在外形、色彩、比例、规律上都要服从毛衫的总体造型。如图4－65所示贴袋边缘进行了色彩的变化，既具有实用性能，又起到装饰作用。

图4－65 兼具实用性与装饰性的口袋

（六）装饰配件设计

装饰配件在毛衫设计中的运用也很广泛，可以将镶、嵌、贴等工艺装饰手法运用于毛衫衣片的接缝处，还可在后期工艺中采用水钻、珠片、绒线球等装饰物对简洁的毛衫进行装饰。

1. **纽扣** 纽扣在毛衫中能起到点缀、平衡和对称的作用。纽扣的种类和形状很多，大致可分为开启纽（有扣眼和扣襟）、按纽（不需要扣眼）、装饰纽（没有开启作用）三大类。还有贝壳扣、水钻扣、木质扣、有机玻璃扣、塑料电镀扣、聚酯扣、皮扣、金属扣等不同材质的纽扣；还有几何形态的，如方形、圆形、长形、菱形、凹形、凸形等；另外还有仿各种动、植物造型的纽扣以及用本身坯布包裹的包纽等。如图4－66所示为采用与羊毛衫相同的纱线制作的纽扣。

2. 拉链 拉链是代替纽扣起开启和装饰作用的服饰配件，一般可分为开尾式拉链、封尾式拉链和隐形拉链。如在一件素色的针织毛衫上加上一条装饰拉链，不仅能起到连接衣片的作用，还能对服装的着装效果起到画龙点睛的作用，如图4－67所示。

图4－66　用织物本身包裹的纽扣

图4－67　素色毛衫上拉链的连接和装饰作用

3. 刺绣 刺绣是在已经织好的织物上进行再创作的艺术。刺绣是毛衫中常用的一种装饰手法，主要表现为：与毛衫同料同色、同料异色、异料异色的平面刺绣，与针织面料相结合的贴布绣，有填充物的立体刺绣，针织物以外的珠子、鳞片、绿松石等有特色的刺绣，如图4－68所示。

4. 抽带、系带 抽带和系带在毛衫中的运用大多是实用功能与装饰功能合为一体的。绳带运用的部位不同，所形成的效果也不同，细细的绳带缠绕在肩膀、领口、袖口或是臂膀上，风格独具的腰带围绕在腰上。

5. 流苏、荷叶边、蕾丝 轻柔的蕾丝、飘逸的丝带、层层的荷叶边、美丽不羁的流苏常常是柔美女装的代名词。流苏在民族风情的毛衫上运用得较多，细细长长的流苏在裙边、袖口、衣角、腰带上的运用特别抢眼。在毛衫设计中，这几个元素可以单独存在也可同时运用在一件衣服

图4－68　刺绣在羊毛衫上的应用

上。如图 4 – 69 所示优雅的丝带、层层的荷叶边与毛衫搭配，显现出浪漫与飘逸。别致的袖型再加上一些特殊的组织结构运用在前胸的位置显现出不同的浪漫与优雅。

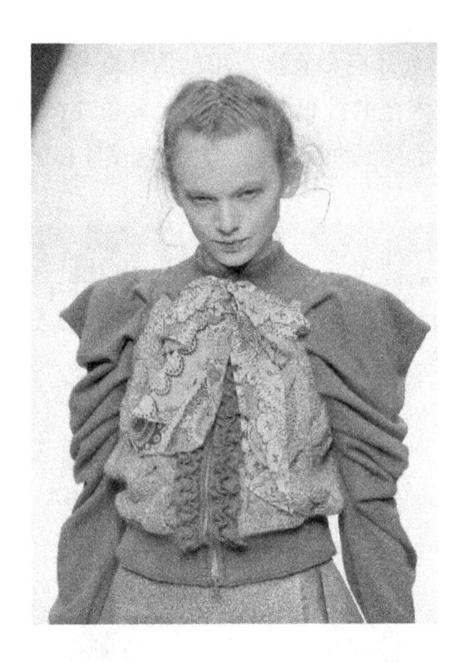

图 4 – 69　丝带、荷叶边的运用显现出飘逸与浪漫

第五章　羊毛衫的编织工艺设计

本章知识点

1. 羊毛衫编织工艺设计的原则与内容。
2. 确定机号与编织密度。
3. 不同羊毛衫的工艺计算方法。
4. 工艺计算中针转数的分配法。
5. 计算整个产品的用料量。

第一节　羊毛衫编织工艺设计的原则与内容

羊毛衫的工艺设计，是整个产品设计过程中的重要环节。工艺设计的正确与否，直接影响着产品的质量、成本和生产效率。综合考虑产品的款式、规格尺寸、测量方法、编织机械、织物组织、密度、成衣与染整设备及成品重量要求等多方面的因素，制订出合理的操作工艺和生产流程，是提高羊毛衫产品质量和产量的保证。

一、工艺设计原则

（1）按经济价值的高低，分档设计产品。羊绒、羊毛、驼绒（毛）等纯精纺毛类产品属高档产品，因此要求设计精心，做工讲究；腈纶等化学纤维类产品属低档产品，则要求工艺简化、款式多变。

（2）以多快好省为原则，尽量节省原料。设计羊毛衫时，由于某些原材料的价格比较高，因此在整个工艺设计过程中，要精心计算，减少原材料和辅料的损耗，以降低生产成本。

（3）结合实际生产情况制订出最佳的工艺路线。在羊毛衫生产过程中，要根据原料、设备条件、操作水平以及前后道工序的衔接等因素，制订出最短、最合理的工艺路线，以提高劳动生产率。

（4）为保证产品的质量要求，一定要先试验后定工艺，先封样后投产。

（5）在保证产品质量的前提条件下，提高劳动生产率。

二、工艺设计内容

（一）产品分析

（1）根据样品资料，分析产品款式、配色、图案，确定原料的种类、纱线线密度以及织物的组织结构和密度等。

（2）选用编织机器，确定其型号和机号。

（3）确定产品的规格和测量方法，并初步确定单件新产品的用料量。

（4）考虑缝制条件，选用缝纫机的机种并制订缝合质量要求。

（5）考虑染色和后整理工艺，并考虑其质量要求。

（6）考虑产品所采用的修饰工艺和所需的辅助材料。

（7）考虑产品所采用的商标形式和包装方式等。

（二）确定生产操作工艺

（1）通过试验小样，确定织物的回潮率和成品密度。

（2）理论计算羊毛衫产品的编织操作工艺。

（3）制订羊毛衫产品的编织操作工艺单。

（三）产品用料计算及半成品质量要求的确定

（1）横机产品通过试验小样测定织物单位线圈质量。

（2）横机产品按编织操作工艺单求出各衣片线圈数。

（3）横机产品根据织物单位线圈质量与各衣片线圈数求出单件产品理论质量。

（4）计算横机单件产品的原料耗用量。

（5）确定横机所编织半成品的质量要求。

（四）制订缝纫或套扣工艺流程与质量要求

（1）确定选用缝纫机、套扣机的型号、规格。

（2）经济合理地安排缝纫（包括装饰）工艺流程。

（3）制订缝制方法和各工序的质量要求。

（五）制订染色、后整理工艺及其质量要求

（1）对需要染色的产品，制订合理、经济的染色工艺。

（2）制订产品最佳的缩绒工艺和其他后整理工艺。

（3）正确选用染色和后整理设备的型号、规格。

（4）制订染色和后整理工艺的质量要求。

（5）选用整烫设备，制订整烫条件和质量要求。

（六）试制与修改

经反复试制与修改，确定最佳工艺。

（七）确定产品出厂重量、商标及包装形式

确定新产品的出厂重量、标明商标和吊牌的缝订方法以及新产品的包装形式。

（八）技术资料汇总

将产品的技术资料汇总、装订、登记，并存档保管。

第二节　机号与编织密度的确定

一、机号与纱线线密度的选定

根据羊毛衫产品织物组织结构和原料纱线密度，合理地选择编织机器的机号，不仅使羊毛衫产品外观纹路清晰、手感柔软、质地丰满、弹性好、尺寸稳定性好，更有利于提高羊毛衫产品的品质质量和服用性能。

横机的机号分为细机号和粗机号两种，常用机号有3G、5G、7G、9G、11G、12G、14G、16G、18G等。机号与纱线线密度、织物组织有密切关系，机号越高，针距越小，可加工纱线越细，织物密度越大。对于某一种机号的机器来说，其可选用的纱线密度不是单一的，而是有一定的范围的。

根据经验所得，在横机上编织纬平针织物和罗纹织物时，适宜于某种机号的纱线线密度可按下列公式求得。

$$\mathrm{Tt} = \frac{K}{G^2} \quad 或 \quad N_\mathrm{m} = \frac{G^2}{K'}$$

式中：G——机号，针/25.4mm；

Tt——纱线线密度，tex；

N_m——纱线公制支数；

K、K'——适宜加工纱线线密度常数。

在实际生产中，影响K、K'的因素较多，通过实验得出K取7000～11000或K'取7～11为宜。K或K'的选定也要视纱线种类、纱线加工方式等具体生产情况来确定。

二、织物密度设计与回缩

（一）织物密度的确定

纱线线密度一定时，羊毛衫产品的稀密程度可以用密度、未充满系数和编织密度系数来表示。在羊毛衫产品生产中，通常用沿线圈横列方向10cm内的线圈纵行数为横密（P_A）；沿线圈纵行方向10cm内的线圈横列数为纵密（P_B）。而密度又可分为成品密度和下机密度。

1. 成品密度　又称净密度，是羊毛衫产品经后整理线圈达到稳定状态时的密度，又称净密度。它是羊毛衫新产品进行编织操作工艺计算的基础之一，应根据选用的纱线线密度、机号、新产品质量、织物风格以及服用性能等确定最佳密度。与此同时，还应注意羊毛衫新产品的密度对比系数和未充满系数。

密度对比系数$C = \dfrac{P_\mathrm{A}}{P_\mathrm{B}}$，根据实践经验，通常$C = 0.6 \sim 0.8$，

未充满系数$\delta = \dfrac{l}{d}$，l为线圈长度，d为纱线直径，通常$\delta = 20 \sim 22$。

合理的密度对比系数不仅可以改善织物的外观，使织物纹路清晰，而且可以使织物尺寸

稳定性提高。织物的未充满系数与织物的保暖性、透气性、抗起毛起球性、缩绒性等有关。

2. 下机密度 又称毛密度，是织物完成编织后的密度，它是一种不稳定的密度，主要用于半成品尺寸的检验。若织物下机密度为 P_S；成品密度为 P_C；则织物的下机回缩率 Y（%）可由下列公式求得：

$$Y = \frac{P_C - P_S}{P_C} \times 100\%$$

3. 罗纹织物长度和密度的确定 工艺设计中，罗纹织物部段的长度，由罗纹计算密度与产品中此部段尺寸相结合来计算编织线圈的行列数。实际上影响罗纹计算密度的因素较复杂，而且对于同一种原料，同一种组织结构，同一台机器设备，长罗纹与短罗纹织物相比，其计算密度（纵向）会有所不同。罗纹织物成品长度与下机长度，一般有以下规律：纯毛类产品：下摆罗纹比下摆净长尺寸长 0.5 ~ 1cm；袖口罗纹比袖口净长尺寸长 0 ~ 0.5cm；腈纶产品：罗纹下机长度比净长尺寸长 0.5 ~ 1cm。

（二）织物的回缩

羊毛衫衣片下机后要进行回缩。因此，了解不同原料、不同组织结构的织物的回缩率的大小及其影响因素，是保证成品规格尺寸和产品重量的重要环节。

影响织物回缩率的主要因素有原料的性质、织物的组织结构、编织过程中纱线的张力与牵拉力以及印染与后整理方法。

目前，羊毛衫生产工艺中，揉、掼、卷三种回缩方法的应用较为普遍。它们可以对下机织物进行迅速而简单的处理，使织物外力消除，达到松弛状态，也能符合预期回缩的效果。

生产和科研实践中有干、湿、汽三种松弛回缩方式，还有蒸缩与浸水、脱水、烘干组成的全松弛回缩。以汽蒸和全松弛回缩效果最佳。

第三节　羊毛衫的工艺设计

羊毛衫产品的工艺计算，是以成品密度为基础，根据产品部位的规格尺寸，计算并确定所需要的针数（宽度）、转数或横列数（长度），同时考虑在缝制成衣过程中的损耗（缝耗）。

设计产品的成品密度时，一般情况取袖子的纵密比衣身纵密小 2% ~8%；而横密比大身密度大 1% ~5%，这样可以抵消产品在生产过程中产生的变形。具体差异比例应根据原料性质、织物组织结构、机器机号及后整理条件等因素决定。

通常的羊毛衫设计工艺流程为：

设计→定稿（定原料、组织、机型）→络纱→织小样→定密度→编织计算→编织→衣片（罗纹）→翻针→衣身→收放针→下机→袖片→缝合→缩绒→水洗→特殊装饰→纽扣→整理→成衣

在羊毛衫产品编织工艺计算转数时需要考虑组织结构的因素，将其换算成转数，转换系数与织物的组织结构有关（与组织结构在机器一转编织的横列数有关），故称组织因素

（表 5 - 1）。

表 5 - 1　组织因素列表

组织结构	线圈横列数与转数	组织因素值
畦编、半畦编、罗纹半空气层（反面）	一转一横列	1
纬平针、罗纹、四平、罗纹半空气层（正面）	一转二横列	1/2
罗纹空气层（四平空转）	三转四横列	3/4

羊毛衫编织工艺的计算方法不是唯一的，只要设计出符合要求的产品即可。下面介绍羊毛衫的一般计算方法。

一、平肩款式的工艺计算方法

平肩袖成品尺寸如图 5 - 1 所示。

（一）后片的计算

1. 胸宽（针数）

胸宽针数 =（胸宽尺寸 - 两边摆缝折向后身的宽度）× 大身横密 ÷ 10 + 缝耗针数

式中：大身横密单位为线圈纵行（针）/10cm；摆缝折向后身的宽度一般取 1 ~ 1.5cm；缝耗是指两边缝耗针数之和，摆缝耗一般每边取 0.5cm，细机号产品为 3 ~ 4 针，粗机号产品为 1 ~ 2 针，一般品种取 2 ~ 3 针。

2. 衣长（总转数）

衣长总转数 =（衣长尺寸 - 下摆罗纹长）× 大身纵密 ÷ 10 × 组织因素 + 肩缝耗

式中：肩缝耗、衣长尺寸在 70cm 以上时可不考虑，60 ~ 69cm 时加 2 转，60cm 以下时加 4 转即可，纵向合肩缝耗一般为 2 ~ 3 个线圈横列。

大身平摇转数 = 衣长总转数 - 前、后身挂肩总转数 - 上挂肩收针转数 ÷ 2

3. 后领口（针数）　与边口方式和后领口尺寸的测量方法有关，此外还要考虑缝耗的影响。

（1）已知外领口尺寸。则按下式计算。

后领口针数 =（后外领口尺寸 - 1.5 ~ 2cm 的修正因素）× 大身横密 ÷ 10

（2）已知内领口尺寸。则按下式计算。

后领口针数 =（后领口尺寸 + 领罗宽 × 2 - 领边缝耗 × 2）× 大身横密 ÷ 10

4. 背肩宽（针数）

（1）背肩宽针数 = 肩宽尺寸 × 大身横密 ÷ 10 × 肩膊修正值 + 上袖缝耗 × 2

根据袖型的不同，肩膊修正值略有差异，一般肩膊修正值取 95% ~ 98%。

（2）背肩宽针数 = 后胸宽针数 - 后身挂肩每边收去针数 × 2

5. 挂肩

（1）前、后身挂肩总转数 =（挂肩尺寸 × 2 - 几何差）× 大身纵密 ÷ 10 × 组织因素 + 肩缝耗 × 2

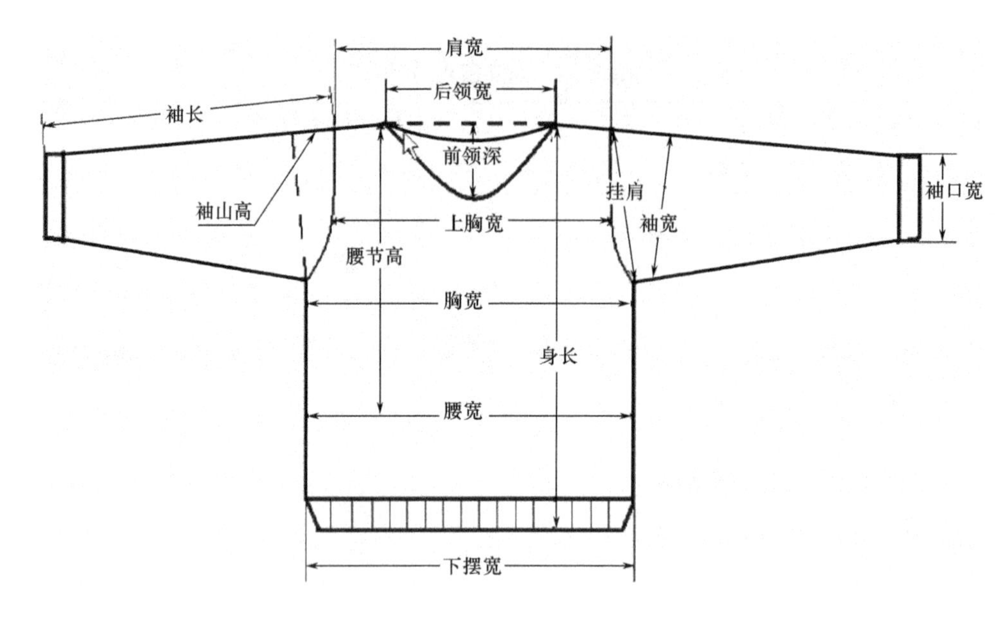

图 5－1　平肩袖成品尺寸

（2）后身挂肩转数 = 前、后身挂肩总转数 ÷2 – 肩斜差 ÷2 × 大身纵密 ÷10 × 组织因素

（3）后身挂肩收针数（每边） =（后身胸宽针数 – 后背宽针数） ÷2

（4）后身挂肩收针次数 =（后身胸宽针数 – 后背宽针数） ÷ 每次两边收去针数

（5）后身挂肩收针转数。一般取前、后挂肩总转数的 1/4。

（6）后身挂肩每次收针转数 = 后身挂肩收针转数 ÷ （后身挂肩收针次数 –1）

（7）上挂肩收针转数 = 前肩部挑眼针数 ÷2 +4 转 = 前肩部挑眼针数 ÷1.8

（8）下挂肩收针转数 = 袖收针转数 +2 转

（9）后身挂肩平摇转数 =1/2 前、后身挂肩总转数 – 后身挂肩收针转数 –1/2 后肩收针转数

后身挂肩平摇转数 = 前、后身挂肩总转数 – 上挂肩收针转数 ÷2 – 下挂肩收针转数

6. 后肩收针

（1）后肩收针针数（每边） =（后肩宽针数 – 后领口针数） ÷2

（2）后肩收针次数 = （后肩宽针数 – 后领口针数） ÷ 每次两边收去针数

（3）后肩收针总转数 = 前身挂肩转数 – 后身挂肩转数 – 后褶差

（4）后肩每次收针转数 =（前身挂肩转数 – 后身挂肩转数） ÷ （后肩收针次数 –1）

（5）后肩每边每次收针针数 = （后肩宽针数 – 后领口针数） ×1/2 收针次数

（二）前片的计算

1. 胸宽（针数）

（1）套衫胸宽针数 = （胸宽尺寸 + 后褶宽 – 弹性差异） × 大身横密 ÷10 + 摆缝耗 ×2

（2）开衫（装门襟）胸宽针数 = （胸宽尺寸 + 后褶宽 – 门襟宽） × 大身横密 ÷10 +2（摆缝耗 + 门襟耗）

（3）开衫（连门襟）胸宽针数 =（胸宽尺寸 + 后褶宽 + 门襟宽）×大身横密 ÷10 +2（摆缝耗 + 装门襟丝带缝耗）

2. 衣长（转数）

（1）总转数（不包括罗纹转数）=（衣长尺寸 - 下摆罗纹长 + 测差）×大身纵密 ÷10 × 组织因素 + 肩缝耗

（2）领深转数。

① 套衫领深转数 =（领深尺寸 + 领罗宽）×大身纵密 ÷10 ×组织因素

② 开衫领深转数 = 领深尺寸 ×大身纵密 ÷10 ×组织因素 - 领缝耗

3. 肩宽（针数）

（1）套衫。

① 肩宽（针数）= 肩宽尺寸 ×大身横密 ÷10 ×肩膊修正值 + 上袖缝耗 ×2

② 肩宽（针数）= 前身胸宽针数 - 前身挂肩每边收针数 ×2

（2）开衫。

肩宽（针数）=（肩宽尺寸 - 门襟宽）×大身横密 ÷10 + 缝耗 ×4

4. 挂肩

（1）前、后身连肩总转数 =（挂肩尺寸 ×2 - 几何差）×大身纵密 ÷10 ×组织因素 + 肩缝耗 ×2

（2）前身挂肩转数 = 挂肩总转数 ÷2 + 肩斜差 ÷2 ×大身纵密 ÷10 ×组织因素

（3）前身挂肩收针针数（每边）=（前胸宽针数 - 前眉宽针数）÷2

（4）挂肩收针次数 =（前胸宽针数 - 前身肩宽针数）÷每次两边收去的针数

（5）前身挂肩收针转数。一般取前、后挂肩总转数的 1/4。

（6）挂肩平摇转数 = 前身挂肩转数 - 前身挂肩收针转数

（7）挂肩放针。为了使羊毛衫更能适合体形，在前身肩口处需要加放上袖“劈势”，一般每边取 1 ~1.5cm，即在衣片挂肩平摇转数最后 3 ~4cm 中，放针 4 ~5 针，从此造成肩口向外扩展，使肩口上袖平挺。

（三）袖片的计算

1. 袖长（转数）

袖长转数 =（袖长尺寸 - 袖口罗纹长度）×袖纵密 ÷10 ×组织因素 + 缝耗

2. 袖阔针数（袖阔同挂肩）

袖阔针数 = 袖阔尺寸 ×2 ×袖横密 ÷10 + 缝耗 ×2

3. 袖山头针数

袖山头针数 =（前身挂肩平摇转数 + 后身挂肩平摇转数 - 肩缝耗转数 ×2）÷大身纵密 ÷10 ×袖横密 ÷10 + 缝耗针数 ×2

4. 袖膊收针

（1）袖膊收针次数 =（袖阔针数 - 袖山头针数）÷每次两边的收针数

（2）袖膊收针转数。一般与前、后身挂肩收针转数的平均值相同或接近，即取相同或接近前后身挂肩的收针转数。

5. 袖口罗纹

（1）袖口针数＝袖口尺寸×袖横密÷10×2＋缝耗×2

（2）1×1袖罗纹排针（条）。通常通过袖口针数÷2计算而得。

（3）2×2袖罗纹排针（条）。通常通过袖口针数÷3计算而得。

（4）袖口罗纹转数＝（袖罗纹长度－空转长度）×袖罗纹纵密÷10×组织因素

袖口尺寸是指罗纹交接处的尺寸，其中男装为12～13cm，女装为11～12cm，童装为10～11cm。

6. 袖片放针与分配

（1）放针次数（每次放1针）＝（袖阔针数－袖口针数）÷2－快放针数

（2）放针针数：

① 每次每边放1针。放针针数＝次数×2＋快放针数×2

② 放针针数＝袖阔针数－袖口针数

（3）袖片放针总转数（平摇3～4cm）＝袖长转数－袖膊收针转数－袖山头缝耗转数－袖阔平摇转数－快放转数

（4）袖片每次放针转数（每次每边放1针）＝（袖长转数－袖膊收针转数－袖阔平摇转数－快放转数）÷放针次数

（5）放针分配方法。先快放针2～3针（缝耗），余下根据转数和放针次数平均分配；也可以采用分段放针法。

以上是一般产品的计算方法。有些具有特殊要求的产品，需根据要求进行计算。此外，还须注明衣片下机尺寸、重量（以克计），作为半制品的质量检验依据。

二、斜肩款式的工艺计算方法

斜肩款式的羊毛衫（图5－2）大多数部位的工艺计算方法与平肩款式的羊毛衫的基本相同，只是前后身挂肩、袖子等处差异较大。其一般计算方法如下。

（一）大身的计算

（1）后片衣长比前片衣长长1.5～2cm。身长转数计算应减去插肩袖山尺寸的一半。

（2）后片胸宽针数一般比前片胸宽针数多12针。

（3）后片挂肩转数＝（袖阔尺寸＋修正因素）×大身纵密÷10×组织因素

修正因素根据斜袖的倾斜度而定，一般取6～7cm。

挂肩收针转数＝身长×（38%～40%）×大身纵密÷10×组织因素

（4）前片挂肩转数＝后片挂肩转数－1.5～2cm的转数

（5）前片挂肩收针次数，一般比后片收针次数多1～2次。

（6）后领口针数＝（后领口尺寸－3.5～4cm）×大身横密÷10

前领口针数＝后领口针数＋6～12针，根据领型、织物组织的不同，加减针数是不同的。

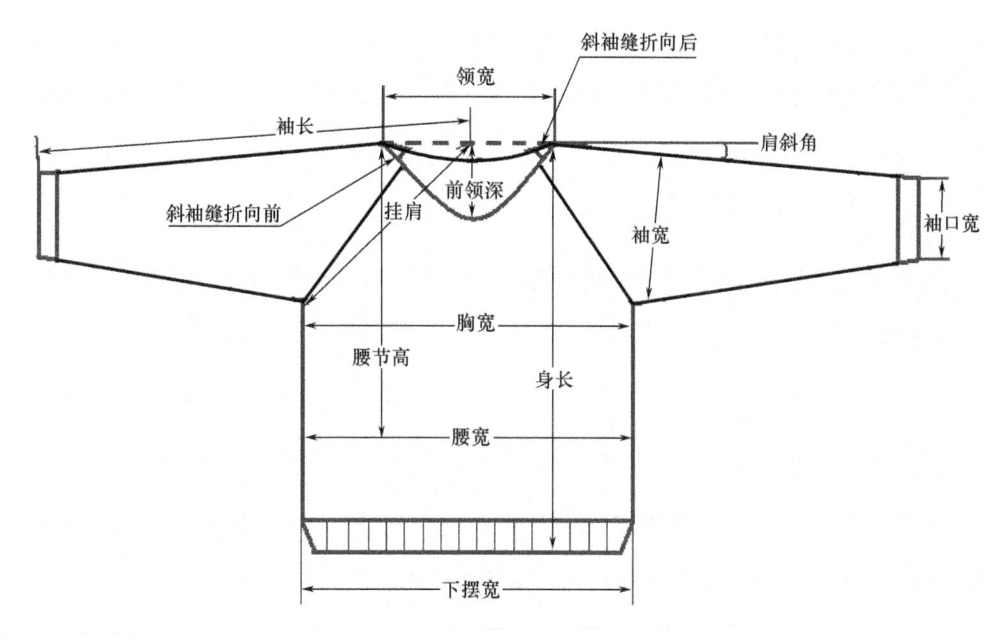

图 5－2　斜肩袖成品尺寸

（二）袖片的计算

1. 袖山头针数　一般取 6～8cm 的针数。

2. 袖根针数　袖根针数 =（袖根尺寸 ×2 +1.5）×袖横密 ÷10

3. 袖长转数

（1）已知全袖长，即袖长尺寸是从袖口至后领口中心。

袖长转数 =（袖长尺寸 – 袖口罗纹长度 –1/2 领宽）×袖纵密 ÷10 ×组织因素 +缝耗

（2）已知袖长，即袖长尺寸是从领袖接缝处量至袖口。

袖长转数 =（袖长尺寸 – 袖口罗纹长度）×袖纵密 ÷10 ×组织因素 +缝耗

4. 袖阔针数　袖阔针数 =2 ×（挂肩尺寸袖斜差）×袖横密 +缝耗 ×2

5. 斜袖挂肩转数　一般与后片挂肩转数相同。

三、马鞍肩款式的工艺计算方法

马鞍肩成品尺寸如图 5－3 所示。

（一）马鞍肩款式的羊毛衫各部位尺寸计算公式

1. 马鞍尾长 =（后肩阔 – 后领阔）/2

2. yyy = 袖尾 + 袖尾走前 – 袖尾走后

3. 后膊斜 =（后肩阔 – 后领阔）/2 ×0.78

4. 袖山高 = tt ×0.9

5. 前夹下高 = 后身长 – 后膊斜 – tt

6. tt = 前夹阔直度 – 前膊斜

7. 前膊斜 = 袖尾 - 袖尾走后 ×2 = 袖尾走前 - 袖尾走后
8. 后领阔 = 领阔 - 5cm
9. 前领阔 = 领阔 - 3cm
10. 袖长领边度 = 袖长后中度 - 领阔/2
11. 袖全阔 = 袖阔 ×2 +1cm
12. 袖口全阔 = 袖口阔 ×2 ×1.3
13. 实际前领深 = 前领深 - 袖尾走前 + 1cm
14. 后肩阔 = 胸阔 ×0.69

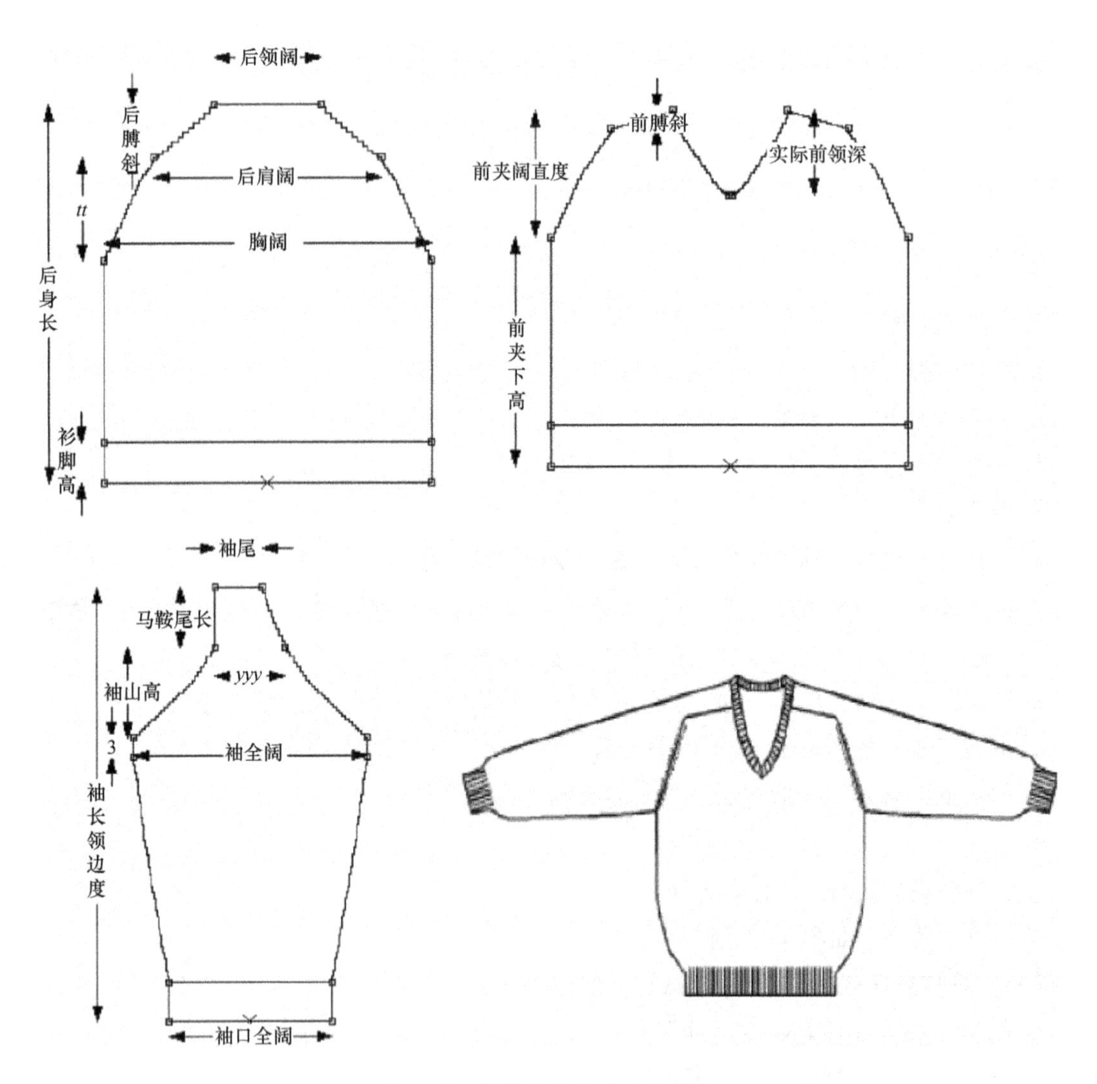

图 5-3 马鞍肩成品尺寸示意图

(二) 马鞍肩款式的羊毛衫工艺计算公式

1. 后片计算公式

(1) 后片胸宽针数 = 胸阔尺寸 × 横密 + 缝耗

（2）后片身长总转数 = 身长领边度 - 衫脚高 - 马鞍阔（2 ~2.5cm）×纵密 + 缝耗

（3）袖夹总转数（上身位总转数）= 袖夹垂直度（领边度下夹底）- 马鞍阔（2 ~2.5cm）缝耗×纵密 + 缝耗

（4）领宽总针数 =［领宽尺寸 - 两边马鞍阔（3.5 ~4cm，一般每边 2cm）］×横密

（5）马鞍肩后片一般不做后领深。

（6）每边收膊针数 = 膊阔边至边度×横密 - 领阔总针数 ÷2

（7）后片收膊转数 = 一边收膊针数 ÷ 横密×纵密×0.727

（8）收夹转数 = 袖夹总转数 - 收膊转数

（9）下身位转数 = 身长总转数 - 袖夹总转数

有袖阔无袖夹，算袖夹领边度，袖夹领边垂直度用袖阔夹底度×0.25 + 袖阔尺寸计算。

（10）马鞍肩后片收花。先慢后快，夹型要直，花尽量用 1 收完。

2. 前片工艺计算公式

（1）前片针数 =（胸阔 +2cm）×横密 + 缝耗

（2）前片衣长转数 = 后片衣长转数 - 3cm/转数/2

（3）前片膊阔每边剩针要比后片每边收膊支数多 1 ~2cm（此 1 ~2cm 针数由领位减出）。

（4）前片收夹针数与后片的一样，前片比后片多开针数全部放在领位。

（5）前领总针数 = 前片开针总针数 - 收夹针数（收夹针数与后片的一样）

（6）前片收完夹直位，一般 3 ~4 转由收夹转数减出，2 -1 - ☆。

（7）前片收领圆领一般用 2 -2 - ☆、1 -2 - ☆收完领直位要剩 2 转完，收花次数视领位转数而定，圆领要尽量收圆，V 领则最好一个转数收完，形状要好。

前领落领针数 = 圆领用后领总针数 - 前领两边收领针数

V 领每边收针针数 = 后领总针数 ÷2 = 前领每边收领针数（后膊收花，前膊位每边要比后片多 1cm 针数，此针数由领针数减出，后膊不收花则不用减）。

（8）前片收夹转数 = 前片身长总转数 - 下身位转数（下身位转数与后片一样）

（9）前片收领转数 = 前领深尺寸 - 马鞍阔（2 ~3cm）×纵密 + 缝耗

（10）马鞍膊前片收花。先慢后快，例如：2 -2 - ☆、3 -2 - ☆，夹型要直，收花尽量用 1 级花收完。

3. 袖片工艺计算公式

（1）袖尾剩针 = 马鞍阔（一般 7 ~9cm）×横密×1.05 + 缝耗

（2）马鞍转数 = 后膊针数 ÷ 横密×纵密 + 缝口

（3）袖阔针数 = 袖阔夹底度尺寸×2×横密×1.05 + 缝口

（4）袖每边收夹针数 =（袖阔总针数 - 袖尾剩针）÷2

（5）袖收夹转数 =（后片收夹转数 + 前片收夹转数）÷2

（6）袖长总转数 =（袖长后中度 -1/2 领阔 - 马鞍长 - 袖口长）×纵密×0.95

袖长转数 =（袖长领边度 - 马鞍长 - 袖口长）×纵密×0.95

（7）袖放针转数 = 袖长总转数 - 马鞍转数 - 收夹转数 - 直位转数

（此直位一般为 3 ~4cm）

（8）袖每边放针针数 =（袖阔总针数 - 袖口开针针数）÷2

（9）马鞍膊袖收花。先慢后快，夹型要直，收花尽量用 1 级花收完。

四、背心的工艺计算方法

背心成品尺寸如图 5 -4 所示。

（一）后片的工艺计算

（1）胸围针数 =（胸围尺寸 -0 ~2cm）×大身横密 ÷10

胸围尺寸越大减得越多。一般 40 ~50cm 不减，51 ~53cm 减 0.5cm，54 ~57cm 减 1cm，58 ~61cm 减 1.5cm，62 ~70cm 减 2cm。

（2）肩宽针数 =（肩宽尺寸 - 肩边 ×2）×大身横密 ÷10

（3）后领针数 =（领宽尺寸 -2 ~3cm）×大身横密 ÷10

（4）身长转数 =（身长尺寸 - 下摆尺寸）×大身纵密 ÷10 ×组织因素 + 缝耗转数

（5）挂肩转数 =（挂肩尺寸 -0.5 ~1cm）×大身纵密 ÷10 ×组织因素

（6）下摆转数 = 下摆尺寸 × 下摆纵密 ÷10 ×组织因素

（7）下挂肩收针次数 =（胸围针数 - 肩宽针数）÷每次两边的收针数

（8）肩斜度收针次数 =（肩宽针数 - 后领针数）÷每次两边的收针数

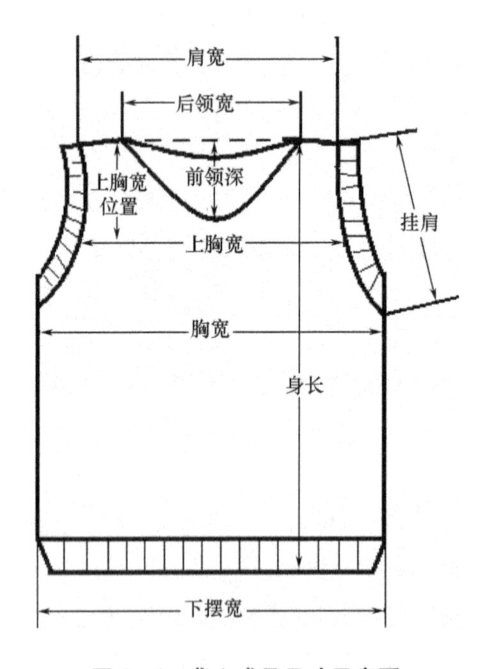

图 5 -4　背心成品尺寸示意图

（二）前片的工艺计算

（1）胸围针数 = 后片胸围针数 +12 针

（2）前片身长转数 = 后片身长转数 +4 转

（3）挂肩收针转数 = 后片挂肩收针转数 - 10 ~ 16 转

（4）前片收针次数 = （后片胸围针数 - 两边阔针数 - 后片肩宽针数） ÷ 每次两边的收针数

注：男背心前片阔针 3.5 ~ 4cm，女背心前片阔针 3 ~ 3.5cm。

（5）前肩边部针数 = 后肩收针次数 ×2 + 缝耗

背心特征如下。

① 有胸部阔针，前片大身直摇转数一般比后片多 3 转。

② 前片挂肩收针转数比后片少 10 ~ 16 转。

③ 前肩部挑眼加缝耗 2 针。

五、筒裙的工艺计算方法

筒裙成品尺寸如图 5 - 5 所示。

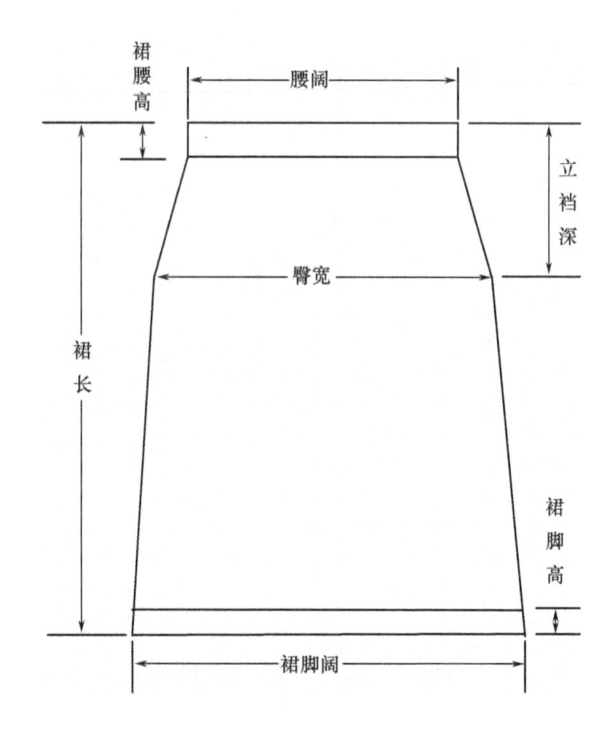

图 5 - 5 筒裙成品尺寸示意图

（1）臀围针数 = 臀围尺寸 × 大身横密 ÷ 10 + 缝耗针数

（2）下摆针数 = 下摆尺寸 × 大身横密 ÷ 10 + 缝耗针数

（3）腰围针数（穿松紧带） = （腰围尺寸 + 10 ~ 12 cm） × 大身横密 ÷ 10

（4）裙长转数 = （裙长尺寸 - 下摆长度 - 腰罗纹长度） × 大身纵密 ÷ 10 + 缝耗转数

（5）臀围深转数 = 臀围深尺寸 × 大身纵密 ÷ 10 + 缝耗转数

（6）摆缝转数 = 裙长转数 - 臀围深转数

（7）腰罗针数 = （腰围尺寸 + 5 ~ 6cm） × 大身横密 ÷ 10 × 2

筒裙一般对称织两片，且正常收针频率为先慢后快，不可以收针收得太快，否则易出现鼓包，一般采用袖子的工艺。

六、裤子的工艺计算方法

裤子成品尺寸如图5-6所示。

（1）腰肥（腰围）针数=腰肥（腰围）尺寸×2×大身横密÷10

（2）横裆针数=（横裆尺寸×2+1~2.5cm）×大身横密÷10

注：单面组织加1.5cm，四平组织加2cm；男裤后裆阔针3~4cm，前裆阔针1~2cm；女裤后裆阔针1.5~3cm，前裆阔针0.7~1cm。

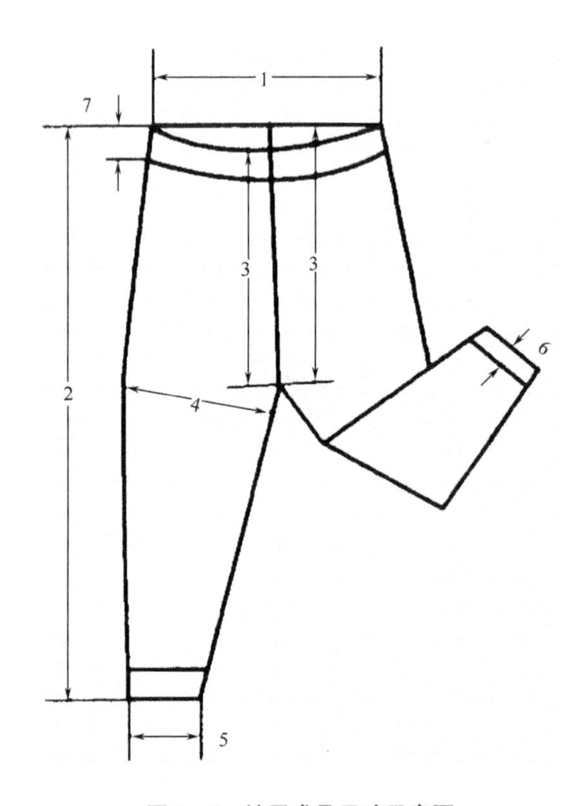

图5-6　裤子成品尺寸示意图

1—裤腰围　2—裤长　3—前（后）直裆　4—横裆　5—裤口宽　6—裤口长　7—裤腰宽

（3）腰中宽针数=腰中宽尺寸×2×大身横密÷10

（4）裤中宽针数=（裤中宽尺寸×2+2.5cm）×大身横密÷10

（5）裤口针数=裤口尺寸×2×大身横密÷10

（6）裤长转数=（裤长尺寸-腰罗纹长度-裤口罗纹长度）×大身纵密÷10×组织因素+缝耗

（7）直裆转数=（直裆尺寸-腰罗纹长度）×大身纵密÷10×组织因素

（8）腰中高转数=（腰中高尺寸-腰罗纹长度）×大身纵密÷10×组织因素

（9）裤中高转数 =（裤中高尺寸 - 裤口罗纹长度）×大身纵密 ÷10×组织因素
（10）裤收针转数 = [直裆尺寸 -（18~19cm）]×大身纵密 ÷10×组织因素
（11）裤直摇转数 = 直裆转数 - 裤收针转数
（12）裆部收针与分配
①收针次数 =（横裆针数 - 腰肥针数）÷每次两边的收针数
②收针转数 = 直裆转数 - 腰部平摇转数
（13）裤腿放针与分配
①放针次数 =（横裆针数 - 裤口针数）÷每次两边的收针数
②放针转数 = 裤长转数 - 直裆转数
（14）裤口罗纹转数 =（裤口罗纹长度 -0.2cm）×裤口罗纹纵密 ÷10×组织因素
（15）腰罗纹转数 = 腰罗纹长度×2×腰罗纹纵密 ÷10×组织因素
（16）腰罗纹针数 =（腰围针数 ÷ 大身横密 -5cm）×2×腰罗纹横密

七、附件的工艺计算方法

羊毛衫附件的种类较多，并随产品类型的不同而变化。附件主要有领、门襟、挂肩带、镶边、嵌条等。其中领型主要有圆领、V 领、一字领、樽领、翻领等；门襟主要有半襟、长襟、直门襟、横门襟等。附件工艺包括附件的组织结构，机器的型号、规格，原料和进线根数，转数、排针法，收、放针法，夹色法，密度要求，记号眼的位置等，具体视款式而定。

羊毛衫产品的附件工艺，通常采用计算与实测相结合的方法来进行。大类品种附件工艺的计算方法如下。

（一）领圈针数

领圈针数 = 领圈周长×领圈横密 ÷10 + 缝耗

领圈周长可以按其几何形状近似计算，也可在领型样板上实测。有些领型在上式中还需考虑一些修正因素。常用领型领圈针数的计算法如下。

1. 圆领针数 = 圆领圈周长×圆领横密 ÷10 + 缝耗
2. V 领（套衫）针数 =（领深尺寸×2 + 后领宽 + 领边宽）×领带横密 ÷10 + 缝耗
3. 平翻领针数 = 领圈周长×平翻领横密 ÷10

（二）挂肩带针数

挂肩带针数 =（挂肩尺寸×2 + 凹势修正因素）×挂肩带横密 ÷10

其中凹势修正因素一般为 1~2cm（凹势是袖窿门、裤前后窿门凹进的程度）。

（三）门襟长

V 领开衫门襟长 =（身长×2 + 后领宽 + 门襟宽 + 缝耗）×（1 + 门襟带回缩率）

式中门襟带（满针罗纹）回缩率为 8% 左右。

罗纹袋带宽（两个）=（袋宽×2 + 缝耗）×（1 + 袋带回缩率）

式中袋带（满针罗纹）回缩率为 7% 左右。

（四）裤（裙）腰

裤（裙）腰带针数 = 裤（裙）腰带 × 横密 ÷ 10

（五）附件的转数

附件的转数 = 附件长度 × 附件纵密（转）÷ 10 × 组织因素 + 缝耗

上述计算方法均以单层为例，双层则需考虑层数的影响。附件工艺计算完后，需经过反复试制、修正才能符合要求。

八、编织工艺计算注意事项

（1）上述工艺计算方法是指常规大类品种的情况，在进行具体计算时，需根据毛衫款式的具体情况与要求来进行设计计算。

（2）上述工艺计算是采用前身、后身、袖片、附件的顺序编排的，在具体工艺计算时，则可先计算后身，再计算前身、袖子和附件，这样计算有时会非常简便。

（3）由于抽条、扎花、绣花、挑花等组织修正因素的不同而影响成品规格尺寸时，要在计算时加以考虑调整。

（4）在进行工艺计算时，可先求出衣片各部位的横向针数，然后求出其各部位的纵向转数，最后对收、放针部位进行收、放针针数和转数的分配。这样有利于提高工艺设计的速度和正确性。

（5）为便于对称操作，一般取针数为单数，特殊情况例外。

（6）对于收针可放针，靠近边缘留有收、放针花的为暗收针或暗放针；无收、放针花的为明收针或明放针。正常收、放针为先平摇，然后再收针或放针；而先收或先放针则为先进行收针或放针，然后平摇。

（7）计算所得的针数和转数要适当加以修正，以达到所需的整数。

（8）为了便于成衣缝合正确，应在袖山头、前后身、领头等部位，设置一定数量的缝合记号眼。

（9）在操作工艺单中，还应注明衣片下机的尺寸、重量（以克计），作为半制品质量检验的依据。

（10）毛衫新品种的设计，除外销来样提供的规格外，一般均可参照羊毛衫内销或外销规格簿进行设计。

（11）工艺设计计算出的工艺，要经过头样试织、修正工艺、修改样试织、再修正工艺等过程，才能达到符合要求的编织工艺。

九、针、转数的分配法

在对毛衫进行工艺计算时，需对衣片上的斜线和曲线部位进行收、放针分配，其主要的分配方法如下。

1. 直接分配法 又称直接搭配法，其是将收针或放针针数和转数进行直接分配，得出分配结果为一段式的分配方法。

2. 拼凑分配法　又称拼凑搭配法，这是当收针或放针针数和转数不能直接分配为一段式时，将针、转数进行随机拼凑，得出分配式为二段式或多段式的分配方法。

3. 变换分配法　又称变换搭配法，这是当收针或放针、转数不能直接分配为一段式时，可以在针数、转数上人为加上或减去一定数 δ，以便使其能按直接分配法进行分配，在用直接分配法分配完成后，再将此人为加上或减去的数 δ 考虑进去，将一段式分配变为二段式或多段式分配的方法。

4. 方程分配法　又称方程搭配法，即先按工艺要求，将收针或放针的分配方式，用含有 x、y、z 等未知数的式子来表示，然后再根据所需收针或放针的针数、转数来列程式，并通过解此方程得出未知数的值，将这些未知数的值（有的值需讨论）代入含这些未知数的分配式中，便得到了实际收针或放针的分配方式。此法是复杂收针或放针分配场合较为适用的方法。

十、产品用料计算

（一）产品用料计算的依据

（1）产品编织操作工艺单。

（2）测定产品中各类线圈的单位针转重量，测试方法与工艺设计原则里的测定方法相同（包括下摆、袖口和各类附件）。

（二）产品用料计算顺序

（1）根据产品编织操作工艺单，求出单件产品中各类组织的针转总数。

（2）按测定所得组织的单位针转重量，求出单件产品重量。其计算公式如下：

$$G = \sum_{i=1}^{m} n_i p_i + y$$

式中：G——单件产品重量，g/件；

n_i——产品上第 i 类组织的针转数；

p_i——产品上第 i 类组织的单位针转重量，g；

y——附件重量，g；

i——1、2、…、m，为产品计算重量时划分的部段数。

（3）单件产品原料耗用量的计算。计算公式如下。

$$G_t = G(1 + \beta)$$

式中：G_t——单件产品原料的耗用量，g/件；

β——络纱和编织损耗率。

络纱和编织损耗率见表5－2。

表5－2　络纱和编织损耗率

原料	精梳毛纱	粗梳毛纱	粗梳单纱	混纺、化纤纱
损耗率（%）	1.5～2	3～4	4～5	参照毛纱

（三）用料计算方法

1. 总针转数的求法 根据产品编织工艺单，用矩形和梯形面积的计算方法，求出各部位、各类组织的针转数。同类组织总针转数由各衣片该类组织的针转数相加而得到。

2. 单位针转重量的测定方法 羊毛衫产品的单位针转重量一般通过织小样，经测定而求得。编织小样应选择接近标准线密度的不同色泽毛纱，按正常生产的同等条件，织若干块100针×100转的坯布，然后测定公定重量，取其算术平均值，密度有差异的要折合成标准线密度的公定重量，即可计算得到单位针转的重量。对于下摆罗纹、袖品罗纹和附件等部段的单位针转重量，可采用上述方法测定。对毛衫附件也可测定织物单位长度（或转数）的重量，并以其作为用料计算的依据。

（四）成品理论重量和用毛率

1. 成品理论重量计算

成品理论重量=单件产品理论重量-裁耗-缝纫损耗+缝制用毛量+辅料重量

2. 用毛率计算

用毛率=单件产品用料÷（成品理论重量-辅料重量）×100%

（五）原料总耗用量

$$G_r = \sum_{j=1}^{r}(G_j \times P_j \times 10^{-3})$$

式中：G_r——原料总耗用量，kg/年；

G_j——第j类产品单件产品用料耗用量，g/件；

P_j——第j类产品的产量，件/年；

j——1、2、3…r为产品类别的个数。

各类产品的产量一般以一日两班，每班8h，每年254个工作日计算。

第四节 羊毛衫的工艺设计实例

一、翻领半畦编女开衫

1. 成品尺寸

翻领单畦编女开衫如图5-7所示，规格105cm的成品尺寸见表5-3。

2. 原料与编织设备

原料：100%羊绒；纱支：38.5tex×2（26公支/2）。

机型：12G电脑横机和5G电脑横机。

3. 组织及成品密度

坯布组织：单面+畦编，空转1.5；辫子：后/前明收5条；排针：1-1。

成品密度：大身单面组织，56纵行/10cm×85横列/10cm；前片单畦编组织，17.5纵行/10cm×2.6转/cm；袖子，57纵行/10cm×87横列/10cm。

表5-3　成品尺寸

单位：cm

胸围（腋下2.5cm）	45
身长	69
袖长	62
挂肩	20.4
肩阔	35.8
下摆高	2
下摆宽	47
袖口高	12
袖口宽	8
后领深	3.2
领宽	16.4
领罗高	20
袖根（2.5cm）	14.9
腰节高	40
腰节宽	45
前胸高	12
前胸宽	31.8
后背高	12
后背宽	33.8
下肩	2.7
前片宽（腋下2.5cm）	32.5
前片下摆宽	34
袖中宽	12.5

图5-7　翻领单畦女开衫

4. 工艺单

编织翻领单畦编女开衫的工艺单见图5-8~图5-11。

5. 后整理工艺

（1）套扣。大平肩下肩的常规做法是一定要将前片挂肩处的单畦编套扣平齐、均匀，两边对称，挂肩腋下保证两边外观一样。前后片横织竖用，袖口直接套扣。合身、后片、袖子单锁要用一股羊绒纱加一根对色涤纶线，前片单锁用两股羊绒线，线迹伸长135%，线迹一定要有充足弹性，缝耗最小，整洁美观。

（2）手缝。领罗纹用双股羊绒线，线迹适中；加固腋下、加固下摆两端（缝耗左右分开加固，保证外观缝耗不外露）。

（3）绱领。按挑眼、吃势均匀，接缝在后领正中，套扣纱要用双股羊绒纱。

（4）缩绒。正常绒面（绒面稍微起来一点）手感柔软、蓬松、爽滑。

（5）整烫。按标准尺寸定形，保证外观，前后片要平齐，门襟边顺直，不要拉长，下摆底边平齐，领罗翻下压住后领线道，保证后领、挂肩圆顺，袖口交界处不能鼓包。

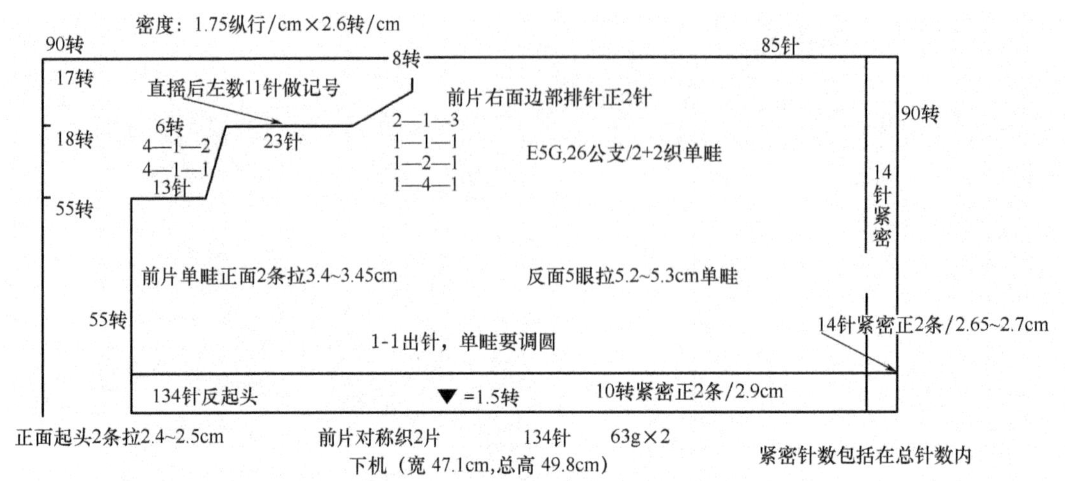

图 5－8　前片工艺单

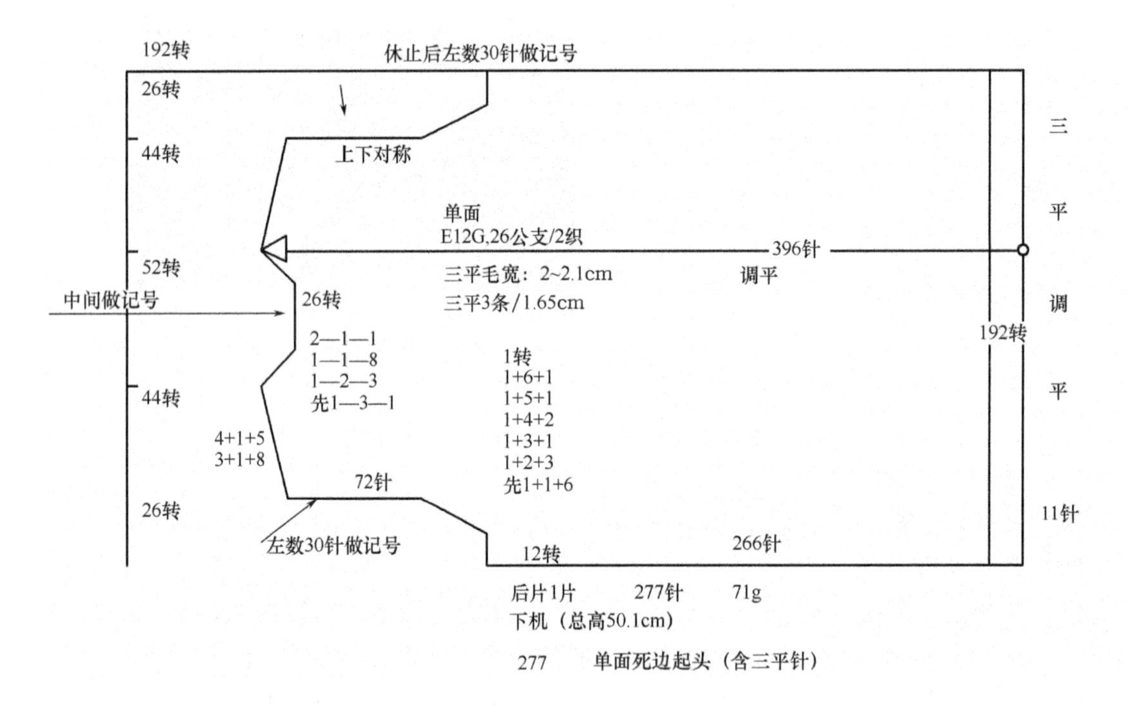

图 5－9　后片工艺单

二、精纺圆领印花女套衫

1. 成品尺寸

精纺圆领印花女套衫如图 5－11 所示，规格为 105cm 的成品尺寸见表 5－4。平肩，颜色：A、G

2. 原料与编织设备

原料：100%羊绒；纱支：14.7tex×3（68 公支/3）。

机型：12G 电脑横机。

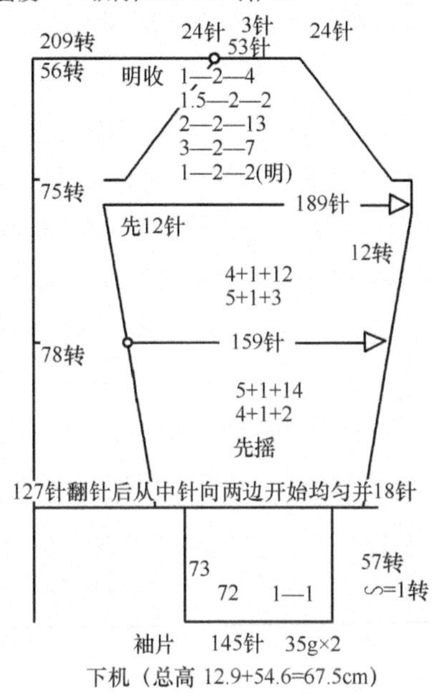

图5－10　袖片工艺单

表5－4　成品尺寸

单位：cm

胸围	56
身长	61
领宽	24. 5
袖长（中）	74
下摆高	4
下摆宽	49
袖口高	4
袖口宽	9. 5
前领深	7
后领深	2. 5
领罗高	1. 2
袖根	19
腰节高	46. 5
腰节宽	49
下肩	7
袖口高	15
袖口宽	12
重量	214

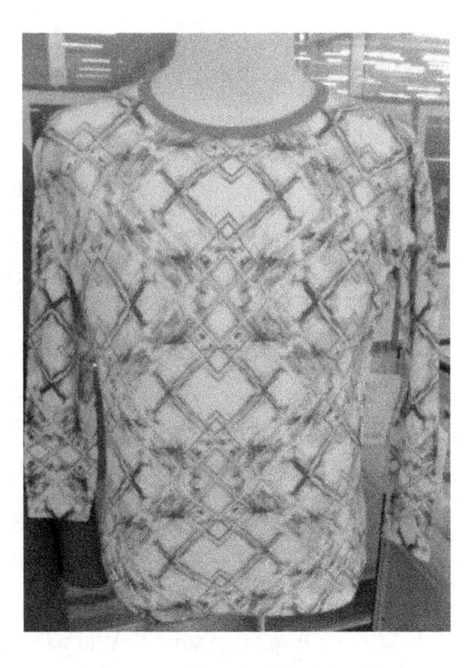

图5－11　精纺圆领印花女套衫

3. 组织与成品密度

坯布组织：单面织物；空转0. 5；

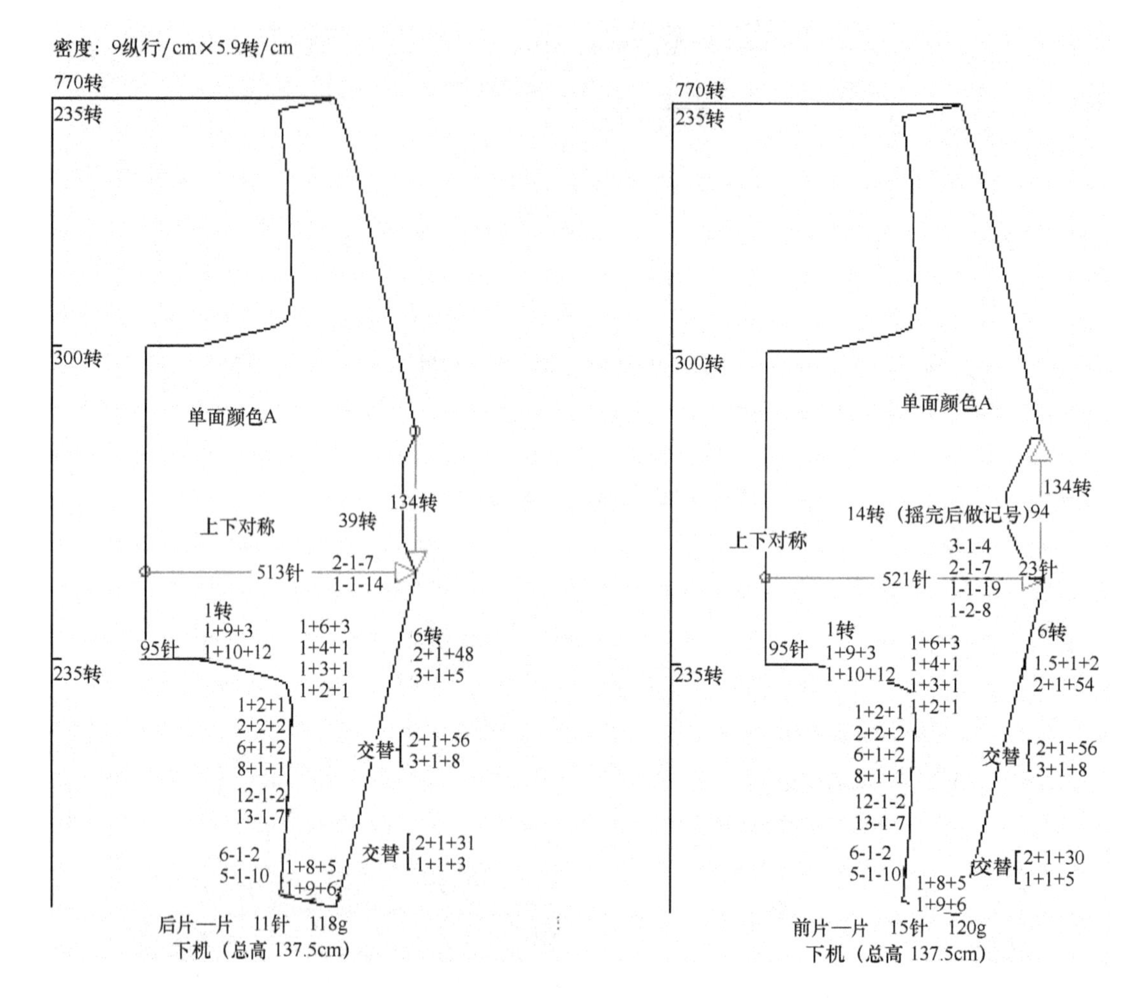

图 5－12　前后片工艺单

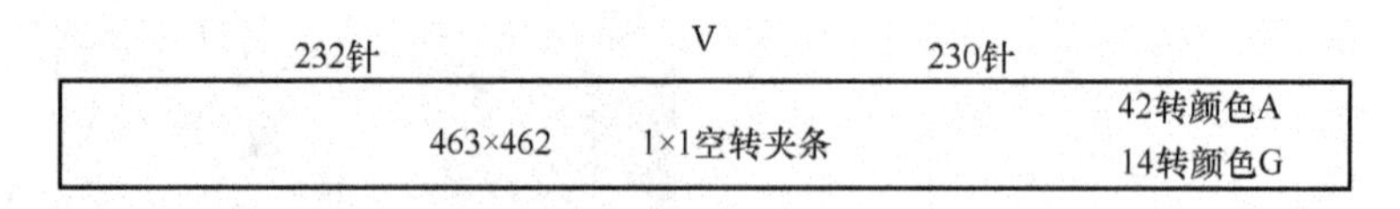

图 5－13　下摆包边

成品密度：90 纵行/10cm ×118 横列/10cm（9 纵行/cm ×5. 9 转/cm）。

4. 工艺单

编织精纺圆领印花女套衫的工艺单见图 5－12～图 5－15。

5. 后整理工艺

（1）套口。合肩缝、缝袖口、缝下摆边（腋下侧缝和袖下侧缝暂时不合，印花后套合）。

（2）清洗。水洗。

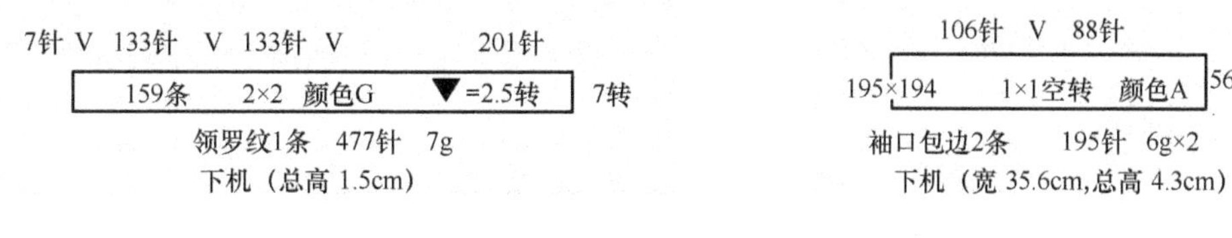

图 5－14 领罗纹　　图 5－15 袖口包边

（3）印花。前后片。

（4）手缝。领罗纹，并加固腋下。

（5）绱领。绱领罗纹，G 色。

（6）缩绒。正常绒面。

（7）整烫。按标准尺寸，保证外观。

（8）装饰。后领罗下定皮标。

三、半高领装饰抽条男开衫

1. 成品尺寸

半高领装饰抽条男开衫如图 5－16、图 5－17 所示，规格为 115cm，成品尺寸见表 5－5。

2. 原料与编织设备

原料：100% 羊绒；纱支：41.7tex×2×2（24 公支/2×2），41.7tex×2（24 公支/2）。

机型：12G 和 7G 电脑横机。

3. 组织与成品密度

坯布组织：单面＋抽条；排针方式：1－1；空转 1.5；辫子：前后 22，袖子 3 条。

成品密度：39 纵行/10cm×61 横列/10cm（3.9 纵行/cm×3.05 转/cm）。

4. 工艺单

编织精纺圆领印花女套衫的工艺单见图 5－18～图 5－21。

5. 整理

（1）套扣。前后片腋下记号要与袖腋下记号对齐。合肩缝耗向外，袖抹角圆顺，交叉记号对袖山明收第三个花，袖侧缝暂不合，用白纱缝住以备绷缝肘贴。绱暗口袋，口袋片开口包口袋下层衣坯，明线。口袋边双层包衣坯与口袋片。下摆、袖口直接套口。合身线迹 135%～140%，用 25tex×2×2（40 公支/2×2）。

（2）手缝。加固腋下，加固下摆、袖口与单面交界处，手穿毛带两端，手缝口袋边上下两端（斜缝）。用一股羊绒线和一股涤纶线手钩小辫固定口袋片，上边固定在内贴毛带上，口袋底固定在衣坯上。同时大针脚将袖片未套扣处穿住以备洗缩。

（3）绱领。按挑眼绱领，吃势均匀。先绱领罗纹，后绱门襟。门襟包至领罗纹内侧底部。用涤纶线套口。

（4）缩绒。正常绒面。

（5）机缝。机缝拉链，里外不露齿。

（6）整烫。按标准尺寸，挂肩弧度圆顺，身缝正中前片比后片长1cm。

（7）领圈机缝织带，注意领拉伸，按样板裁剪仿麂皮肩贴和肘贴，肩部绷缝肩贴，肘部按标准绷缝肘贴。

（8）量法。袖长从领中开始量，胸围从离肩高点22cm处量。

（9）装饰。后领中缝下2.5cm机缝皮标，放下右侧缝扎皮标，下摆向上右侧缝金属标。

表5-5　成品尺寸

单位：cm

部位	尺寸
胸围	56.5
身长	67
袖长（中）	82.5
挂肩	24
肩阔	44
下摆高	6
下摆宽	46.5
袖口高	6
袖口宽	9
前领深	10
后领深	2.5
领宽	19
领罗高	7
袖根	19.5
前胸高	15
前胸宽	40
后背高	15
后背宽	41
袖中高	15
袖中宽	14.5
袖山中高	10
袖山中宽	13.5
下肩	3.5
口袋高	14.5
口袋宽	2.5
重量	520

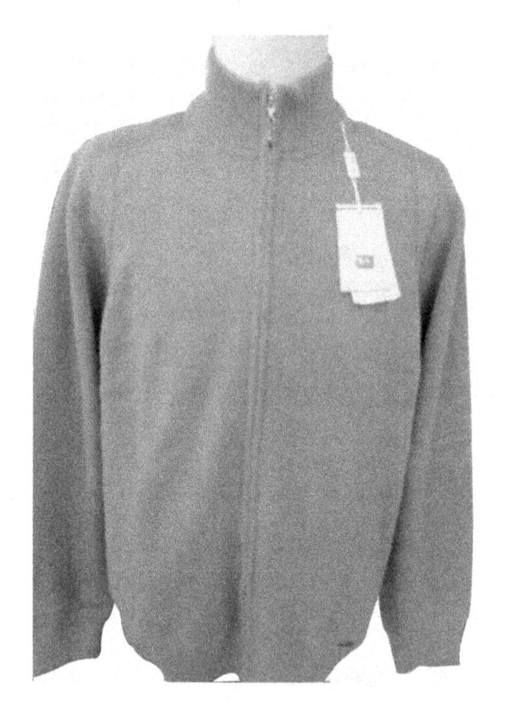

图5-16　半高领装饰抽条男开衫

图5-17　领部装饰

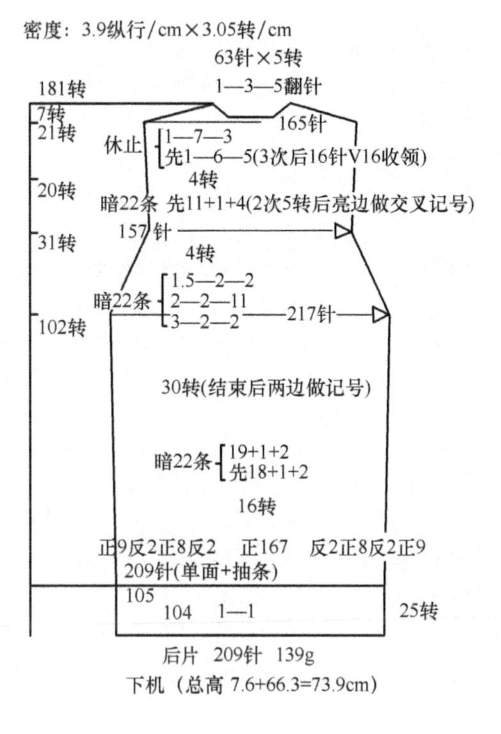

图5－18　后片工艺

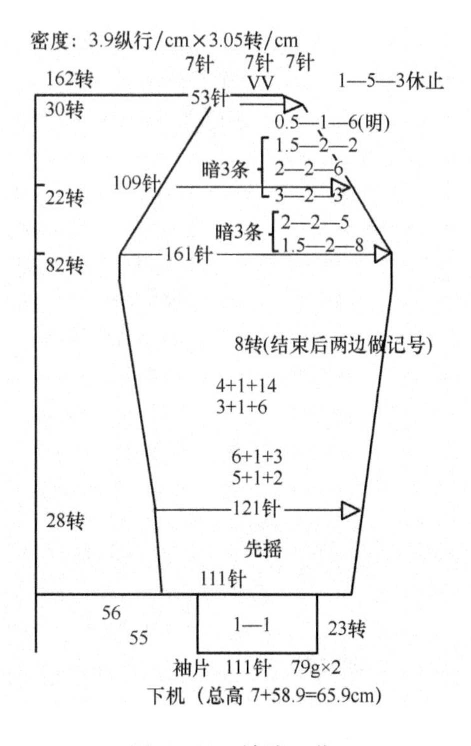

图5－19　袖片工艺

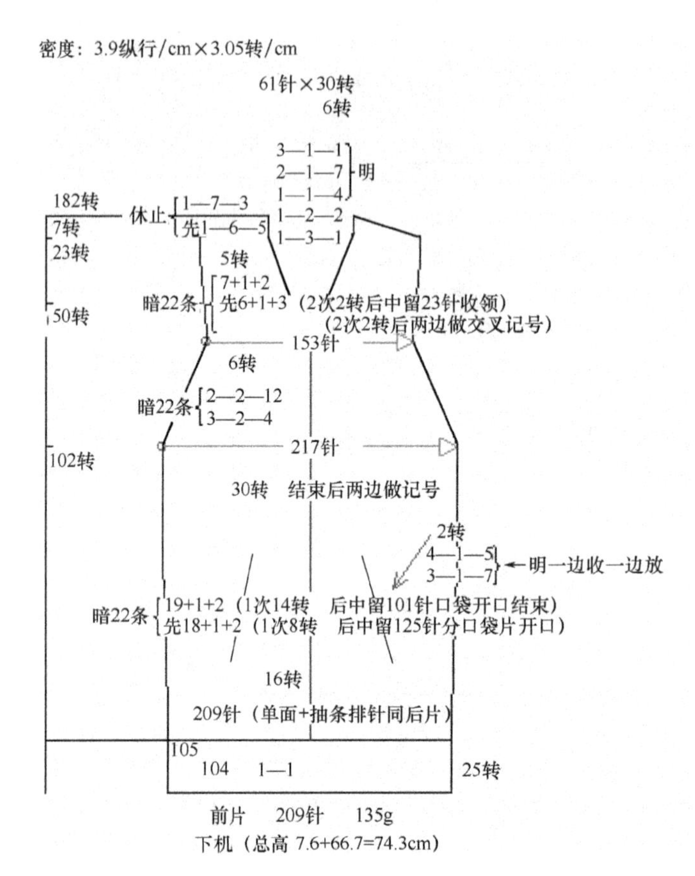

图5-20 前片工艺

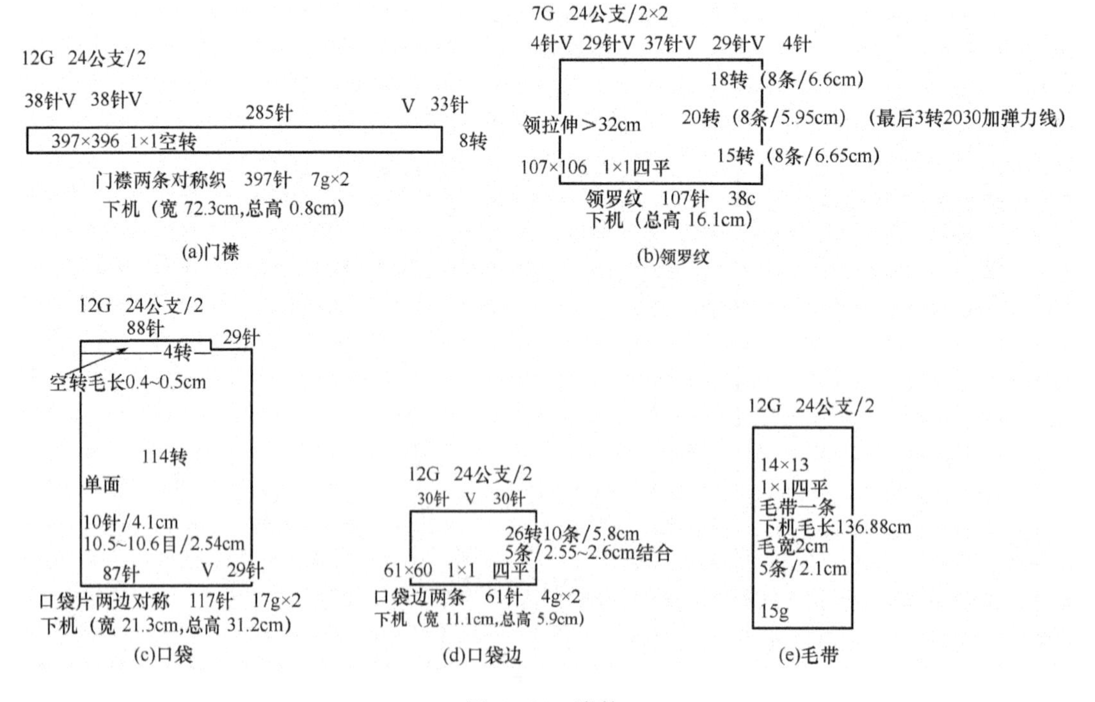

图5-21 附件

第六章　羊毛衫的成衣工艺

本章知识点

1. 羊毛衫的成衣工艺，即衣片的回缩、成衣工艺流程、缝合工艺。
2. 羊毛衫的整烫定形和成品检验。

第一节　羊毛衫的成衣工艺

羊毛衫的下机衣片，在成衣工艺之前都必须经过逐片检查。即将下机后的衣片进行人工回缩，再量衣片规格，进行单片称重并目测其外观质量，把认为符合要求的衣片交给衣片库。衣片库收衣片时，需经过专职检验组检验，即所谓“验片”。“验片”要核查工艺规定的收、放针次数与转数，密度和密度均匀度，罗纹长度，漏针，破洞，豁边，单丝等。在规格上，一般除采用抽取一定数量复核工艺要求的各部位尺寸外，还可用“叠齐法”进行批量检查。只有片检合格的产品才可进入成衣工艺流程，且成衣工艺的正确、合理与否，将直接影响羊毛衫的质量与经济效益。

一、衣片的回缩

编织时张力牵拉、纤维弹性、线圈弹性使下机后的衣片产生回缩，因自然回缩时间太长（需 1 ~2 天），故测定回缩时采用以下方法。

1. 揉缩法　是将下机衣片无规则地团在一起，加以揉捏，然后将衣片线圈纵行拍平、抹直，直到两次结果相同时再测量其密度和尺寸的方法，此法适用于各类原料的单面织物。

2. 掼缩法　将衣片横向对折，再折成方块进行掼击，然后抹直线圈纵行，直至二次复核无差异为止，否则再掼，以保证缩足，量片时平摊，适用于各类原料的单双面织物。

3. 卷缩法　是将下机衣片横向卷起来，稍拉后摊平、拍平，测量其密度和尺寸的方法，此法适用于各类原料的单面针织物。

4. 蒸缩法　蒸缩的方式分为湿蒸和干蒸两种。

湿蒸：将衣片放在 100℃左右的蒸箱内蒸 5 ~10min，取出待湿汽蒸发后，测量其密度和尺寸的方法，适用于动物毛类织物。

干蒸：放在 70℃左右不含水的钢板上烤 5min 后再测量，适用于腈纶织物。

以上各方法中蒸缩法效果最好，但揉缩法、掼缩法、卷缩法的应用更为普遍。实际中常采用先揉缩后掼缩。为了得到毛坯密度和毛坯尺寸正确的衣片，必须将下机衣片连续两次回缩，使其长度和宽度不变为止。

二、羊毛衫的成衣工艺

羊毛衫采用缝合的方法连接衣衫的领、袖、前后身以及纽扣、拉链、丝带等辅助材料，再以湿整理方法形成一定风格，最后以绣花和烫贴花纹来修饰。成衣应按照产品的款式、原料种类、织物组织、衣坯编织机械的机号等因素，确定工艺的制订技术要求。成衣工艺设计应在保证质量的前提下，制订最短、最合理的工艺流程。

1. 开衫的工艺流程

套口→上领→上门襟→手缝→半成品检验→缩绒→烫门襟→划眼→打眼→钉扣→清除杂质→钉商标→熨烫定形→成品检验→包装

2. 套衫的工艺流程

套口→上领→链缝→手缝→半成品检验→缩绒→清除杂质→熨烫定形→钉商标→成品检验→包装

3. 裤子的工艺流程

套口→手缝→半成品检验→缩绒→清除杂质→熨烫定形→钉商标→成品检验→包装

4. 裙子的工艺流程

套口→平缝→手缝→半成品检验→缩绒→清除杂质→熨烫定形→钉商标→成品检验→包装

三、羊毛衫的缝合工艺

羊毛衫的缝合工艺要求精细、严密，程序需根据成衣工艺来确定。缝合工艺要保证款式特点和品质要求，如V领开衫的门襟要挺直；V领套衫的V领要尖；童套衫的领口要富有弹性；袖罗纹等的接缝要拼齐；装领要正，后领不浮；线迹应均匀，缝迹应牢固，并保持一定的拉伸性和弹性等。

羊毛衫缝合的总体技术要求为：缝迹要具有与缝合的羊毛衫所使用的原料和组织相适应的拉伸性和强力；缝线在原则上必须与羊毛衫的原料、颜色和纱线线密度相同或接近；缝耗一般应控制在1cm以内。

1. 套口缝 套口在羊毛衫合缝机（套口机）上进行，线迹形式为“单线链式线迹”。套口缝常用于羊毛衫的合肩、上领、上袖、上横门襟、缝摆缝、缝袖底缝以及包边等处。肩缝缝子伸长率应大于或等于10%，挂肩缝、摆缝、袖底缝缝子伸长率应大于或等于30%。套口机机号需根据羊毛衫衣片所对应横机机号的大小来确定。一般套口机机号应选取比横机机号高2~4号。套口缝能完成对眼缝合，横向套耗为2~3横列，纵向套耗为1~2针。套口纱选用股纱，通常纱的捻度和强力比编织用纱高。缝合羊绒衫、绵羊绒衫、驼绒衫、牦牛绒衫时，常用同衫身相同的纱线为缝线（需加强捻度），以保证产品的质量，也可用与一般精纺、粗纺纯毛羊毛衫相同的缝线。套口时，不允许有针纹歪斜或搭针现象。

2. 链缝 链缝在切边缝纫机（小龙头无刀）上进行，此机又称24KS机。其线迹形式仍为“单线链式线迹”。链缝可用于合肩、上领、上袖、缝摆缝和袖底缝等，缝合效率比套口高，但不能对眼缝合。用链缝缝合圆领男套衫，领口拉足应达32cm；缝合圆领女套衫，领口拉足应达30cm；缝合圆领童套衫，领口拉足应达28cm。针迹密度为11～12针/2.5cm，缝子伸长率应大于或等于30%。缝耗为0.5～0.7 cm，细针为3～4针，粗针为2～3针。

3. 包缝 包缝在包缝机上进行，线迹形式常用的是“三线包缝线迹”。包缝的针迹密度为：肩缝12～14针/2.5cm，一般缝10～12针/2.5cm。缝子伸长率应大于或等于20%，在缝子末端需打回针6～7 cm。包缝应确保织物的边缘线圈不脱散。拷耗为0.3cm左右，缝子耗为0.4cm，总的缝耗在0.7cm左右。包缝用于包边、合肩、上袖、缝摆缝和袖底缝等。包缝用的底线不可捻度过高，应柔软、有弹性、光滑和有足够的强力。

4. 平缝 平缝在平缝机上进行，常用的线迹形式为“双线锁式线迹”。平缝常用于羊毛衫上丝带、上门襟、上拉链、包缝边的加固、缝制商标等。平缝缝迹密度为11～14针/2.5cm，缝耗细针为2～4针，粗针为1～3针。

5. 绷缝 绷缝在绷缝机上进行，常用的线迹形式为“双针三线绷缝线迹”和“三针四线绷缝线迹”。绷缝一般用于羊毛衫中的滚领、滚边、拼制合缝、加固复缝等。绷缝的缝迹密度为11～15针/2.5cm针。

四、成衣辅料

辅料对羊毛衫的外观质量、服用性能等都能起到积极的补偿作用，有的还能起修饰作用。羊毛衫辅料的种类很多，常用的有垫肩、丝带、纽扣、拉链、绣花线、皮革、人造革、人造毛皮、灯芯绒以及经编提花织物等。这些辅料在羊毛衫中起的作用各不相同，应根据需要合理选用。

垫肩也称肩垫，是用来修正羊毛衫肩部高低和宽窄的。常在羊毛衫西服和大衣外套中应用，以使羊毛衫的肩部造型更加美观。

丝带主要用于羊毛衫的门襟处，即门襟丝带。它可使门襟平直、挺括、控制门襟的伸长与变形。丝带的颜色应尽可能与羊毛衫的主色相同或相近。

纽扣是羊毛衫开衫、半开襟套衫、开背心等不可缺少的辅料。纽扣既具有实用价值，又有修饰作用，应选用与羊毛衫整体效果相协调的纽扣。

拉链常用于羊毛衫的开襟、开衩和口袋边等处，拉链的选取需与羊毛衫的具体款式、色彩相协调。

缝线的选择既要考虑牢度，又要求光滑，以便缝纫时流畅。缝线色应与衫身同色或以偏深为宜。

绣花线属于修饰性辅料，用于在羊毛衫上绣制各种花型图案。绣花线的品种较多，常采用的为马海毛纱、羊毛纱、丝线、金银丝线、针织绒带和珠子、珠片等。选用时应按具体的花型设计需要来进行，形成独特的款式与风格。

皮革、人造革、人造毛皮、灯芯绒、经编提花织物等辅料，常用于羊毛衫的“拼、镶、嵌、贴”工艺中。羊毛衫选用的辅料范围很广，而且不断变化。因此，在羊毛衫的设计中应充分发挥想象力，使更多、更好的材料为羊毛衫服务，也使羊毛衫的款式与风格更符合消费者的审美和实用需求。

五、手缝技术

在羊毛衫成衣工序中，除采用成衣机械缝合外，也采用手工缝合。采用手工缝合可以完成成衣机械难以实现的工作，如完形缝、缭缝、上花式领、上花式纽扣等。手缝可分为普通手缝和手缝修饰两类。手缝技术的主要特点是针迹变化大，缝迹机动大，缝合过程工艺性强等。

（一）普通手缝

普通手缝主要是指用于衣片缝合的手缝。普通手缝方法的种类很多，常用的主要有回针缝、切针缝、完形缝、缭缝、钩针链缝等。

1. 回针缝 回针缝是在重叠的缝片上不断进行垂直折回的缝合技术，对缝合各种组织结构的衫身、袖底缝等均可适用。在缝合单面组织、三平、四平等织物时，一般采用四针（眼）回二针（眼）的方法缝合；在缝合畦编类织物时，则常采用两针回一针的方法缝合。

2. 切针缝 切针缝是在重叠的衣片上不断进行斜线折回的缝合技术，常采用二针一折回的方法。切针缝常用于横密接直密的缝合，如缝合挂肩带、上袖、上领等，也可用于直密对直密、横密对横密的缝合。

3. 完形缝 完形缝是在衣片线圈正对的情况下，按织物线圈形成的方式进行的缝合。采用完形缝缝合后，能使衣片缝合处形成一个整体，不留任何缝合痕迹。进行完形缝合时，必须使用与被缝合衣片相同的纱线作为缝线，并且在缝合时拉线的力量要匀，以使缝出的线圈与织物中的线圈大小和形状相同。完形缝常用于羊毛衫衣片缝合中需不留缝迹部位的缝合，如袋部、高档羊毛衫肩部的缝合等。

4. 缭缝 缭缝是将两衣片缭在一起的缝合方法，常采用一转缝一针，缝耗为半条辫子的缝合方法。缭缝主要用于缝羊毛衫下摆边、袖口边、裙摆边等。

5. 钩针链缝 钩针链缝是采用钩针，用链式缝迹将两片织物缝合在一起的方法。钩针链缝可用于羊毛衫肩缝、摆缝、袖底缝等处的缝合。

（二）手缝修饰

羊毛衫的花色一部分依靠编织机直接编织，而另一部分则是在成衣时利用修饰获得。羊毛衫的修饰主要靠手缝进行，手缝修饰的常用方法为绣花、扎花和贴花等。

第二节　羊毛衫的整烫定形和成品检验

一、整烫定形

（一）影响整烫定形效果的因素

影响整烫定形效果的主要因素是温度、时间和压力。热定形的温度要严格控制，温度太低，达不到定形的目的；温度太高，会使颜色变黄，强力下降，手感发硬，甚至炭化或熔融，使织物的服用性能被破坏。在一定范围内，温度较高时，热定形的时间可以缩短；温度较低时，所需要的定形时间较长。但决定定形效果的因素是温度，足够的时间是为了使热量扩散均匀。在热定形过程中对织物施加一定的作用力，有利于织物表面的舒展和平整，可以提高定形效果。但作用力的大小要适当。作用力过小，褶皱不易消除；作用力过大，织物板硬。在实际生产过程中，根据织物的原料不同和对织物的风格要求不同，施加作用力的大小也有所不同。对于轻薄的织物而言，一般要求具有滑爽、挺括的风格，施加的作用力应大些。对于手感要求柔软的织物，作用力要小一些，或不施加作用力，进行松式定形。

（二）整烫定形的工艺

1. 整烫定形的工艺要求

（1）整烫时，要严格控制温度、时间和压力，不得使织物变黄、变色。由前面讲述的定形机理可知，不同原料要采用不同的定形温度。

（2）衣服的轮廓要烫正，衣领等重要部位不得变形，衣服的缝子要烫直烫平。手工烫衣时用力要均匀，衣服要处于自然状态，不得用力拉拽衣服，以免衣服的规格尺寸发生变化或在穿着过程中产生收缩。

（3）整烫弹性服装或衣服的弹性部位时，应保持原有的弹性不变。例如，在整烫有下摆罗纹的服装时，应将撑板抽出后，使罗纹处在自然状态下再整烫。

（4）针织服装一般情况下应两面熨烫，先烫衣服的后面，再烫前面，抽出撑板后一般不需要再熨烫。但对于高档服装，抽出撑板后还要再烫一遍前面。

2. 整烫定形的工艺流程

（1）加热。各种原料生产的羊毛衫需要在不同的温度条件下才能达到产品定形、外观平整挺括、规格符合标准的要求。适当的温度，能提高羊毛衫的蒸烫定形质量，但温度偏高，会使毛衫板结，手感粗糙，弹性降低，表面产生极光，尤以突出的领边等部位为甚；温度过低，则平整度差，易收缩变形。温度的控制直接影响定形效果，不同的原料，不同的蒸烫工具，均要求不同的条件。

（2）给湿。在给湿的时候，给湿量一定要适宜。给湿量过少，高温会使纤维变性发脆或烫黄、烫焦；给湿量过多，则会出现定形不良，平整度差，衫身无身骨，易变形，甚至过多的含湿率会使毛衫包装霉变。

（3）加压。羊毛衫从编织、成衣到蒸烫前，均处于折皱状态，熨烫时，在一定温度、湿度以及定形样板（烫板）的作用下，以烫斗自重（约 4kg）自然加压于衫身，给予适当的压力（张力），使纤维分子重新排列、固定。而蒸汽慰斗喷射力也直接加压于衫身，所以无需再人为加压。

（4）冷却。熨烫后的羊毛衫一般需自然冷却或抽风冷却。

二、成品检验

羊毛衫在出厂之前，需对其进行综合检验，目的是保证出厂产品的成品质量。成品检验通常由复测、整理、分等三个专门工序组成，内容包括外观质量（尺寸公差、外观疵点等）、物理指标、染色牢度三个方面。内销产品，需按中华人民共和国纺织行业标准中“毛针织产品检验标准”进行成品检验和分等；外销产品，需按外商要求的检验标准进行成品检验和分等。将成品检验后的毛衫按销售、储存、运输的要求进行分等包装。应将毛衫的包装与有效的装潢结合起来，起到美化、宣传商品和吸引消费者的作用。成品质量检验一般以外观质量为主，其要求如下。

（1）产品达到工艺规定的规格、密度、重量，公差符合标准，款式符合封样要求。

（2）保持款式特点。如外衣类产品须滑爽挺括；翻领应平整，圆领领口要回整而有弹性；开衫门襟应平、直、齐；缩绒产品应绒面丰满、均匀，手感柔软。

（3）产品外观色泽鲜艳，色差、色花等符合标准。

（4）产品缝迹齐整、牢固、有弹性，针迹密度符合标准。

（5）产品疵点修补后，针路清晰且无修疤。

第七章　羊毛衫计算机辅助设计（CAD）

本章知识点

1. 针织 CAD 的基本操作。
2. 数据模型的建立与调用。

第一节　羊毛衫 CAD 软件的基本操作

一、针织 CAD 软件的应用现状及其特点

目前，我国的针织 CAD（Computer Aided Design）软件主要用于工艺设计，经自主研发并投入市场的针织工艺设计 CAD 软件主要有沃地、富怡、彩路等系统。这些 CAD 系统大都能实现快速工艺计算和自动放码，提高工艺计算的准确性和产品的出样速度。在传统的手工工艺计算过程中，毛衫产品从初样到大货样的工艺计算过程中，需要工艺员不断修改同样的工艺，耗时较长；利用 CAD 系统，只需要工艺师输入数据或重新调用工艺数据，针对客人的要求，做少量的修改，就能在几分钟内得到各种工艺单。

设计数字化是未来发展的必然趋势，CAD 软件是针织设计数字化的开始。一般工厂都有纸样间用来保存纸样，多年下来积累的纸样越来越多，不但占用房间，查询也非常麻烦。针织 CAD 软件从开始就使所有工艺都以数字的形式保存在计算机里，计算机的大量存储空间为生产企业储存了宝贵的工艺资料，为企业的永续经营奠定了扎实的基础。

各种耗纱量的准确计算，是企业精益化生产的可靠前提，是企业降低生产成本，减少库存的有效手段。由于传统的手工工艺计算，需要计算衣片上的线圈数量，才能计算出编织该衣片的耗纱量；而计算不同纱线线圈数量的过程很繁琐。CAD 系统的应用，提供了自动扫描衣片上的线圈数目，并根据不同颜色纱线的单位线圈重量，快速计算出该产品的耗纱量的功能，这对于加工贵重的羊绒原料的针织企业来说，是极其重要的。

与传统手工设计的方法相比，计算机高效快速地将设计构思形象化的同时，设计者可随时对设计方案进行调整判断，减少手工工艺设计过程中信息不足而带来的失误，缩短了产品从设计到成品生成的时间，增强了产品的竞争力。

二、参数设置

“富怡”毛衫工艺设计系统是我国最早开始研发适用于毛衫行业的 CAD 系统的企业之一，

经过多次的改进升级，已经形成了采用 Windows 图形界面并且基于人机对话的方式进行工艺计算的针织 CAD 系统操作平台。软件主要由款式设计、上机工艺单设计、操作工艺单设计三大部分组成，款式设计和工艺单设计集成在一个视图上，方便了它们之间的互相联系，共同作用，从而完成横编工艺设计。为用户在竞争激烈的毛衫市场中提高生产效率，缩短生产周期，增加毛衫产品的技术含量和高附加值提供了强有力的保障。

本章将以应用富怡 CAD 系统的情况，按照工艺设计的流程对富怡 CAD 应用的基本方法做规范化应用的介绍，以说明针织 CAD 系统在实践中的应用特点和优势。

在富怡工作区命令面板中点击下拉按钮，单击选择【毛衫工艺设计模块】进入毛衫工艺设计界面。工艺设计主要通过毛衫工艺设计界面最上方的主工具条（图 7－1）进行操作。按照工艺设计流程，一般要进行参数设置、衣片设计、工艺单编辑、工时表编辑、毛纱统计编辑等操作。

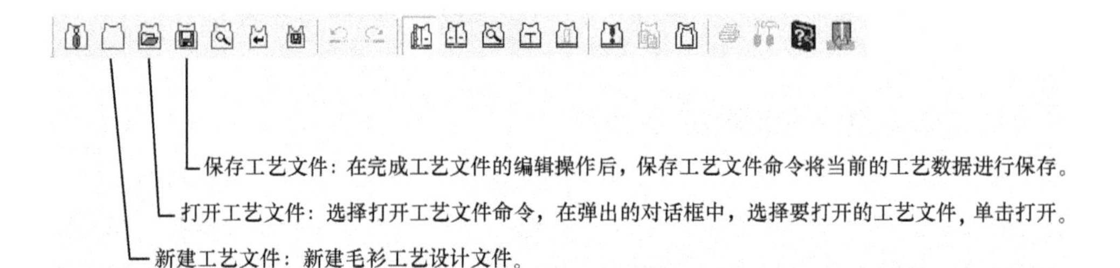

图 7－1　主工具条示意图

单击使界面切换到参数设置状态。参数设置包括项目明细、款式与特征、部位设置、款式尺寸数据库、公式五个标签式操作按钮。

（一）项目明细

单击【项目明细】标签，可输入设置工艺单的常规信息和衣片密度。

1. 常规内容的设置

（1）衣型选择。单击款式、肩型、领型、衫型、袖型、袋型、脚型、裤型、帽型的右边的下拉列表，在下拉列表中选择所需要的衣型。将这些款式特征组合起来表达所设计的衣形。传统假开衫和并门襟假开衫有连罗纹与不连罗纹之分。

（2）单击勾选款式代号后面的勾选方框。在文件保存时，自动保存款式代号信息；单击取消勾取，款式代号信息不保存。通过该设置在以后的【查找】中可以通过企业习惯按照【公司名】或者【款式名】搜索所需要的工艺单信息。

（3）中留。表示开领标注为“中留”。例如编辑为中封，则开领标注表示“平摇 10 转中封 10 针开领”；若为空则表示“平摇 10 转中留 10 针开领”。

（4）单击【机器】、【纱支】、【原料】、【拉密】、【组织】、【脚地】右边操作按钮，会弹出如图 7－2 所示的设置对话框。

① 选择“全部”按钮。表示所有衣片的设置全相同。

②不选择“全部”按钮。表示所有衣片可单独设置。

③对于组织和脚地还有组织倍数和余数的设置，对于脚地还有面包的设置。打钩选择为组织面包，不打钩选择为组织底包。

（5）对于纱支（【原料】、【组织】、【脚地】、【收夹】、【收领】、【收膊】、【收腰】）选择下拉菜单最后一项【……】弹出编辑操作对话框，如图 7 – 3 所示。

①【默认】。载入系统默认的设置。

②【插入】。在当前选择的位置插入自定义纱支（原料、组织、脚地、收夹、收领、收膊、收腰）信息。

图 7 – 2　机器设置

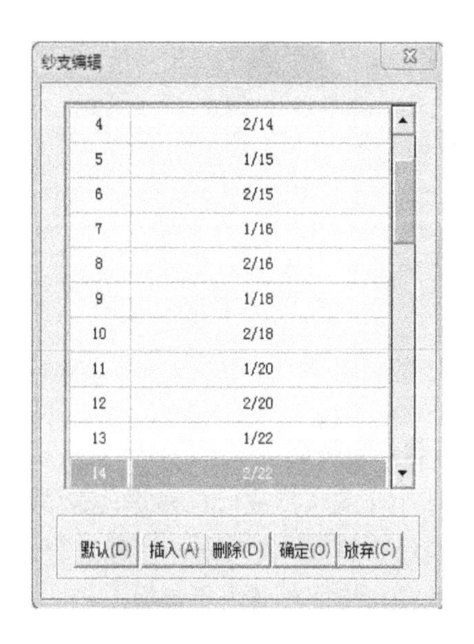

图 7 – 3　纱支编辑

③【删除】。删除当前选择的纱支（原料、组织、脚地、收夹、收领、收膊、收腰）信息。

（6）【空转】。

①输入为空，则为空 1 转。

②空转后面的选择打钩。表示空转包含在下摆高中。

③空转后面的选择不打钩。表示空转不包含在下摆高中。例如，若所输入为“空 2.5 转”，下摆为 20 转，则下摆标注为：“平摇 17.5”转，这是因为下摆高要减去 2.5 转空转，所以下摆高就只有 17.5 转。

（7）【拷针】。表示前片（后片、袖片）拷针标注。例如，编辑为“套”，则拷针标注表示为：“套 10 针”；若为空则表示为：“拷 10 针”。

2. 衣片密度的设置　通过织造样片，分析样片，确定相应纱线、组织和机械作用下成品的密度，在界面中输入设置相应衣片的设计横纵密和下机横纵密，如图 7 – 4 所示。注意：若前片（前片下摆）、后片（后片下摆）、袖片（袖口）的原料、纱支（纱线线密度）、组织、脚地、机型一样的时候，后片与袖片的密度自动设置与前片的相同。

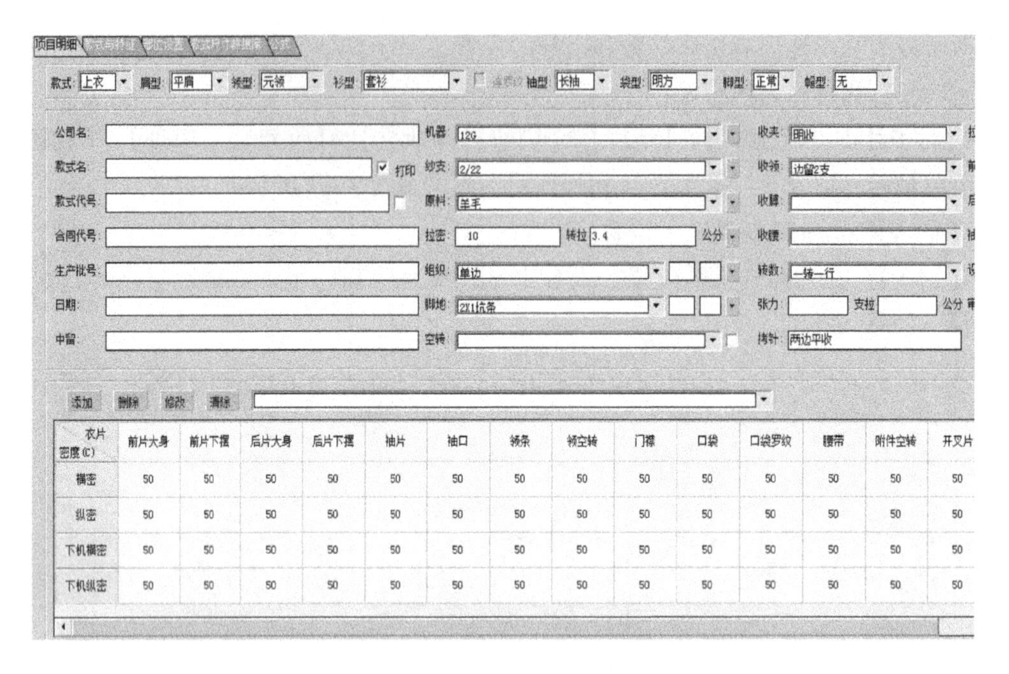

图7-4 项目明细界面

（二）款式与特征

单击打开【款式与特征】标签，衣型选择的相关数据依然在界面顶端。在富怡界面中，衣型设计出现在参数设置的每一个标签的顶端，并且参数关联，便于设计过程中对衣型选择的控制。款式与特征界面主要包括工艺特征设置（图7-5）和收（放）针设置（图7-6）。

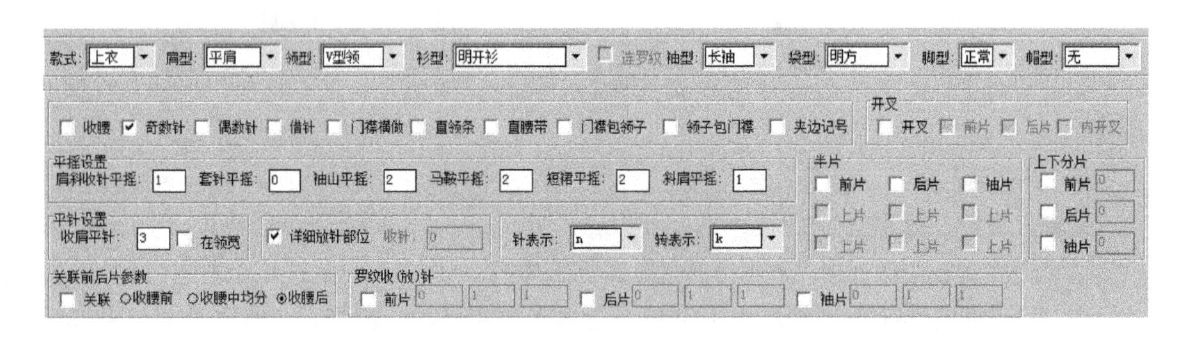

图7-5 工艺特征设置

1. 工艺特征设置 单击勾选或者取消勾选各项后面的勾选方框，选择对各项目的选取或者不选取。若选取，各项功能分别如下。

(1)【收腰】。设置前后片收腰。

(2)【奇数针】。设置衣片的针数为奇数针。

(3)【借针】。计算衣片时，按详细设置无解时，向前借一针以达到可以按条件计算收针。

(4)【门襟横做】。设置将门襟横做。

（5）【直领条】。设置将领条直做。

（6）【直腰带】。设置将腰带直做。

（7）【门襟包领子】。设置门襟包领子。

（8）【领子包门襟】。设置领子包门襟。

（9）【夹边记号】。记号以夹边为参照设置。

（10）【开叉】。进行衣片开衩设置。

①【前片】。将前片应用开衩。

②【后片】。将后片应用开衩。

③【内开叉】。设置开衩方式为内开衩，不设置则为外开衩。

（11）【平摇设置】。肩斜收针平摇、套针平摇、袖山平摇、马鞍肩平摇、短裙平摇、斜肩平摇设置。在参数框中添加参数，设置收针平摇转数。

（12）【上下分片】。单击勾选或者取消勾选上下分片设置。

①【前片】。勾选设置生成前片分片，并设置前片分片的尺寸。

②【后片】。设置生成后片分片，并设置后片分片的尺寸。

③【袖片】。勾选设置生成袖片分片，并设置袖片分片的尺寸。对于选择上下分片的衣片，再进一步在半片选框中进行选择设置生成前片为（【上片】\【下片】）半片；后片为（【上片】\【下片】）半片；袖片为（【上片】\【下片】）半片。

（13）【关联前后片参数】。设置选择在收腰前、收腰中均分或收腰后阶段进行参数关联。

（14）【针表示】、【转表示】。按照企业习惯设置针和转的表示方法为“n”“针”或者“支”“条”。

收针位 / 段数	收腰	收夹	收领	袖收针	收肩	腰放针	袖放针	其它放针	其它收针
	分段数: 2	分段数: 3	分段数: 3	分段数: 4	分段数: 2	分段数: 2	分段数: 2	分段数: 2	分段数: 2
	转差: 0	转差: 0	转差: 0	转差: 0	转差: 0	转差: 0	转差: 0	转差: 0	转差: 0
	☐ 半转	☐ 半转	☐ 半转	☐ 半转	☐ 半转	☐ 半转	☐ 半转	☐ 半转	☐ 半转
	☑ 先收	☑ 先收	☐ 先收	☑ 先收	☑ 先收	☑ 先收	☑ 先收	☑ 先收	☑ 先收
	☑ 先快后慢	☑ 先快后慢	☑ 先快后慢	☐ 先快后慢	☐ 先快后慢	☑ 先快后慢	☑ 先快后慢	☐ 先快后慢	☐ 先快后慢
	☐ 先慢后快	☐ 先慢后快	☐ 先慢后快	☑ 先慢后快	☑ 先慢后快	☐ 先慢后快	☐ 先慢后快	☐ 先慢后快	☐ 先慢后快
1	☐ 固定收针	☐ 固定收针	☐ 固定收针	☐ 固定收针	☐ 固定收针	☐ 固定收针	☐ 固定收针	☐ 固定收针	☐ 固定收针
	转数: 0	转数: 0	转数: 0	转数: 0	转数: 0	转数: 0	转数: 0	转数: 0	转数: 0
	针数: 1	针数: 2	针数: 2	针数: 2	针数: 2	针数: 1	针数: 1	针数: 1	针数: 1
	次数: 0	次数: 0	次数: 5	次数: 0	次数: 6	次数: 0	次数: 0	次数: 0	次数: 0
2	☐ 固定收针	☐ 固定收针	☐ 固定收针	☐ 固定收针	☐ 固定收针	☐ 固定收针	☐ 固定收针	☐ 固定收针	☐ 固定收针
	转数: 0	转数: 0	转数: 0	转数: 0	转数: 0	转数: 0	转数: 0	转数: 0	转数: 0
	针数: 1	针数: 2	针数: 2	针数: 2	针数: 2	针数: 1	针数: 1	针数: 1	针数: 1
	次数: 0	次数: 4	次数: 0	次数: 0	次数: 0	次数: 0	次数: 0	次数: 0	次数: 0

图 7－6　收放针设置

2. 收（放）针设置

（1）收肩平针（在领宽）。设置收肩的平针针数；在领宽选项：选取则表示收肩平针包括在领宽内。

（2）罗纹收放针。选择设置前片（收针宽、收针高、收针平摇）、后片（收针宽、收针高、收针平摇）、袖片（收针宽、收针高、收针平摇）。

（3）详细收放针的设置。单击勾选或者取消勾选详细放针部位前面的勾选方框选择对详细收放针的选取与否。

① 勾选详细收（放）针设置。可设置多部位，每部位多段数（1～10 段），每段收（放）针参数（转数、针数）不同的收（放）针工艺的设计，可设置部位包括收腰、收夹、收领、袖收针、收肩、腰放针、袖放针，还可以详细设置两个其他收（放）针。

② 取消勾选即一般收（放）针设置。仅对基本部位设置多段（1～10 段）固定收（放）针参数（转数、针数）的收（放）针工艺的设计，可设置的部位包括收腰、收夹、收领、袖收针、收肩，其他所有收（放）针设置总的收（放）针数，由计算机自动分配。

③详细收（放）针内容的选择。对每个部位的具体内容进行选择，选择的内容包括半转收、先收、先快后慢、先慢后快、首尾固定。

所有设置在生成衣片的操作工艺单时起作用。

（三）部位设置

单击打开【部位设置】标签，【系统部位名】显示软件系统默认的衣型的所有部位，双击【自定义部位名】下方相应的方框，输入对系统部位名的自定义设置（方便了不同企业的不同设计习惯），如图 7－7 所示。

图 7－7　部位设置

【部位名】显示所设计衣型组合所需要测量部位的列表。通过添加、删除、上移、下移、排序等操作改变部位名列表。具体操作如下。

（1）添加部位。

①【系统部位名】列表中双击添加部位。

②单击【系统部位名】列表中需要添加部位，单击【添加部位】添加部位。

（2）删除部位。

①【部位名】列表中双击删除部位。

②单击【部位名】列表中需要删除的部位，单击【删除部位】删除部位。

（3）上移、下移部位。按企业数据输入习惯改变部位名在列表中所处的位置。

（4）排序。将【部位名】按【系统部位名】顺序排列。

（四）款式尺寸数据库

单击打开款式尺寸数据库标签，如图 7－8 和图 7－9 所示进行设置。

部位(公分) \ 规格		档差	规格1
1	胸宽*	0	48
2	衣长*	0	58
3	肩宽*	0	37
4	袖长	0	38
5	挂肩*	0	19
6	前挂肩收花高	0	8
7	后挂肩收花高	0	8
8	袖横阔	0	16
9	领宽	0	18
10	领深	0	7.5
11	后领深	0	2
12	领罗宽	0	4

图 7-8　规格数据设置

部位(公分) \ 参数		参数
1	胸宽	2
2	后胸宽	0
3	缝耗	0
4	上胸围高	0
5	前上胸围宽	0
6	后上胸围宽	0
7	衣长	0.8
8	后衣长	0
9	肩宽	-0.5
10	后肩宽	-1
11	袖长	-1.5
12	挂肩	0

图 7-9　参数数据设置

（1）在【规格/部位】表头中单击右键，选择输入参数的单位为【英寸】或【厘米】，如图 7-10 所示。

图 7-10

在【规格】列表中双击输入规格部位的尺寸值。在【规格/部位】列表的任意位置单击右键选择【添加规格】（在当前规格后添加一套规格尺寸）、【插入规格】（在当前规格前插入一套规格尺寸）、【删除规格】（删除当前规格尺寸），可设置该款衣形的多种规格尺寸。

（2）单击勾选【档差】前的方框，应用档差（放码规格尺寸与基码规格尺寸的差），在【档差】列表中双击输入档差参数，各规格尺寸数据自动生成；否则【档差】功能不应用，各规格尺寸数据自定义输入。

①在基码前的规格尺寸 = 基码尺寸 - 档差值。

②在基码后的规格尺寸 = 基码尺寸 + 档差值。

（3）在【参数/部位】列表中的【参数】列表下双击输入相关部位的参数值。部位参数尺寸是对相关部位的尺寸的修正量。不同企业经过多年积累所选取的经验值是不同的，而且不同规格下修正量的选取也是不同的。

（4）注释。单击进入注释输入框，对款式进行注释说明。

（5）尺寸数据库管理，对尺寸数据进行管理操作（图 7-11）。

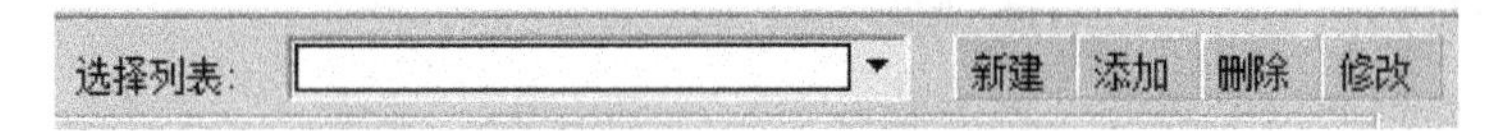

图 7-11　尺寸数据库管理工具

①【新建】。对所有基码尺寸数据清零，且删除所有非基码规格。

②【添加】。将目前尺寸规格自定义命名进行储存，便于在今后的设计中直接调用数据。

③【删除】。提示“是”“否”将尺寸数据库中已存在的选定尺寸数据删除。

④修改。修改从已有数据库中调用的数据。

（五）公式

单击打开【公式】设置界面进行工艺计算公式的编辑，公式设计界面包括【部位计算值】列表（图 7－12）、【部位测量尺寸】列表、【部位修正尺寸】列表、部位公式编辑区。

（1）单击【部位计算值】列表中某部位，在公式编辑区显示当前选中部位的默认公式，如图 7－13 所示。

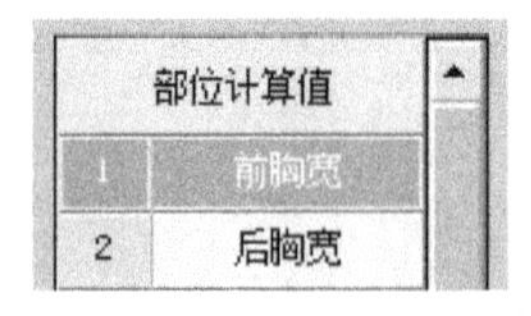

图 7－12　部位计算值

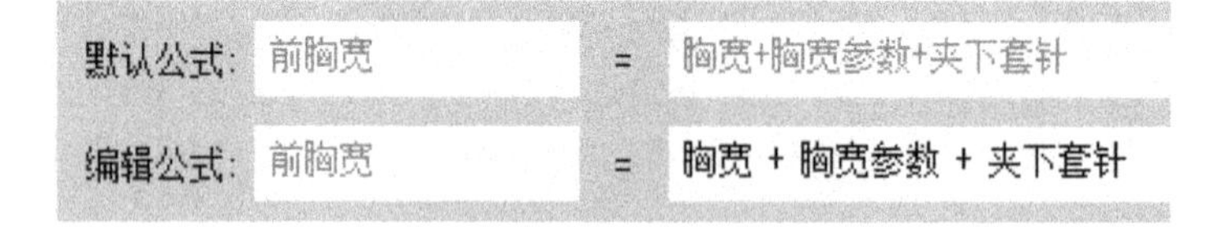

图 7－13　特定部位（前胸宽）及其公式

（2）公式编辑。

①双击公式编辑板块中需要修改的符号或部位（参数）名，模块显示如图 7－14 所示。

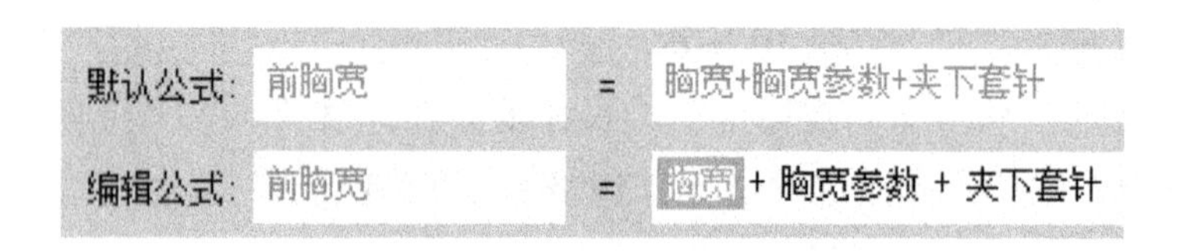

图 7－14　公式修改模块

② 运用公式编辑按键单击 0 ~ 9、＋、－、×、/、( )、Sqrt、X^2、< －、Del 等运算符进行公式编辑。

③在【部位测量尺寸】列表、【部位修正尺寸】列表的相关部位双击向当前编辑公式的游标位置输入。

（3）按钮操作。

①【款式】按钮菜单，如图 7－15 所示。

【默认】：读取当前部位的系统默认公式。

【恢复】：放弃当前公式的修改。

【应用】：应用当前公式修改。

②【当前】按钮菜单，如图 7－16 所示。

【默认】：读取当前编辑部位系统默认公式。

【恢复】：放弃当前编辑部位公式的修改。

【应用】：应用当前编辑部位公式的修改。

【打开】：打开公式 保存公式 单击从公式文件夹中读取当前部位的公式。

图 7－15　款式按钮菜单

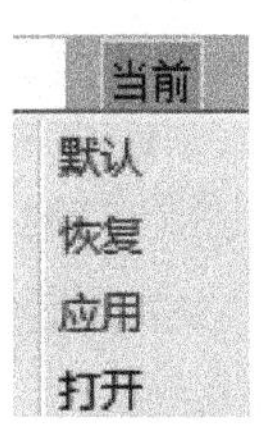

图 7－16　当前按钮菜单

（4）部位公式编辑关联。双击【部位计算值】列表中的部位名称，弹出【公式关联】对话框，选择与该部位的计算公式相同的衣型进行关联，使关联衣型的计算公式默认为当前公式（图 7－17）。

前胸宽 在【部位计算值】列表中的部位名前出现，表示该部位的计算公式经过修改，与系统默认公式不同。

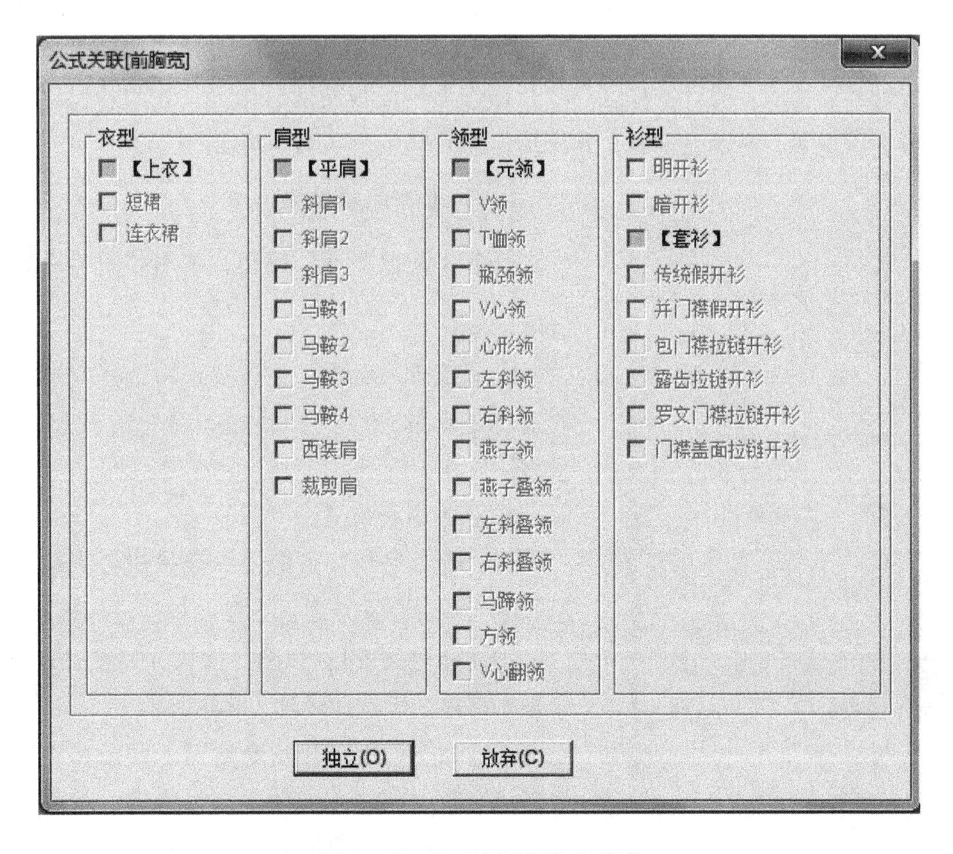

图 7－17　公式相同部位相关联

三、衣片设计

计算机利用【参数设置】中输入的各工艺数据进行计算，然后自动跳转到工艺设计界面并生成该工艺的衣片图。单击【计算基码】按钮，系统自动判断必测部位尺寸是否为空。

若全不为空，弹出衣片选择对话框，单击勾选进行基码计算的衣片，点击确定，读取款式尺寸数据库中的基码尺寸数据进行基码衣片工艺计算。

第一次进行基码计算的衣片。根据基码数据进行计算生成衣片图，并自动跳转到衣片设计界面。

参数修改之后进行计算的衣片。弹出是否将改动保存在旧文件中的对话框。点击“是”。重新计算衣片尺寸，并在衣片区生成新衣片，将改动保存在旧文件中代替旧参数。同时【计算基码】会将衣片设计工作区中生成的非计算衣片数据（如复制衣片、手画衣片、切割衣片）清除，所以要先将它们进行保存。点击“否”。重新计算衣片尺寸，并在衣片区生成新衣片。保留衣片旧数据，并重命名保存修改文件。点击“取消”。退出计算基码操作。

若存在数据为空，则返回到款式尺寸数据库界面输入必测部位尺寸。

生成衣片图后，可以单击【衣片设计】【参数设置】按钮，使界面在衣片设计状态和参数设置状态之间进行切换。

衣片设计界面由衣片设计工作区和衣片操作命令面板两部分组成，在衣片设计状态下系统具有基本选项设置、状态栏设置、常用操作工具操作三项基本功能。

（一）基本选项设置

单击【设置】按钮，弹出如图 7－18 所示设置对话框。

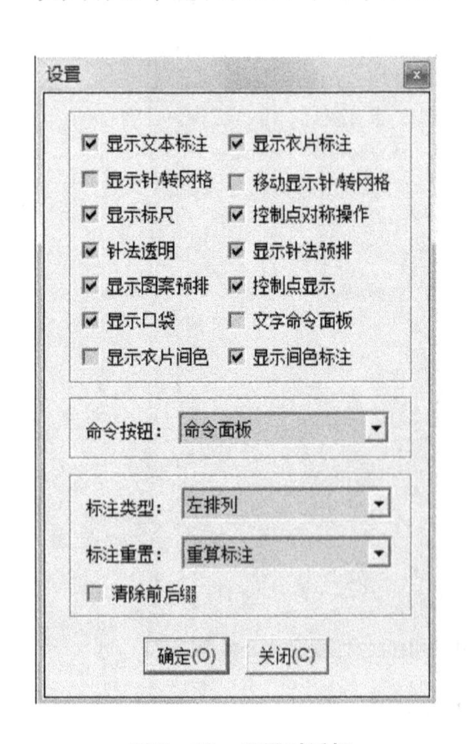

图 7－18　设置对话框

1. 设置开关状态　在设置框中选择勾选或者放弃勾选所显示的命令，控制这些命令的开启或者关闭状态。

2. 状态选择设置

（1）命令按钮。点击【命令按钮】下拉列表，提示如下三种命令面板显示方法，单击进行选择。

①【命令面板】。以命令面板方式显示命令，命令面板始终存在于衣片设计工作区界面上。

②【命令面板（显示隐藏）】。面板和功能与命令面板状态的相同。命令面板靠边隐藏，蓝色边线显示隐藏位置。当鼠标接近蓝色边线时弹出命令面板或按 Tab 键切换面板的显示/隐藏状态。

③【工具条】。命令面板中的工具分为衣片工具条

和命令按钮工具条两部分显示，【衣片工具条】默认在左边，【命令按钮工具】默认在右边，功能与命令面板状态中的功能相同。

（2）标注类型。单击标注类型下拉按钮，提示如下两种标注类型方法。

①【左排列】。标注内容居左显示。

②【右排列】。标注内容居右显示。

（3）标注重置。单击标注重置下拉按钮，提示如下三种标注重置方法。

①【重算标注】。重新计算标注，保持位置不变。

②【重置标注】。重置标注位置为默认位置。

③【重算标注—重置标注】。重新计算标注，且重置标注位置为默认位置。

（二）状态栏设置

状态栏位于界面的左下方，显示如图 7 – 19 所示。

单位: 公分	对称	X:-22.5208,Y:1.1497

图 7 – 19　状态栏

1.【单位】单击选择公分（厘米）或英寸，标尺和尺寸测量工具的单位会切换到相应的单位。

2.【对称方式】

（1）【对称】。对控制点进行对称操作。

（2）【非对称】。对控制点进行非对称的独立操作。

3.【下标显示】显示鼠标当前所处位置的下标，单位为 cm 或英寸。

（三）常用操作工具

常用操作工具有主工具条常用操作工具和命令面板操作工具。

1. 主工具条常用操作工具

（1）【撤消 /重做】 。撤销并重做衣片设计中的操作。规格中所有衣片（前片、后片、袖片、领条）的撤消/重做操作互不影响；不同规格中相同衣片的撤消/重做操作相互影响，为相关操作。

（2）衣片管理 。修改衣片属性和对衣片进行（复制/添加/覆盖/删除）操作，单击弹出如 7 – 20 所示对话框。

①衣片属性编辑区。设置方法与“参数设置”相同。

②规格、衣片显示区，如图 7 – 20 所示。

a. 规格选择。选择将进行编辑的规格。

b. 衣片显示列表。选择进行编辑的衣片。

c. 【复制】衣片操作。复制当前衣片数据。

d. 【添加】衣片操作。将已复制的衣片添加到当前选择规格。

e. 【覆盖】衣片操作。将已复制的衣片覆盖当前规格选择的衣片。

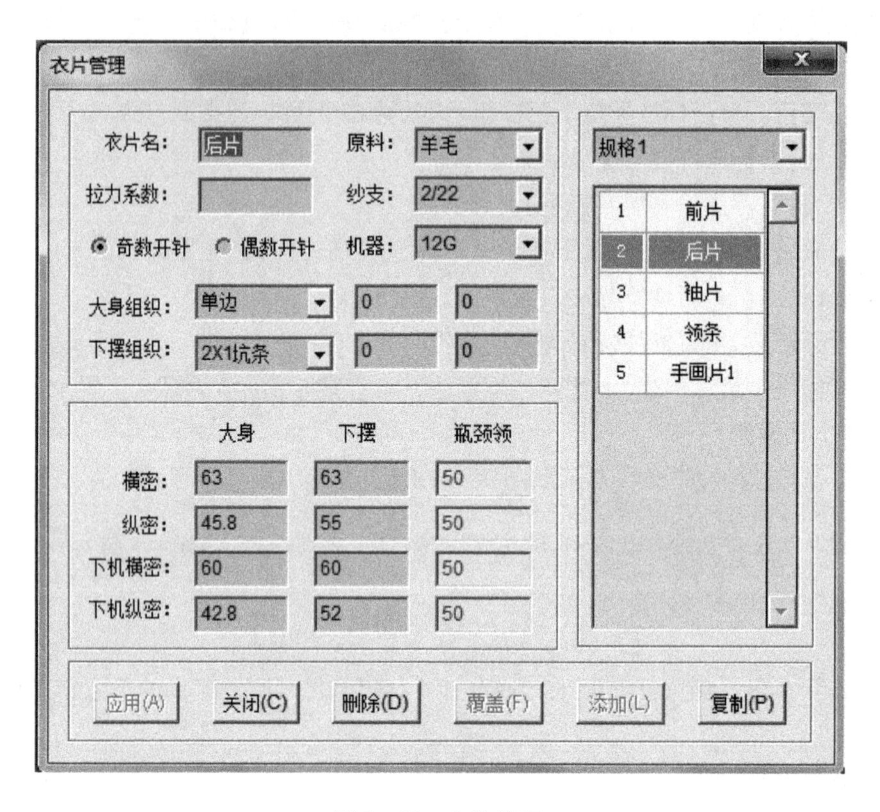

图 7－20　衣片管理

f. 【删除】衣片操作。删除当前规格选择的衣片。因为此操作不可撤销，所以操作前系统弹出“是”“否”删除衣片提示。

g. 【应用】。点击应用按钮完成对衣片的属性修改操作并应用于所修改衣片。

2. 命令面板常用操作工具　【命令面板】上各种命令在衣片设计区中实现对衣片的各种编辑操作。命令面板包括衣片区、常用工具操作区、标注操作区、控制点操作区、其他操作区，如图 7－21 所示。

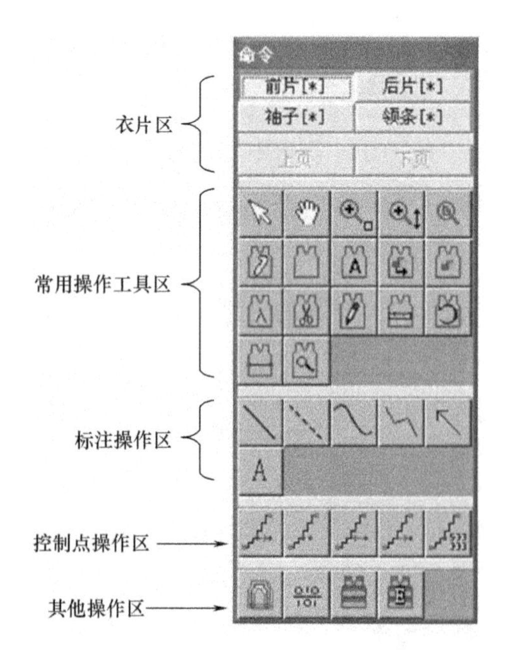

图 7－21　命令面板

（1）衣片区。显示当前规格中的所有衣片。每 10 个衣片作为一页，衣片数大于 10 时自动生成显示在下一页中。

①单击【前片】、【后片】、【袖片】、【领条】按钮。切换到该衣片的编辑状态，衣片设计工作区中显示该衣片。

②【上页】、【下页】。单击显示当前页，上、下页中的衣片。

（2）常用工具操作区。

①【选取】功能。

选择对象：单击选取对象，如工艺标注、工艺边线段、文本标注等。

对象移动：鼠标拖动对象，如工艺标注、工艺边线段、文本标注，使其移动。

编辑工艺标注：主要包括以下内容。

a. 对文本标注的编辑修改。鼠标单击【文本】按钮，鼠标移动到衣片设计工作区，单击在当前直接输入文本，按下 Ctrl + 回车换行。

单击文本对象使其处于选择状态。双击文本，弹出工艺标注窗口，可对文本作个性化编辑操作，重新命名标注的前后缀和工艺标注名称。单击后缀列表下方框中选择“……”项，弹出词汇编辑对话框，点击【插入】，在出现的方框中将后缀字符串输入，点击【确定】将其保存，下次可以点击下拉菜单进行调用。

【插入】：插入一行自定义标注。

【删除】：删除选定自定义标注。

【确定】：确定完成标注编辑操作。

【关闭】：取消标注编辑操作。

在工具条中运用字体调整按钮，如图 7 －22 所示。对文本格式（加粗、斜体、下划线、颜色、字型、字号）进行调整，具体操作同 Office Word 相同。

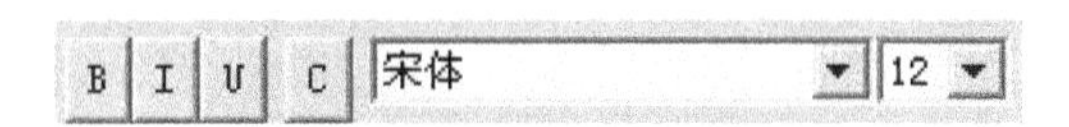

图 7 －22　标注字体调整工具

b. 运用标注操作区功能按钮对工艺标注进行编辑修改。运用【直线】、【虚线】、【曲线】、【折线】、【箭头线】等对衣片进行自定义标注。具体操作如下。

【直线】：单击直线按钮，鼠标两次单击则可确定直线的两端点。

【虚线】：单击虚线按钮，鼠标两次单击则可确定虚线的两端点。

【曲线】：单击曲线按钮，鼠标单击添加控制点，鼠标双击确定控制点添加完毕。

【折线】：单击折线按钮，鼠标单击添加控制点，鼠标双击确定控制点添加完毕。

【箭头线】：单击箭头线按钮，鼠标两次单击确定箭头线两端点。

箭头线的编辑操作。双击箭头对象，使其处于编辑状态。鼠标拖动更改箭头线的大小、方向、位置。在工具条上点击修改颜色按钮，在弹出的颜色对话框中设置箭头线颜色。在工具条上点击箭头线类型选框下拉列表，修改箭头线的类型。

c.【标注重置】。标注重置 设置工艺标注位置为系统默认位置。

d. 说明。每一种标注编辑结束后，回车或单击空白处确认完成对标注的修改。

记号点：包括在线上和不在线上的记号点。

记号标注：衣片生成时的记号控制点的标注，如开领、夹边记号、收肩、开门襟。

记号点与记号标注相互加亮操作：鼠标选择记号控制点时，与其对应的记号标注同时加亮；鼠标选择记号标注时，与其对应的记号控制点同时加亮。

工艺标注［收（放）针工艺标注、平摇标注、平针标注］与衣片边线相互加亮操作：鼠标选择工艺标注，与其对应的衣片边线同时加亮；鼠标选择衣片边线，与其对应的工艺标注同时加亮。

选择包括：鼠标单击选择的工艺标注、衣片边线和记号点用红色显示加亮；鼠标移动过程中对工艺标注、衣片边线和记号点的选择用黄色显示加亮。

同时选取多项文本标注和工艺标注操作：鼠标单击拖出选择矩形选框，显示在矩形选框内的对象（文本标注和工艺标注）处于多选状态，如图 7－23 所示。

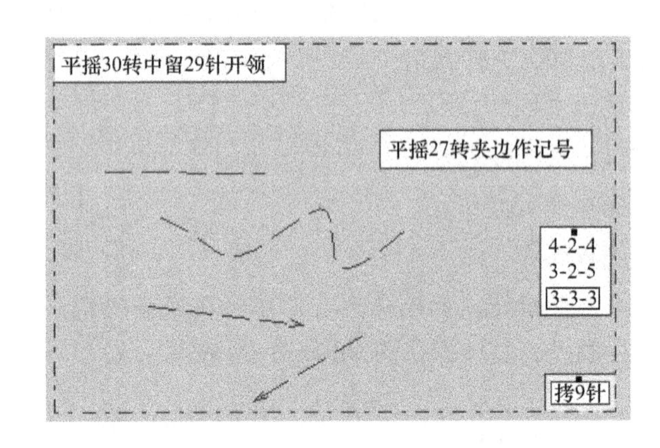

图 7－23　标注项选取

文本标注与工艺标注多项移动操作：在多选状态下，鼠标在衣片设计工作区内拖动，其内所有的标注移动。

文本标注与工艺标注多项删除操作：在多选择状态下，按下 Delete 键删除选框内的所有标注对象。

②【工艺标注】。切换显示/隐藏工艺标注。

③【载入图案】。将系统工作区的选框图像加载到当前编辑衣片大小内，单击【载入图案】按钮，弹出窗口提示“是”“否”继续操作。点击“是”：继续操作；计算机自动判断当前衣片大小与工作区图像大小是否一致，不一致时，弹出窗口提示是否继续操作。点击“是”：继续操作，所选图案出现在衣片上，用选项工具调整图案在衣片中所处的位置。点击“否”则退出操作。载入图案时，黑色在衣片中显示为透明色，如图 7－24 所示。

④【图案预排】。当前编辑衣片载入的图案编辑排版。单击弹出如图 7－25 所示操作窗口。

a. 操作按钮区。相关功能如下。

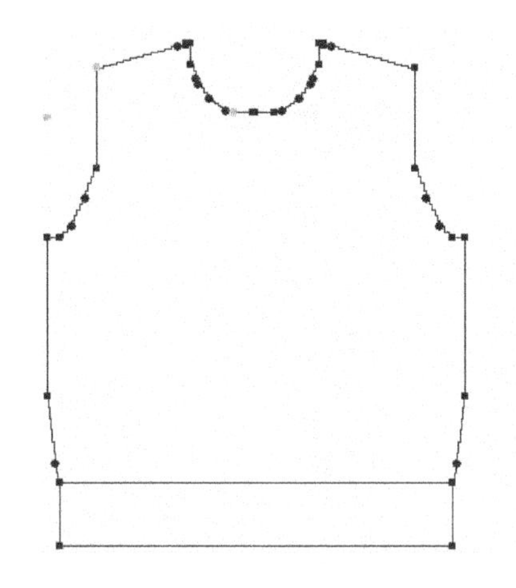

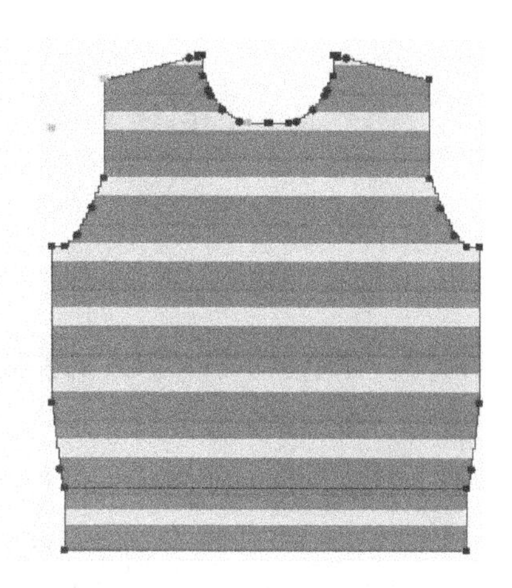

图 7－24　载入图案操作前后

【全屏】：图案全屏显示。

【放大】：图案放大显示。

【缩小】：图案缩小显示。

【清除】：图案清空为全黑色（透明色）。

b. 图案编辑区。右侧为图案小图预览区。左侧有【保存】和【载入】按钮：点击【载入】在图像文件夹中载入图像，在图像宽、图像高右侧方框中输入图像的宽和高的值，点击【保存】将经过设置的图像保存在图案预排的文件夹中，方便下次调用。

c. 图案属性设置。

【排列】：选择图案的排列方式，如图 7－26 所示。

【单个粘贴】：显示单个图案。

【循环平铺】：循环平铺显示图案。循环平铺属性设置如下。

【位移】：点击位移右侧下拉三角，显示如图 7－27 所示。单击进行选择；【无位移】：图案没有位移；【横向位移】：图案横向位置进行移动；【纵向位移】：图案纵向位置进行移动。

【X（Y）间隔】：设置图案 X（Y）方向的间隔增量。

【行（列）循环】：设置图案行（列）方向循环的次数；次数为 0 时，全部循环；次数不为 0 时，循环指定的次数。

【图像】。显示当前编辑衣片的图案名字列表。

设置图案的分层显示：单击【上】、【下】按钮设置

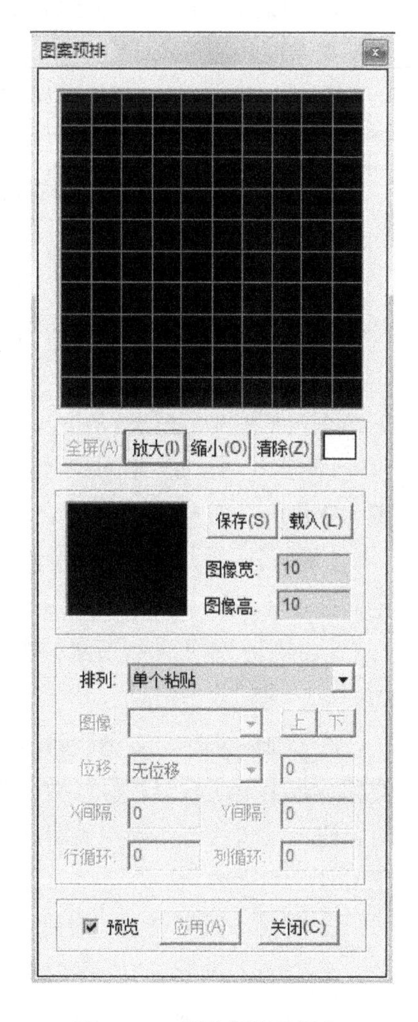

图 7－25　图案预排编辑框

图案显示的层顺序。可单击选择切换编辑图案。

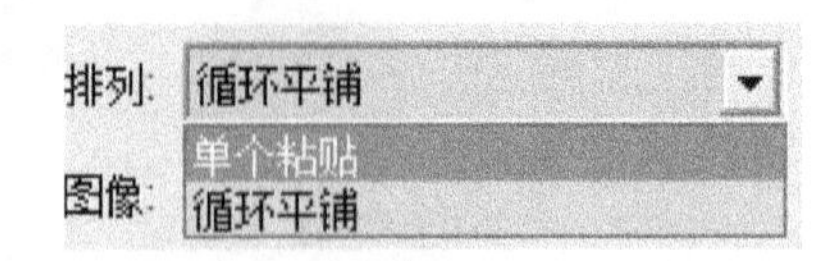

图 7-26　图案排列方式选择

图 7-27　位移选项

【预览】。预览显示经过修改的图案。

【应用】。将图案属性应用于衣片中。

d. 图案添加操作。如图 7-28 所示，将鼠标在图案小图预览区处单击且拖动。将鼠标移动到衣片区域内松开，在鼠标松开的位置添加图像。

取消添加：右击鼠标或将光标移动到衣片区域外。

e. 图案删除操作。将图案移动到衣片区域外。在图案选中时，按 Delete 键。

⑤【针法预排】。单击编辑当前衣片的针法排版方式，如图 7-29 和图 7-30 所示。

a. 操作按钮区。与图案预排按钮用法相同。

b. 针法编辑区。

图 7-28　添加图案效果

【直线】：添加直线对象，单击直线按钮，将鼠标移动到针法编辑区，鼠标第一次单击确定直线起点，第二次单击确定直线的终点。

【折线】：添加折线对象，单击折线按钮，鼠标第一次单击确定起点，之后每单击一次添加一点，直到双击结束。

【矩形】：添加矩形对象，单击矩形按钮，鼠标第一次单击为矩形第一对角点，第二次单击为矩形另一对角点。

【椭圆】：添加椭圆对象，单击椭圆按钮，鼠标第一次单击确定椭圆圆点，第二次单击确定椭圆形状。

【曲线】：添加曲线对象，单击曲线按钮，鼠标第一次单击确定起点，之后每单击一次添加一点，直到双击结束。

在添加对象时，右击删除已添加的最后控制点。鼠标单击选取对象，用鼠标单击且拖动对象或按上下左右键进行移动。按 Delete 键或点击【清除】按钮删除选取对象。双击使选取对象进入编辑状态，调整控制点进行编辑。直线（折线）操作转换：按下 Shift 为水平线，按下 Ctrl 为垂直线。

c. 针法小图预览区。对所设置的针法预排进行预览。

d. 针行和列数设置。设置排针图的行数和列数。

e. 针法库管理。

【针法库列表】：当改变列表中的选项时，将读取针法库中的针法替换当前编辑的针法。

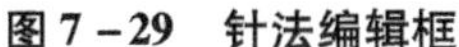
图 7－29　针法编辑框

图 7－30　针法预排效果图

【针法库显示/隐藏】：单击按钮打开针法库，显示针法预览列表。可对针法库进行如下操作。

【添加】：将针法编辑区中编辑的针法添加到针法库。

【删除】：删除针法列表中选取的针法。

【修改】：将针法库中选取的针法修改为针法编辑区中的针法。

【编辑】：将针法库中选取的针法添加到针法编辑区中进行编辑。

【打开】：打开针法库文件。

【保存】：将当前编辑完成的针法保存为针法库文件。

【追加】：打开库存文件，将库存文件的针法追加到当前编辑针法库。

双击针法库中的针法使其进入针法编辑区进行编辑操作。

针法预排图预览、应用；针法在衣片区中添加、删除操作：同图案预排操作方法相同。另外，可以单击主工具条中的【衣片排针图保存】，将当前衣片针法预排图在衣片图像文件夹中保存为图像以备调用。

排针图的编辑也可以通过单击主工具条中的【衣片排针图引出】，将当前编辑衣片轮廓图引出到富怡设计工作区，应用【针织面料设计模块】对衣片进行排针图编辑。

⑥【切割衣片】。

a. 切割起点和终点的选择。在衣片的控制点或边线上，当光标判断可添加切割点时显示出一个红色加亮色块。

b. 在选择切割起点后，当鼠标不在衣片的控制点或边线上时，鼠标左击添加自定义切割点。

c. 在选择切割终点后，终点显示为红色加亮色块，弹出对话框提示衣片切割为一片或两片。切割衣片前后效果如图 7－31 所示。

两片：将切割的两片衣片一起添加到当前衣片号型中，可以选取进行单独操作。

一片：只添加一片，进而选择添加上（左）或下（右）片。

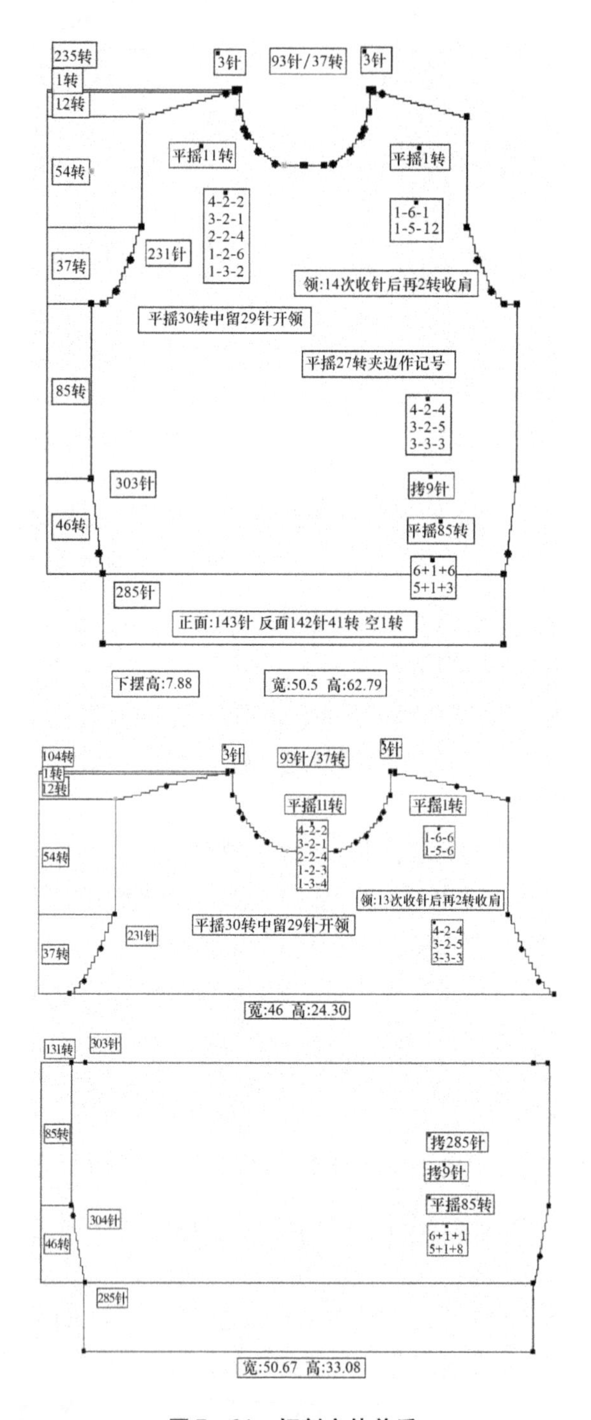

图 7－31　切割衣片前后

⑦【自由衣片】。手画衣片分为手画衣片 1 和手画衣片 2，选择手画衣片命令时选择其中一种手画方式。

a. 手画衣片 1。以添加控制点偏移量方式，画半片作对称完成。

添加控制点步骤如下。

鼠标单击添加完成衣片第一个控制点。

单击添加第二个及以上的控制点，鼠标在操作区单击后弹出对话框，如图 7－32 所示，点击确定按钮或按回车键添加控制点。

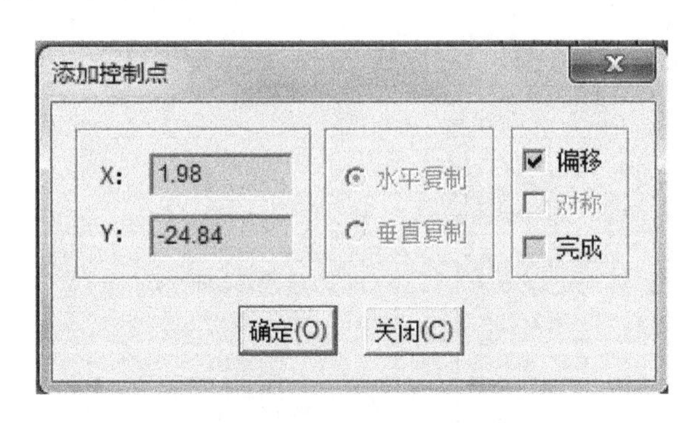

图 7－32　添加控制点对话框

添加的同时按下 Ctrl 键，使所添加控制点与前一控制点在同一垂直线上，添加的同时按下 Shift 键，使所添加控制点与前一控制点在同一水平线上。

右击鼠标删除上一个已添加的控制点。

添加衣片最终控制点时选择【完成】选框。若同时选择【对称】选框，则对称地水平或垂直复制所绘制衣片。点击【确定】按钮或按回车完成手绘衣片的添加，弹出设置手绘衣片属性对话框，如图 7－33 所示。对手绘衣片的基本参数进行设置，至此手绘衣片完成。

b. 手画衣片 2。单击【手画片 2】进入手画片 2 状态，如图 7－33 所示，用鼠标拖出一矩形作出完整衣片的大小，编辑控制点修正衣片的完整形状。

手画衣片
衣片名：手画片2　原料：羊绒
拉力系数：　纱支：2/26
奇数开针　偶数开针　机器：12G
组织：单边　0　0
横密：44.0　下机横密：50.0
纵密：66.0　下机纵密：50.0
确定(O)

图 7－33　手画衣片属性对话框

⑧【衣片模板】。根据企业习惯自定义衣片部位的测量及其计算公式。单击【衣片模板】按钮，弹出如图 7 - 34 所示衣片模板对话框。

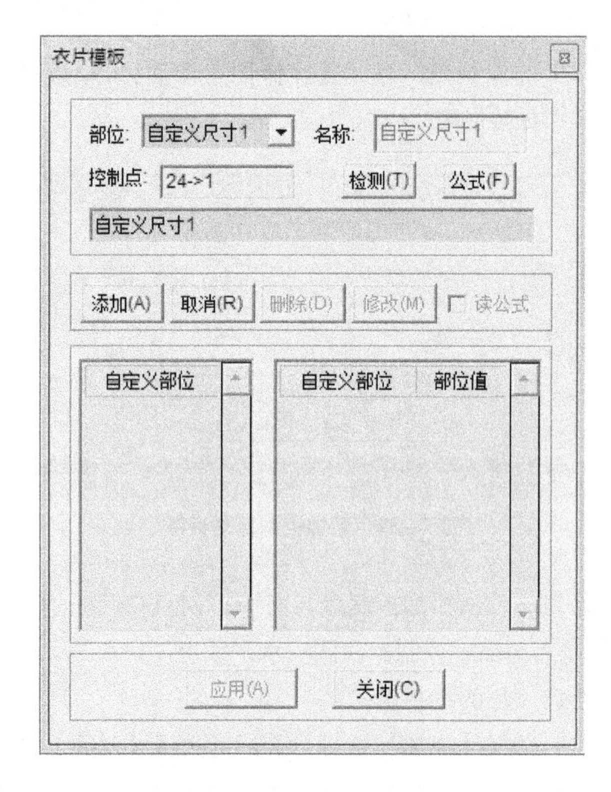

图 7 - 34　衣片模板对话框

由鼠标单击选择衣片控制点作为所添加模板的起点和终点，建立模板关系。

模板关系的组成：部位、关联控制点和公式。

a. 【部位】。命名测量部位。点击部位下拉列表选择系统已有测量部位或者在下方输入。

b. 【关联控制点】。鼠标两次单击选取建立模板尺寸的关联控制点。

关联方向的确定：添加时按下 Ctrl 键为 Y 方向关联；添加时不按下 Ctrl 键为 X 方向关联。

控制点表示两关联点的下标，例如：由起点到终点表示为 1 - >25。

c. 【公式】。点击【公式】按钮，弹出公式编辑对话框。编辑完成模板部位的计算公式。

【添加】：将用户自定义测量部位和公式添加到模板，也可以按 Insert 键，实现添加功能。

【删除】：删除用户自定义测量部位和公式。

【应用】：应用通过自定义对部位和公式的修改。

将自定义部位尺寸的输入值应用于当前的衣片进行模板重算。

勾选【读公式】前选框，将各规格中自定义部位的部位值按自定义部位公式计算得出。应用衣片规格的修改模板公式重算当前编辑的衣片数据。

⑨【重算模板】。修改【参数设置】【款式尺寸数据库】中尺寸数据后，单击工具

条中的【模板重算】，重算所有规格数据并在衣片设计工作区中形成新衣片。

⑩【衣片旋转】。旋转当前编辑衣片（衣片的横纵密全相同时才可作旋转操作）。点击衣片旋转按钮，系统自动判断衣片是否可以旋转。若满足旋转条件，在弹出的【衣片旋转】对话框中手动输入衣片旋转角度参数；勾选【预览】选框预览旋转效果；点击应用按钮，将当前操作应用于衣片设计工作区的当前衣片。

衣片旋转前后效果，如图7－35所示。

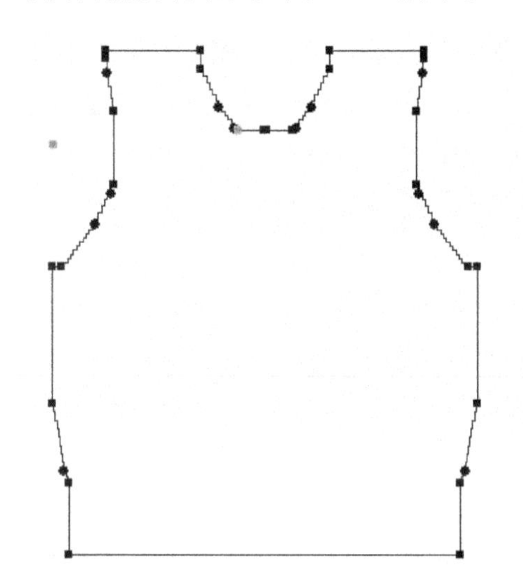
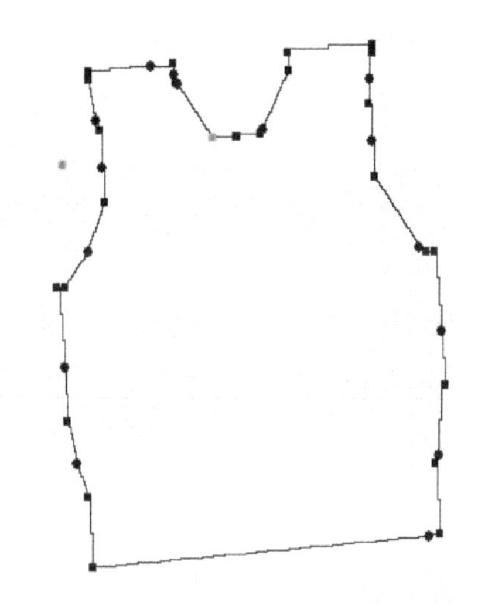

图7－35　衣片旋转前后

⑪【关联控制点】。单击【关联控制点】按钮，在衣片设计工作区用鼠标单击选择控制点关联的起点和终点。系统先行判断控制点是否已有关联，若两控制点已存在关联弹出“是”“否”断开控制点关联提示；若两控制点间无关联，直接作关联操作。

关联操作的意义：将终点的 Y 下标和起点的 Y 下标设为始终相同。将终点的 X 下标设为与起点的 X 下标关于 Y 轴对称。

⑫【打印排版标注】。单击【打印排版标注】，编辑区中显示单片衣片的默认排版情况，与打印工艺单时显示的衣片大小相同，可以在此界面中调整衣片打印时的标注位置。如图7－36所示。

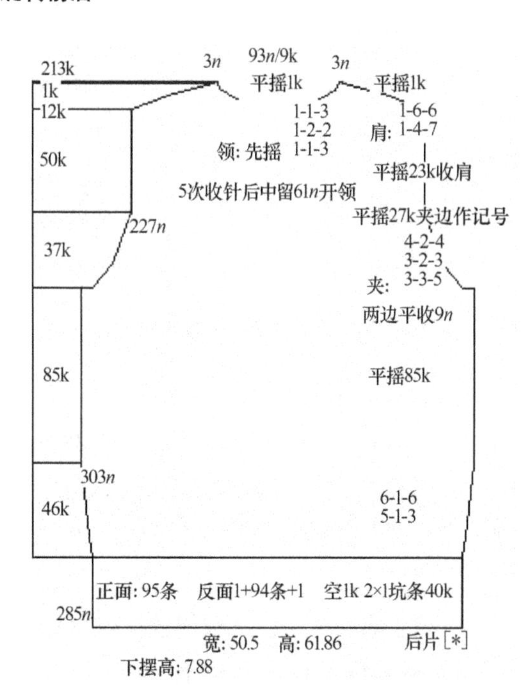

图7－36　打印排版标注界面

（k表示转数，n表示针数）

⑬【尺子测量】。测量任意两控制点的距

离（尺寸、针/转）。

⑭【实时缩放】。拖动鼠标放大或缩小衣片的局部图。

⑮【移动】。通过手形光标移动水平和垂直滚动条位置。

⑯【原图/针图】。切换显示衣片原图与排针图。

（3）控制点操作区。

①【移动控制点】。点击【移动控制点】按钮，在衣片设计工作区用鼠标单击并拖动控制点进行移动，修改衣片形状。

②【点微调】。点击【点微调】按钮，弹出偏移量设置对话框（图7－37），此时对话框内容不可设置。鼠标单击选择将要移动的控制点，使对话框处于可设置状态，输入偏移量数据或点击按钮移动控制点或线段。选择输入参数数据的单位：针/行、厘米或英寸。勾选偏移量设置对话框中的预览选框，可实时看到移动修改的效果。

③【添加控制点】。

选择添加参照基点：选择衣片上的任意控制点单击，使其显示为一个红色加亮色块。

移动鼠标到要添加控制点的位置（鼠标右下方显示移动的针/转的偏移量），单击鼠标确定添加控制点。同时弹出【添加控制点】对话框，设置针/行数微调值和控制点标注方式，如图7－38所示。

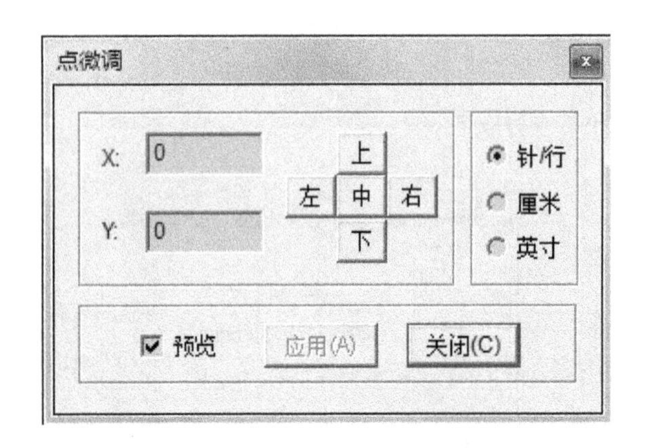

图7－37　点微调对话框

图7－38　添加控制点对话框

控制点标注方式有以下两种。

a.【方点】。添加控制点到衣片线上，可后续控制衣片。

b.【记号点】（圆点）。勾选【在线】，使记号点添加到衣片线上，只作为记号标注，否则可在任意位置添加记号点作为记号标注。

④【删除控制点】。点击【删除控制点】按钮，用鼠标单击删除控制点（方点）。

⑤【收放针分配】。选择进行收放针分配的控制段，重新计算收放针分配。单击弹出如图7－39所示收放针分配对话框。

a. 单击选取控制段的两个端点，对控制段进行选取。

b. 输入设置收针段数，段数范围（1～10）。

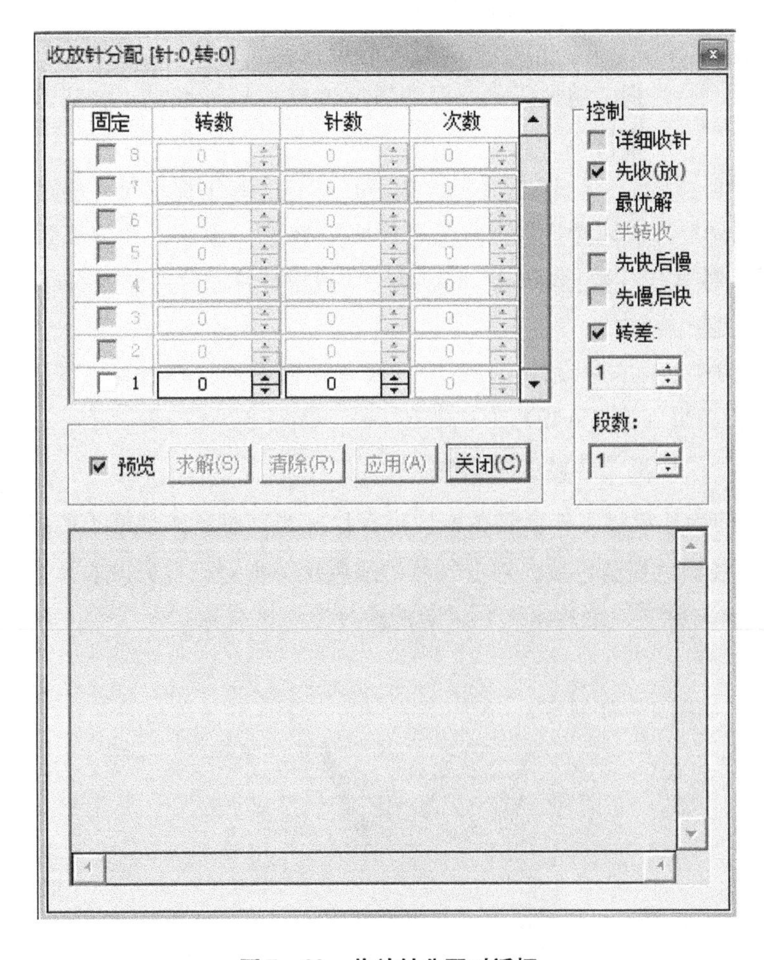

图 7-39 收放针分配对话框

c.【控制】设置。通过对控制项前的方框勾选或取消勾选，对控制项目进行选取或者取消选取。若勾选，各控制项功能如下。

【详细收针】：按照参数设置中款式与特征的详细收（放）针设置进行收（放）针。

【先收（放）】：所计算的部位段先开始进行收（放）针，不选为先进行平摇。

【最优解】：勾选后，再点击求解按钮，系统计算收（放）针方案，并选择系统认为最满意的解自动生成收（放）针参数。

【先慢后快】【先快后慢】：针对收针方式整体的形状而言：如在平肩款收夹为先快后慢，袖收针为先慢后快。

【半转收】：“1”代表半转，“2”代表1转。

【转差】：过滤大于转差的解。

d. 设置收（放）针方式。设置方法与【款式与特征】中的详细收放针设置方法相同。

e. 清除：清除对收放针分配段的设置。

f. 预览：勾选收放针分配对话框中的预览选框，可实时看到最优解生成的参数的应用效果。

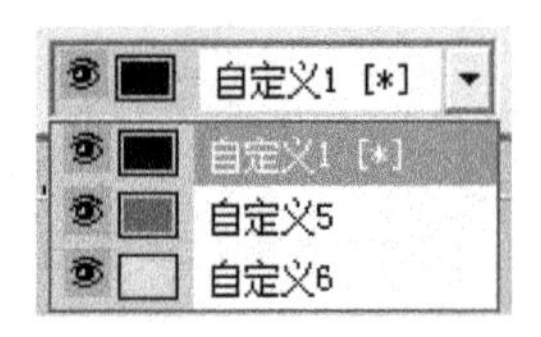

图7-40　规格选框

（4）其他操作区。

①【尺寸放码】。根据款式尺寸数据库中设置的多组规格尺寸数据，将放码号型尺寸数据生成放码号型衣片。基码的所有衣片操作保持不变。

a. 单击【尺寸放码】按钮，弹出提示尺寸放码对话框。

点击“是”：做尺寸放码操作。弹出提示放码规格选择提示，在需要重算放码的号型前打钩。计算机读取款式尺寸数据库中的非基码尺寸数据计算衣片并形成衣片图。

点击“否”：退出操作。

b. 尺寸放码结束后，衣片设计工作区显示所有规格衣片，单击规格下拉列表切换显示不同规格衣片并进行编辑（图7-40）。

：当前衣片设计工作区显示的规格衣片。

：在当前的衣片设计工作区隐藏该规格衣片（当前编辑的规格不能隐藏）。

：衣片边线颜色控制色块，双击衣片边线色块弹出对话框修改衣片边线颜色。

规格1：规格名称，双击规格名称对话框修改该规格名称。

[*]：基码标识。

前片放码效果如图7-41所示。

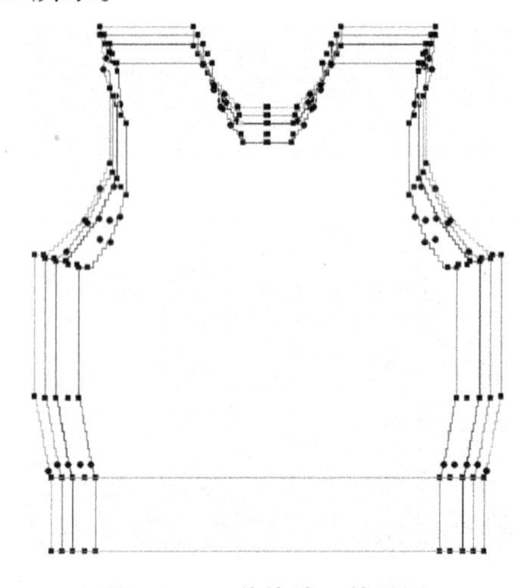

图7-41　前片放码效果图

②【排针】。在衣片中编辑生成排针标注，标注衣片中需要特殊排针处。单击【排针】按钮，弹出排针编辑对话框如图7-42所示。

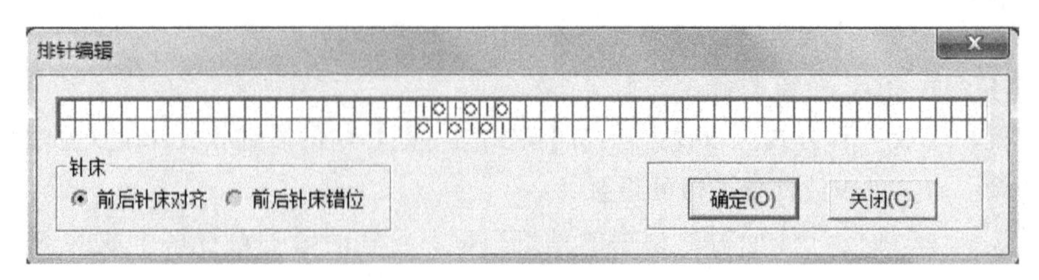

图7-42　排针编辑对话框

a. 勾选设置【前后针床对齐】或【前后针床错位】。

b. 添加针符号。

鼠标左击：添加针符号或者清除针符号。

鼠标右击：设置空针符号或取消空针符号。

在已添加针符号或空针符号的位置，鼠标右击将针符号（空针符号）变成空针符号（针符号）。

排针符号：针：；空针：。

c. 应用。鼠标拖动并单击确定排针标注在衣片中所处的位置。将排针标注添加到衣片设计工作区的衣片中。

按以上的各个步骤即可设计出一份完整的针织工艺，单击【多文档管理器】，对软件中同时打开的多个文件进行保存、另存为、复制、切换等操作。打开窗口如图 7－43 所示，具体操作同 windows 菜单的操作相同。

多文档管理器

编号	修改	名称
1		
2		
3		新文件1
4#	*	成品
5	*	成品1
6		成品1
7	*	成熟文件
8		示例文件
9	*	修改文件
10		修改文件
11		新文件2
12		新文件3

新建(N)　打开(O)　保存(S)　另存为(V)　复制(Y)　关闭(C)　关闭所有(L)　切换(W)

图 7－43　多文档管理器

在图 7－43 中，编号后带“#”表示该文档为当前编辑的文档；修改中标示“*”表示文档有修改操作；Ctrl＋Tab 快速切换文档。

四、编辑打印

编辑打印包括工艺单编辑打印、工时表编辑打印、毛纱统计表编辑打印三部分。

（一）工艺单编辑打印

点击【工艺单编辑打印】按钮，切换到查看工艺单编辑打印的效果界面。

1. 工艺单显示的内容　主要包括工艺单表头（公司名、规格、设计、审核、日期）、部位尺寸表（部位名称与部位尺寸）、款式图、项目明细（款式名称、款式代号、合同代号等)、款式备注（款式说明文本可双击输入添加)、衣片属性［原料、纱支（纱线线密度)、机器、组织、脚地、设计密度、下机密度］、衣片图（衣片工艺标注、衣片文本标注、排针标注)。工艺单效果如图 7－44 所示。

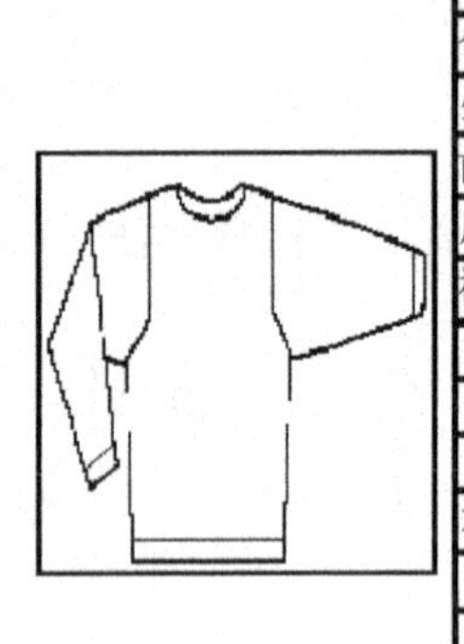

款式名称				原料	羊毛
款式代号		机型	12G	收夹	明收
合司代号		纱支	2/22	收领	边留2支
生产批号		组织	单边	收膊	
前片拉力		脚地	2×1坑条	收腰	
后片拉力		拉密	10转拉3.4公	设计密度	50×50×50
袖片拉力		拉力	支拉公分	下机密度	50×50×50

	条毛身面		支（坑）拉		英寸
	身底		支（坑）拉		英寸
	条毛脚		支（坑）拉		英寸

衣片名	原料	纱支	机器	组织	脚地	设计密度	下机密度
后片	羊毛	2/22	12G	单边	2×1坑条	63×45.8×55	60×42.8×52
袖片	羊毛	2/22	12G	单边	2×1坑条	63×45.8×55	60×42.8×52
领条	羊毛	2/22	12G	单边	2×1坑条	68×55×55	64×51.5×51.5

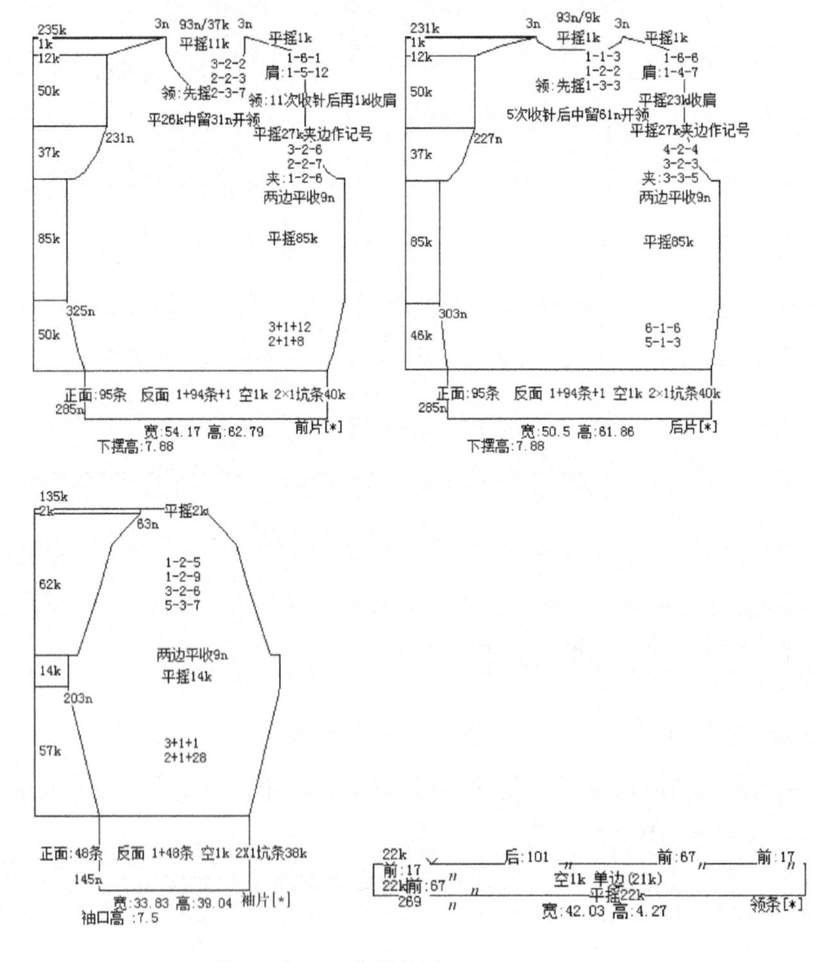

图 7－44 工艺单效果

k 表示转数，n 表示针数

2. 工艺单编辑

（1）移动操作。双击选中单元进行移动，包括款式图、项目明细、款式备注、衣片属衣片、衣片单元。

（2）缩放操作。缩放显示款式图、项目明细、衣片属衣片、衣片单元，双击选中，拖动单元框控制点进行缩放。

3. 主工具条操作

（1）规格选择。选择要打印的工艺规格。

（2）【默认位置】。单击恢复所有对象位置为系统默认位置。

（3）【上页】【下页】。打印内容为多页时选择上下页进行显示、设置、打印。

（4）【设置】选项。

①打印方向设置。方向设置有横向、纵向两种。

②设置打印页数。单击页数下拉列表添加、减少打印页数。

③通过勾选与否，显示/隐藏打印对象（部位尺寸表、款式图、款式项目、款式备注、衣片属性）。

④在【衣片】下拉列表中选择所要打印的衣片图。

⑤打印机设置，同常规打印设置。

（5）单击【打印】按钮，连接打印机进行打印。

（二）工时表编辑打印

1. 工时表　工时表包括工时表头、部位尺寸表、款式图、专案明细、款式备注、衣片属性、动作单位时间表、衣片工时统计表、规格工时统计表。工时表如图 7－45 所示。

（1）工时表头、部位尺寸表、款式图、专案明细、款式备注、衣片属性各项显示同工艺单。

（2）动作单位时间表。显示平 1 转、1 针收（放）、2/3 针收（放）、拷 1 针所用的时间（单位为秒）。

（3）衣片工时统计表。显示单位动作［平 1 转、1 针收（放）、2/3 针收（放）、拷 1 针］的次数（计算机自动统计），单位动作时间合计，衣片时间合计。

（4）规格工时统计表。集中显示各衣片的工时并合计所有衣片的工时。

2. 工时表编辑　同工艺单。

3. 工具条操作　同工艺单。

4.【设置】　根据企业的标准输入设置平 1 转、1 针收（放）、2/3 针收（放）、拷 1 针所用的时间（秒）（其他基本同工艺单设置）。

5. 打印　点击，连接打印机进行打印。

（三）毛纱统计表编辑打印

1. 毛纱统计表　毛纱统计表包括毛纱统计表头、部位尺寸表、款式图、专案明细、款式备注、衣片属性、毛纱属性表、衣片毛纱统计表、规格毛纱统计表。毛纱统计表如图 7－46 所示。

部位尺寸	cm
胸宽	48
衣长	58
肩宽	37
袖长	38
挂肩	19
袖横阔	16
领宽	18
领深	7.5
后领深	2
领罗宽	4
下摆高	7.5
下摆宽	45
袖口高	7
袖口宽	7.5
前肩下	2.8
后肩下	2.8
口袋高	0
口袋宽	0

款式名称				原料	羊毛
款式代号		机型	12G	收夹	明收
合同代号		纱支	2/22	收领	边留2支
生产批号		组织	单边	收膊	
前片拉力		脚地	2×1坑条	收腰	
后片拉力		拉密	10转拉3.4cm	设计密度	50×50×50
袖片拉力		张力	支拉公分	下机密度	50×50×50

	条毛身面		支（坑）拉		英寸
	身底		支（坑）拉		英寸
	条毛脚		支（坑）拉		英寸

衣片名	原料	纱支	机器	组织	脚地	设计密度	下机密度
后片	羊毛	2/22	12G	单边	2×1坑条	63×45.8×55	60×42.8×52
袖片	羊毛	2/22	12G	单边	2×1坑条	63×45.8×55	60×42.8×52
领条	羊毛	2/22	12G	单边	2×1坑条	638×55×55	64×51.5×51.5

后片[*]

单位动作	总次数	时间总和	合计
平1转	272	0:4:32	0:38:57
1针收（放）	24	0:0:24	
2/3针收（放）	34	0:0:34	
拷1针	207	0:3:27	

前片[*]

单位动作	总次数	时间总和	合计
平1转	276	0:4:36	0:9:19
1针收（放）	40	0:0:40	
2/3针收（放）	62	0:1:2	
拷1针	181	0:3:1	

动作	平1转	1针收（放）	2/3针收（放）	拷1针
单位时间（s）	1	1	1	1

衣片	前片[*]	后片[*]	合计
工时	0:9:19	0:8:57	0:23:42
衣片	袖片[*]	领条[*]	
工时	0:5:14	0:0:22	

领条[*]

单位动作	总次数	时间总和	合计
平1转	22	0:0:22	0:0:22
1针收（放）	0	0:0:0	
2/3针收（放）	0	0:0:0	
拷1针	0	0:0:0	

袖片[*]

单位动作	总次数	时间总和	合计
平1转	174	0:2:54	0:5:4
1针收（放）	58	0:0:58	
2/3针收（放）	54	0:0:54	
拷1针	18	0:0:18	

款式备注：

图 7-45　工时表

规格：规格1　　　设计：　　　审核：　　　06/14/11

部位尺寸	cm
胸宽	48
衣长	58
肩宽	37
袖长	38
挂肩	19
袖横阔	16
领宽	18
领深	7.5
后领深	2
后罗宽	4
下摆高	7.5
下摆宽	45
袖口高	7
袖口宽	7.5
前肩下	2.8
后肩下	2.8
口袋高	0
口袋宽	0

款式名称			原料	羊毛
款式代号	机型	12G	收夹	明收
合同代号	纱支	2/22	收领	边留2支
生产批号	组织	单边	收膊	
前片拉力	脚地	2×1坑条	收腰	
后片拉力	拉密	10转拉3.4cm	设计密度	50×50×50
袖片拉力	张力	支拉厘米	下机密度	50×50×50

	条毛身面	支（坑）拉	英寸
	身底	支（坑）拉	英寸
	条毛脚	支（坑）拉	英寸

衣片名	原料	纱支	机器	组织	脚地	设计密度	下机密度
后片	羊毛	2/22	12G	单边	2×1坑条	63×45.8×55	60×42.8×52
袖片	羊毛	2/22	12G	单边	2×1坑条	63×45.8×55	60×42.8×52
领条	羊毛	2/22	12G	单边	2×1坑条	68×55×55	64×51.5×51.5

毛纱			
原料	羊毛	羊毛	羊毛
密度	63×55	63×45.8	68×55
图长（mm）	1	1	1
图重（g）	1	1	1

领条[*]

毛纱	百分比（%）	总长度（m）	总重量（kg）
	100%	11.837	11.837
合计		11.837	11.837

袖片[*]

毛纱	百分比（%）	总长度（m）	总重量（kg）
	20.8%	11.311	11.311
	79.20%	43.059	43.059
合计		54.37	54.37

后片[*]

毛纱	百分比（%）	总长度（m）	总重量（kg）
	16.00%	23.371	23.371
	84.00%	122.697	122.697
合计		146.068	146.068

前片[*]

毛纱	百分比（%）	总长度（m）	总重量（kg）
	15.52%	23.371	23.371
	84.48%	127.173	127.173
合计		150.544	150.544

衣片	前片[*]	后片[*]		合计
总长度（m）	150.544	146.068	长度（m）	362.819
总重量（kg）	150.544	146.068		
衣片	袖片[*]	领条[*]		
总长度（m）	54.37	11.837	重量（m）	362.819
总重量（kg）	54.37	11.837		

款式备注：

图 7-46　毛纱统计表

（1）毛纱统计表头、部位尺寸表、款式图、专案明细、款式备注、衣片属性各项显示同工艺单。

（2）毛纱属性表。显示毛纱的原料、密度、圈长（毫米）、圈重（克），如图7－46所示。

（3）衣片毛纱统计表。显示各种毛纱在各衣片中所占的百分比、总长（米）、总重（千克），毛纱统计表如图7－46所示。

（4）规格毛纱统计表。各衣片的毛纱总长度（米）、总重量（千克）、规格所有衣片的毛纱总长度（米）、总重量（千克）。

2. 毛纱统计表编辑 同工艺单。

3. 工具条操作 同工艺单。

4.【设置】 根据企业分析样片所确定的数据输入设置各毛纱单位圈长（毫米）、圈重（克）（其他基本同工艺单）。

5. 打印 点击，连接打印机进行打印。

6.【退出】 退出毛衫工艺设计模块，若工艺文件已修改，且没有保存，则提示如图7－47所示。

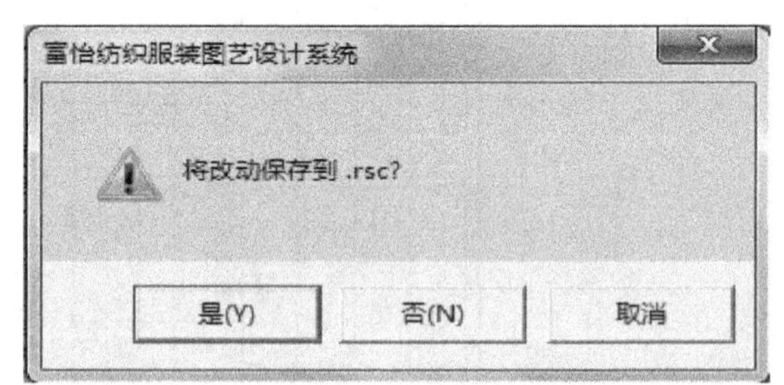

图7－47 退出提示

（1）点击“是”。出现保存工艺文件对话框，并且文件以新文件另存到库。

（2）点击“否”。退出毛衫工艺设计模块且不保存工艺文件。

（3）点击“取消”。取消命令，系统继续运行。

第二节 数据模型建立与调用

富怡针织软件对于针织物工艺设计功能非常强大。本章讨论怎样通过针织CAD的基础规范应用，建立企业生产工艺样板模型，通过简单的数据调用应用于常用款式简单变化产生的新工艺快捷设计。在针织款式工艺中，往往遇到很多款式基本相同而只有少数工艺特点不同的设计情况，或者常常出现翻单设计，面对这种情况，本课题提出在富怡针织软件中通过原型保存，在原型基础上进行修改变化的方式，使得工艺设计过程更加便捷，符合针织企业对于针织CAD的期待。

一、平肩圆领女套衫原型衣片

（1）在富怡工作区命令面板中点击下拉按钮，单击选择【毛衫工艺设计模块】进入毛衫工艺设计界面。单击【新建】，创建全新的工艺设计单。打开【参数设置】在【项目明细】、【款式与特征】、【部位设置】、【款式尺寸数据库】中输入设置平肩圆领女套衫的基本信息数据（图7－48），工艺特征，衣片密度，收（放）针设置，参与成形的所有部位数据及其参数数据，如图7－49～图7－51所示。单击【保存文件】按钮，弹出【另存为】对话框，如图7－52所示，在【文件名】中输入“平肩圆领女套衫原型工艺”，单击【保存】按钮，生成平肩圆领女套衫原型衣片的工艺设置文件。

款式: 上衣	肩型: 平肩	领型: 元领	衫型: 套衫	☐ 连罗纹	袖型: 长袖	袋型: 无口袋	脚型: 正常	帽型: 无

公司名:		机器:	12G	收夹:	明收
款式名:	平肩圆领女套衫 ☑ 打印	纱支:	2/28	收领:	明收
款式代号:	☐	原料:	羊绒	收膊:	明收
合同代号:		拉密:	10.5 转拉 3.4 公分	收腰:	明收
生产批号:		组织:	单边 0 0	转数:	一转一行
日期:		脚地:	1X1罗纹 0 0	张力:	支拉 公分
中留:		空转:	空1.5转 ☑	拷针:	两边平收

图7－48　平肩圆领女套衫工艺基本信息

衣片 密度(C)	前片大身	前片下摆	后片大身	后片下摆	袖片	袖口	领条
横密	50	50	50	50	50	50	50
纵密	50	50	50	50	50	50	50
下机横密	56	27	56	27	56	57.5	40
下机纵密	84	118	84	118	80	116	120

图7－49　平肩圆领女套衫工艺密度设置

收针位 段数	收腰	收夹	收领	袖收针	收肩	腰放针	袖放针	其它放针	其它收针
	分段数: 2 转差: 0 ☐ 半转 ☑ 先收 ☑ 先快后慢 ☐ 先慢后快	分段数: 2 转差: 0 ☐ 半转 ☑ 先收 ☑ 先快后慢 ☐ 先慢后快	分段数: 4 转差: 0 ☐ 半转 ☐ 先收 ☑ 先快后慢 ☐ 先慢后快	分段数: 3 转差: 0 ☐ 半转 ☑ 先收 ☐ 先快后慢 ☑ 先慢后快	分段数: 2 转差: 0 ☐ 半转 ☑ 先收 ☐ 先快后慢 ☑ 先慢后快	分段数: 2 转差: 0 ☐ 半转 ☑ 先收 ☑ 先快后慢 ☐ 先慢后快	分段数: 3 转差: 0 ☐ 半转 ☑ 先收 ☑ 先快后慢 ☐ 先慢后快	分段数: 2 转差: 0 ☐ 半转 ☑ 先收 ☐ 先快后慢 ☐ 先慢后快	分段数: 2 转差: 0 ☐ 半转 ☑ 先收 ☐ 先快后慢 ☐ 先慢后快
1	☑ 固定收针 转数: 8 针数: 1 次数: 4	☑ 固定收针 转数: 2 针数: 2 次数: 6	☑ 固定收针 转数: 3 针数: 1 次数: 4	☑ 固定收针 转数: 3 针数: 2 次数: 9	☐ 固定收针 转数: 0 针数: 2 次数: 6	☐ 固定收针 转数: 0 针数: 1 次数: 0	☑ 固定收针 转数: 4 针数: 1 次数: 16	☐ 固定收针 转数: 0 针数: 1 次数: 0	☐ 固定收针 转数: 0 针数: 1 次数: 0
2	☑ 固定收针 转数: 7 针数: 1 次数: 5	☑ 固定收针 转数: 3 针数: 2 次数: 5	☑ 固定收针 转数: 2 针数: 1 次数: 6	☑ 固定收针 转数: 2 针数: 2 次数: 13	☐ 固定收针 转数: 0 针数: 2 次数: 0	☐ 固定收针 转数: 0 针数: 1 次数: 0	☑ 固定收针 转数: 3 针数: 1 次数: 25	☐ 固定收针 转数: 0 针数: 1 次数: 0	☐ 固定收针 转数: 0 针数: 1 次数: 0

图7－50　平肩圆领女套衫收放针设置

	系统部位名	自定义部位名
1	胸宽*	
2	上胸围高	
3	前上胸围宽	
4	后上胸围宽	
5	前上胸围平摇	
6	后上胸围平摇	
7	衣长*	
8	肩宽*	
9	袖长	
10	挂肩*	
11	前挂肩收花高	
12	后挂肩收花高	
13	袖横阔	
14	领宽	
15	领深	
16	后领深	
17	领罗宽	
18	前领中留	
19	后领中留	

	部位名
1	胸宽*
2	衣长*
3	肩宽*
4	袖长
5	挂肩*
6	袖横阔
7	领宽
8	领深
9	后领深
10	领罗宽
11	下摆高
12	下摆宽
13	袖口高
14	袖口宽
15	收腰前平摇

部位(公分)	规格	档差	自定义1
1	胸宽*	0	46
2	衣长*	0	58.5
3	肩宽*	0	36
4	袖长	0	57
5	挂肩*	0	21
6	袖横阔	0	16
7	领宽	0	18
8	领深	0	8
9	后领深	0	1
10	领罗宽	0	2.5
11	下摆高	0	2.5
12	下摆宽	0	44.5
13	袖口高	0	2.5
14	袖口宽	0	9.5
15	收腰前平摇	0	10

图 7－51　平肩圆领女套衫部位及其部位参数设置

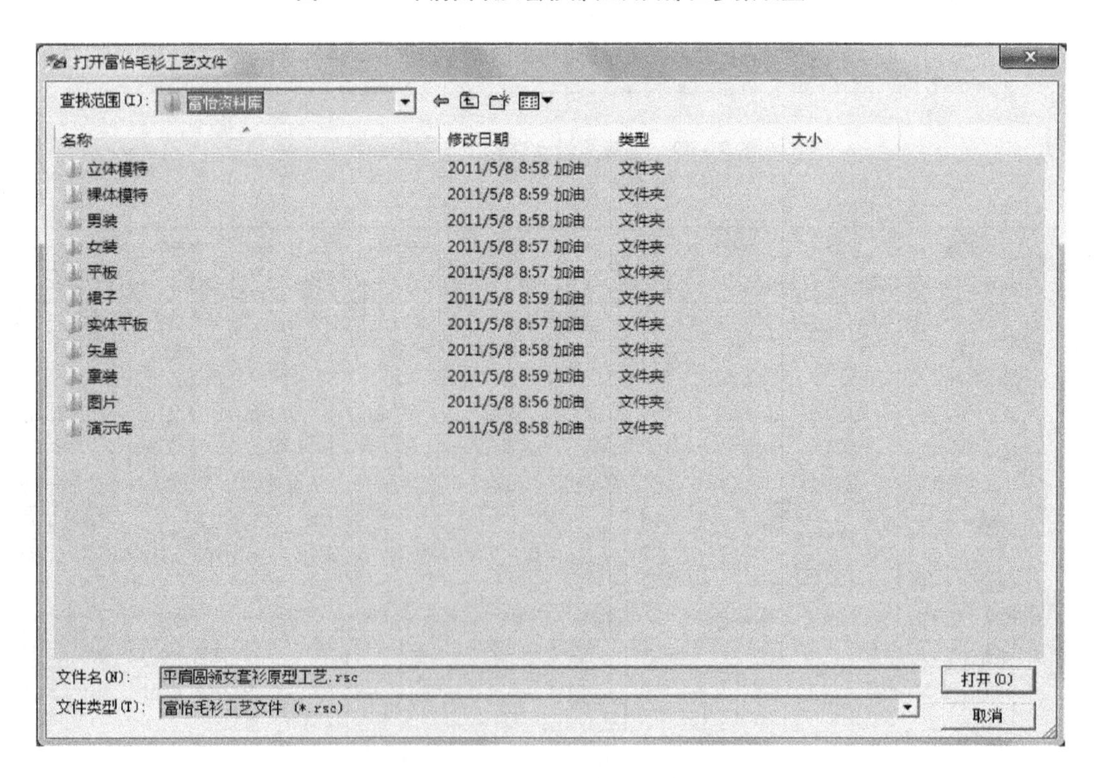

图 7－52　保存平肩圆领女套衫工艺

（2）单击打开【公式】标签，在公式标签的编辑公式栏进行“平肩圆领女套衫原型工艺”的相关公式编辑操作，以胸宽的计算公式编辑为例进行说明。

套衫的胸宽针数的工艺计算公式为：

胸宽针数 =（胸宽尺寸 + 后折宽 - 弹性差异）× 横密 + 摆缝耗 ×2

一般后折宽取1～1.5cm，弹性差异取0～1cm；摆缝耗根据缝迹种类而定，一般为0.5cm左右，转化为针数则细机号为2～4针，粗机号为1～3针。后折宽、弹性差异通常直接取值进行工艺计算，所以根据企业的经验值选取值将（后折宽 - 弹性差异）作为胸宽参数，在【款式尺寸数据库】的【参数/部位】中输入参数值为2。

单击选取计算部位【前胸宽】，使该部位的默认计算公式显示于公式编辑区。如图7－53所示，单击选取公式栏中的【胸宽 + 胸宽参数】，使公式进入如图7－53所示的编辑状态，单击【括号】，然后单击【夹下套针】，在部位修正尺寸中双击【缝耗】进行替换并单击公式编辑器中的【 * 】【2】，完成公式编辑。

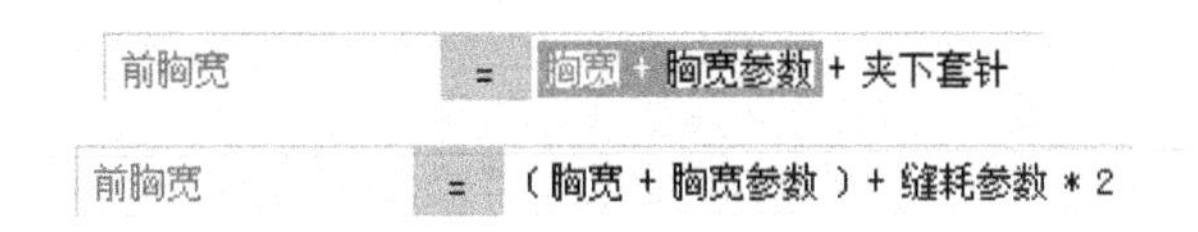

图7－53　前胸宽公式编辑

点击公式编辑栏后面的【当前】按钮，单击选择【应用】，单击公式界面下右上角【保存公式按钮】，弹出【公式文件】对话框，打开【套衫】文件夹，在【文件名】中输入“前胸宽”，单击【保存】按钮。

在【部位计算值】列表中双击【前胸宽】，弹出【公式关联对话框】，对可以应用该公式的衣型进行选择（图7－54）。

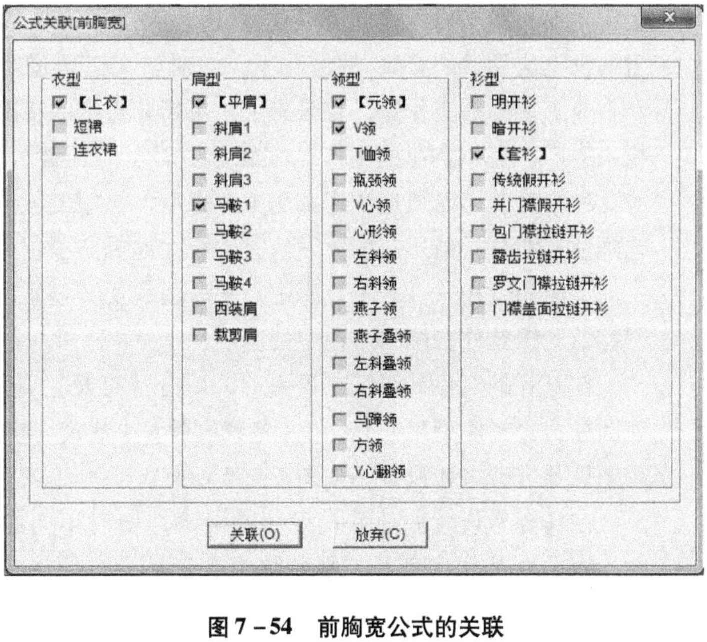

图7－54　前胸宽公式的关联

单击【计算基码】，计算机快速地计算相关工艺并跳转到工艺设计界面生成如图 7－55 所示衣片图。

再一次单击【保存】，将该完整工艺保存在库文件夹中，方便翻单工艺的应用。

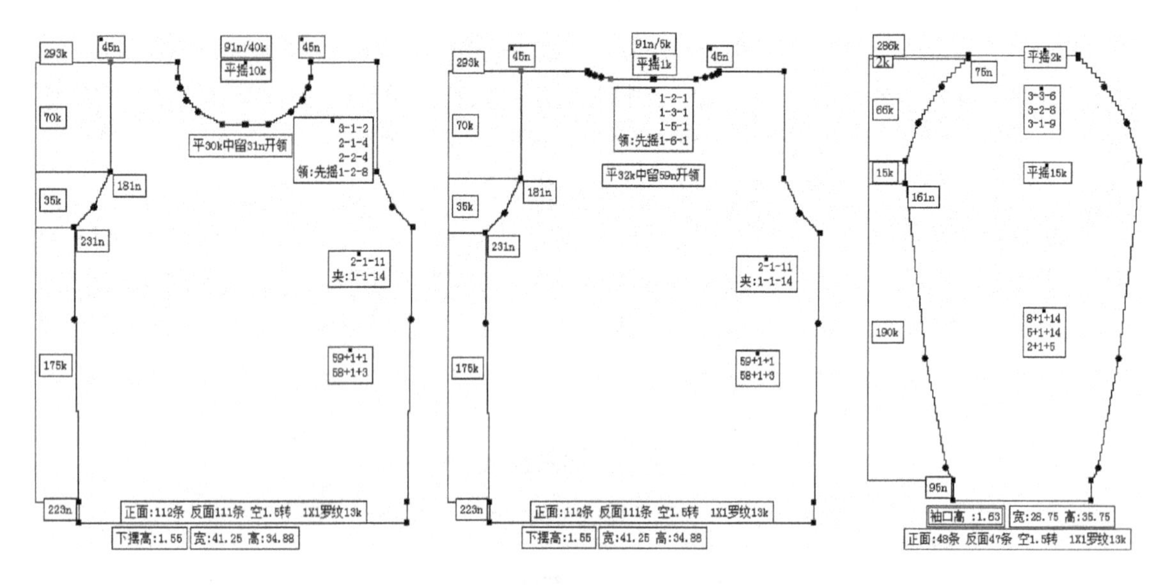

图 7－55　平肩圆领女套衫工艺衣片

k 表示转数，n 表示针数

二、平肩圆领女套衫原型的应用

企业按照库文件夹中的工艺参数生产完成一批平肩圆领女套衫，投入市场后反映良好，为了在同样花型款式中满足消费者在服饰外形方面多样化的需求，企业决定增加一批平肩 V 领女套衫投入市场。出现这样的情况时，在企业目前没有应用针织 CAD 的情况下，会对整个工艺进行重新计算，增加了企业工艺师的工作量。在没有工艺单指导生产的情况下，生产线无法投入生产，整个企业的生产效率极低。对于应用针织 CAD 的企业，面对这种情况就可以通过快速调用工艺原型，缩短工艺流程周期，解放工艺师使其能进行新工艺的开发研究，极大地提高了企业的生产效率。

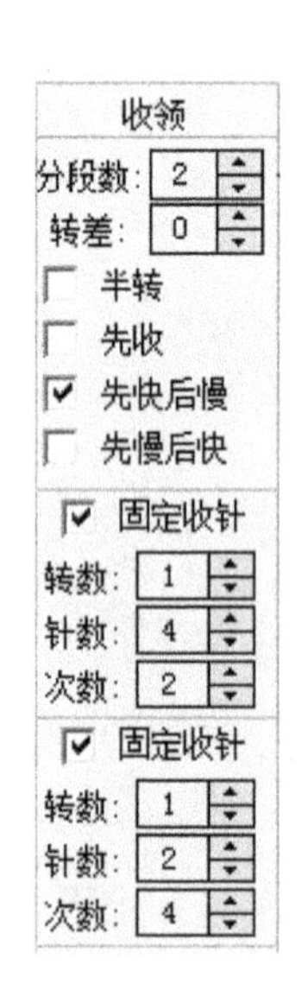

图 7－56　平肩 V 领女套衫收领设置

下面通过在软件的工艺库中对平肩圆领女套衫原型的调用的例子说明富怡针织软件在翻单工艺中的应用。

在打开的富怡针织工艺界面下，单击【打开】，打开已保存的【平肩圆领女套衫原型工艺】，在【参数设置】【款式与特征】中对 V 领的收领设置进行重新设置，如图 7－56 所示。

在【参数设置】【款式尺寸数据库】中对不同的工艺数据进行修改，该平肩 V 领女套衫与平肩圆领女套衫只有领深参数不同，设置如图 7－57 所示。

部位	丈量因素	尺寸(cm)
领宽	0	18
领深	0	18
后领深	0	1

图 7-57　平肩 V 领女套衫领深设置

在【公式】标签界面下单击右上角【打开公式】，调用【套衫】文件夹中相关公式对新参数进行工艺计算，单击【当前】按钮，在下拉列表中选择【应用】。V 领领深转数公式与圆领的不同，圆领领深转数 =（领深规格 + 领罗口宽 + 后直开领深 + 前后身长之差尺寸）×纵密；V 领领深转数 = 领深规格 - 测量因素 + 后直开领深 + 前后身长之差尺寸）×纵密。通常 V 领套衫的测量因素为 0，后直开领深在 1～3cm 间进行取值，对于平肩产品，往往前身比后身长 1～1.5cm。公式编辑中的领深转数的默认公式为：领深 = 领深规格 + 领深参数。所以，对于平肩 V 领女套衫，只需在【款式尺寸数据库】中的【部位参数】列表中根据企业经验值设置领深参数即可。本工艺中设置领深参数为 2。单击主工具条中的【计算基码】按钮，勾选【前片】【后片】【袖片】【领条】，并点击【确定】按钮，界面自动跳转到衣片设计界面，并生成如图 7-58 所示衣片图。

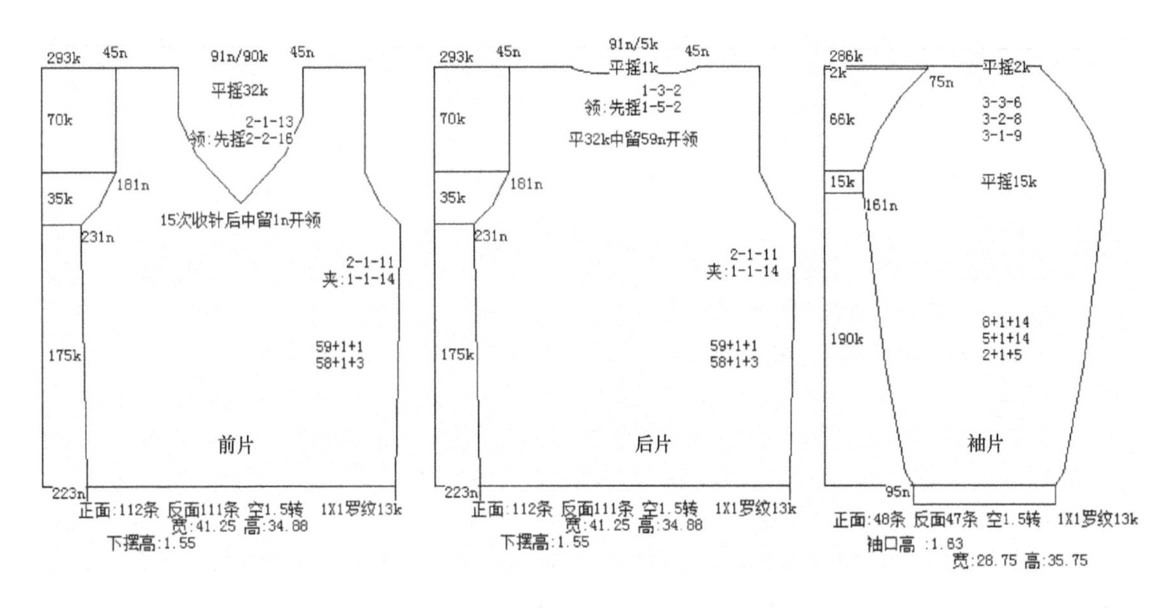

图 7-58　平肩 V 领女套衫工艺衣片图

k 表示转数，n 表示针数

判断所生成衣片图及其标注是否正确，对于需要进行微调的衣片部位运用【移动控制点】【点微调】【添加控制点】【删除控制点】【收放针分配】等工具进行调整，计算机自动调节收放针分配并生成工艺标注，修改结果同时显示于工艺单中，点击【工艺单编辑打印】，连接打印机生成指导实际生产的工艺单。

参考文献

[1] 范雪荣，王强．针织物染整技术［M］．北京：中国纺织出版社，2004.
[2] 吴赞敏．针织物染整［M］．北京：中国纺织出版社，2009.
[3] 孔繁超．针织物染整［M］．北京：中国纺织出版社，1983.
[4] 刘昌龄，杨佩珍．针织物染整工艺学［M］．北京：中国纺织出版社，1990.
[5] 李晓春．针织物染整工艺学［M］．北京：中国纺织出版社，2005.
[6] 范雪荣．纺织品染整工艺学［M］．北京：中国纺织出版社，2006.
[7] 毛莉莉．针织服装结构与工艺设计［M］．北京：中国纺织出版社，2006.
[8] 宋心远．纺织品生态染色和染色新技术［J］．染料与染色，2003（4）：80－82.
[9] 展义臻．纺织品物理生态染色技术［J］．针织工业，2009：41.
[10] 李向华．浅谈生态染色新技术［J］．广西纺织科技，2010（3）：43－45.
[11] 赵雪，朱平，展义臻．生态纺织品染色技术综述［J］．染料与染色，2007（4）：23－30.
[12] 张荣娣，谈英．生态纺织品与生态染色技术［J］．染整技术，2007（6）：33－34.
[13] 织物的轧光整理［J］．http：//www. e－dyer. com/tech/5847. html. 印染在线．
[14] 针织物起球的机理［J］．http：//www. 51taoyang. com/article. php? id＝1449. 51 淘羊网．
[15] 解芳．山羊绒生态抗起球方法的研究［D］．上海：东华大学纺织学院，2004.
[16] 郭玲．聚马来酸——壳聚糖在棉织物抗皱整理工艺中的应用研究［D］．呼和浩特市：内蒙古工业大学轻工与纺织学院，2010.
[17] 张楠．亚麻针织物的拒水拒油整理研究［D］．呼和浩特市：内蒙古工业大学轻工与纺织学院，2011.
[18] 汪建，周蓉．纺织品拒水拒油整理的机理与应用［J］．河南化工，1999（10）：38－40.
[19] 王建庆，李戎．纺织品的多功能自清洁整理［J］．纺织学报，2011，32（6）：97－99.
[20] 何艳芬，孟家光．毛针织服装的纳米自清洁整理［J］．毛纺科技，2006（2）：22－24.
[21] 章悦，孟家光．纳米自清洁棉针织服装的研究与开发［J］．针织工业，2008（3）：58－60.
[22] 孟家光，胡海霞，何艳芬，等．纳米自清洁羊绒针织品的研究与开发［C］．2006 中国国际毛纺织会议暨 IWTO 羊毛论坛论文集．西安，2006.
[23] 何艳芬，孟家光．纳米自清洁整理技术在针织物上的应用［J］．针织工业，2005（11）：43－45.
[24] 寇勇琦，段亚峰，党旭艳．防紫外线功能性纺织品的技术机理与应用［J］．国外丝绸，2009（1）：30－32.
[25] 纺织品防紫外线整理［J］．http：//wenku. baidu. com/view/2db4580bf78a6529647d534a. html. 百度文库．
[26] 赵晓娣，邓桦．微胶囊技术在蓄热调温整理上的研究［J］．纺织导报，2004（3）：68－70.
[27] 丁钟复．羊毛衫生产工艺［M］．2 版．北京：中国纺织出版社，2007.
[28] 孟家光．羊毛衫设计与生产工艺［M］．北京：中国纺织出版社，2006.
[29] 宋广礼．成形针织产品设计与生产［M］．北京：中国纺织出版社，2006.
[30] 宋晓霞．针织服装设计［M］．北京：中国纺织出版社，2006.
[31] 沈雷．针织毛衫组织设计［M］．上海：东华大学出版社，2009.
[32] 沈雷，吴燕，唐颖，等．针织毛衫造型与色彩设计［M］．上海：东华大学出版社，2009.